高等院校通识教育系列教材

追问科学

周祝红　著

WUHAN UNIVERSITY PRESS
武汉大学出版社

图书在版编目(CIP)数据

追问科学/周祝红著.—武汉:武汉大学出版社,2019.4
高等院校通识教育系列教材
ISBN 978-7-307-12737-1

Ⅰ.追… Ⅱ.周… Ⅲ. 科学学—高等学校—教材 Ⅳ.G301

中国版本图书馆 CIP 数据核字(2018)第 273932 号

责任编辑:徐胡乡　　责任校对:汪欣怡　　版式设计:马　佳

出版发行:**武汉大学出版社**　(430072　武昌　珞珈山)
(电子邮箱:cbs22@ whu.edu.cn 网址:www.wdp.com.cn)
印刷:武汉中科兴业印务有限公司
开本:787×1092　1/16　印张:11.25　字数:267 千字　插页:1
版次:2019 年 4 月第 1 版　　2019 年 4 月第 1 次印刷
ISBN 978-7-307-12737-1　　定价:30.00 元

自序　科学的形象

科学是什么？

这是个问题吗？是谁在问？又期待怎样的回答？

真正的问题会有层次和结构，会在不同的历史文化语境中呈现出不同的模样。

知识阶层首先关心的是作为思想的科学。科学史家丹皮尔(W. C. Dampier)在他的经典著作《科学史》的开篇就尝试勾勒“科学思想发展的完备轮廓”：

> “在希腊人看来，哲学和科学是一个东西，在中世纪，两者又和神学合为一体。文艺复兴以后，采用试验方法研究自然，哲学和科学才分道扬镳；因为自然哲学开始建立在牛顿动力学的基础上，而康德和黑格尔的追随者则引导唯心主义的哲学离开了当代的科学，同时，当代的科学也很快地就对形而上学不加理会了，不过进化论的生物学以及现代数学和物理学，却一方面使科学思想臻于深邃，另一方面又迫使哲学家对科学不得不加以重视，因为科学现在对哲学，对神学，对宗教，又有了意义。”①

古希腊，科学和哲学是同一个东西，都是追根溯源的活动，它的表达形态是思想，是思想的纯粹化、深入化、系统化，是episteme(“知识”“科学”“洞见”)。古希腊的“科学”至少包含两层意思，首先是指一切有条理的知识或学问；其次是普遍性的真理，是洞见。现代英语语词“Science”的词源是古希腊语词“episteme”和拉丁语词“Scientia”，但已经不是“一切系统化的知识”，而只是“nature science”——自然科学的简称了。

中世纪，科学、哲学与神学合为一体。经院哲学家们尝试用科学理性论证信仰，最后的结果是“恺撒的归恺撒，上帝的归上帝”，理性不可能证明上帝是否存在，但理性精神本身却得以复兴。

文艺复兴以后，“采用试验方法研究自然，哲学和科学才分道扬镳”。属于科学的试验方法要遵循严格的规范，即受控可普遍重复。试验只有在严格可控的条件下进行，能再现结果才是“科学”的，才能鉴别科学理论的真伪，也才有可能转移为技术，成为改造自然的现实力量。

牛顿模仿欧氏几何演绎系统化方法建构起经典力学大厦，《自然哲学之数学原理》以“伟大的综合”完成了近代科学革命。那个时代的知识阶层都相信，牛顿学说是关于自然的真理，是精确的、严密的、经过证明的、不可怀疑的，是真正的“episteme”——

---

① ［英］W. C. 丹皮尔. 科学史［M］. 李珩，译，北京：商务印书馆，1997：1.

洞见，哲学的任务是追问这样的知识何以可能?

真理何以可能?科学何以可能?康德理性批判哲学认为，我们的理性不是被动接受自然给予的感性材料，而是主动地以主体的理性原则设立法庭，强迫自然显现自己的奥秘。理性原则如同一张透亮的网，将感性材料纳入其中，建构起有序的自然界，科学的真理性源于主体认识原则的普遍必然性。

黑格尔则认为，科学揭示的是自然界有限事物量的规定，哲学关心的是质的规定以及自然作为整体与精神和上帝之间的关系。

黑格尔被认为是最后一个古典哲学大师，之后哲学进入分裂的时代。如果说英美科学哲学传承了康德的理性批判精神，以反思科学为己任，与20世纪初科学革命的狂风骤雨相伴而生，那么“康德和黑格尔的追随者则引导唯心主义的哲学离开了当代的科学”，“人的存在”成为欧陆思辨哲学、人本哲学的主题。

经过科学革命洗礼的现代生命科学、数学、物理学使得“科学思想臻于深邃”。一方面，离开哲学母体的科学飞速成长，开始运用属于自然科学的逻辑分析、试验方法解答人类精神最为深邃的问题，如生命的起源、宇宙的未来、时空本性、数本身、生命意义、自由意志、意识等，在前沿地带，科学总能为永恒的哲学问题做贡献，这迫使哲学对科学不得不加以重视；另一方面，不论科学有着多么伟大的力量，“它永远不能反映存在者整体”。科学方法有自己的边界，科学现在不能，也许永远不能回答一些整体性的问题，如果要关照生命和宇宙整体，“我们不但需要科学，而且需要伦理学、艺术和哲学；我们需要领悟一个神圣的奥秘，我们需要有同神灵一脉相通的感觉，而这就构成宗教的根本基础”。①

科学也不仅仅是思想。近代科学革命开启了一个对人类整体而言更加深刻的进程——科学技术化。演绎系统化的理论形式与受控实验原则合流，使得科学思想可以物化为实验，进而转化为技术，成为征服和改造世界的巨大现实力量，技术化的科学急速生长，全球扩张；与此同时，这个过程也深刻而又迅速地改变并重塑着人类的存在方式。短短三百年，人类就从农业文明、工业文明相继跨越进入以生物技术和信息技术为主导的数字科技时代。特别是近半个世纪，以移动互联与人工智能为标志的高新技术的变革日新月异，重新铸造着人类的现在和可预见的未来，对人类生活方式的影响已经远远超过了工业革命。人工智能、互联网、量子计算、机器人、云计算，虚拟现实、脑科学、基因工程、物联网等领域正在相互融合，形成一股强大的洪流，将全人类的智慧和信息相互连接，以光速传播，被每一个移动互联终端或者说每个人共享，这使得整个世界天涯咫尺。数字技术的普及对人类社会各个领域的影响日甚一日，难以估量。

科学的技术化自第一次工业革命开始，蒸汽机便是科学与技术结合的产儿。蒸汽机的雏形是纽康门(Thomas Newcomen)大气机，大气机的工作原理是利用真空把大气压力作为动力传递做功，而真空的理论研究是由伽利略的学生托里拆利等人完成的。18世纪60年代，瓦特(James Watt)运用当时前沿的布莱克潜热理论改良纽康门大气机，现代蒸汽机就此诞生。瓦特天才的发明不仅仅是技术的变革，而是完成了科学思想向技术

① ［英］W. C. 丹皮尔. 科学史［M］. 李珩，译，北京：商务印书馆，1997：21.

转化的关键一步，使科学与技术的结合得以实现。此后数年间，蒸汽机就作为动力投入产业革命，人类进入“蒸汽时代”①。

进入19世纪，1821年英国科学家法拉第(Michael Faraday)受电磁能够相互作用现象启发，设想“从磁产生电”。经过10年的努力，终于成功实现电磁感应，并依据实验结果提出“法拉第力线”思想。1862年，麦克斯韦(James Clerk Maxwell)写出“麦克斯韦方程”，用一组明晰优美的微分方程描写电和磁之间的深刻联系，同时预言了电磁波的存在。1888年，德国物理学家赫兹(Heinrich Rudolf Hertz)，用实验证实了电磁波的存在。科学理论和实验一旦确立，技术突破就水到渠成了。发电机、电动机、电力系统、电报、电话、电影等一系列重大发明接踵而至，开启了第二次工业革命(1870—1914)，推动人类步入“电气时代”。

第二次工业革命又被称为“协同时代”(The Age of Synergy)②。协同时代的科学不再仅仅是思想，还要落实为实验，进而引导技术创新；技术不再单纯依靠经验积累，而是以科学理论为指引，如虎添翼。科学与技术相辅相成，循环拉动，相互依存，不可剥离。

20世纪刚刚开始，现代科学革命的狂风暴雨就骤然而至，催生了以相对论和量子学说为核心的现代科学。

爱因斯坦(Albert Einstein)创建的狭义相对论和广义相对论，以其深邃的思想、优美的数学、辉煌的验证揭示出宏观和宇观高速运动世界的规律；薛定谔(Erwin Schrödinger)的波动方程、海森堡(Werner Karl Heisenberg)的测不准关系、费曼(Richard Phillips Feynman)的路径积分是量子力学三大核心方程，量子学说不仅成功地阐明了原子结构，而且打通了理解尺度较大的分子和固体、液体和气体物理，以及更小尺度的粒子物理的道路；克里克(Francis Harry Compton Crick)和沃森(James Dewey Watson)发现DNA双螺旋结构，为分子生物学奠基，人类开始解读上帝创造生命的语言；冯·诺依曼(Johnvon Neumann)和图灵(Alan Mathison Turing)的可计算理论，使得机器模仿人类思维成为可能。

现代科学如同阿拉丁神灯，呼唤出现代技术的巨人，可上九天揽月，可下五洋捉鳖，似乎有着无穷的潜能。计算机无限地拓展着人的智力，航天技术让人类在太空和月球漫步，哈勃望远镜将人类的目光延伸到130亿光年外宇宙的开端处，基因工程在分子层面对生命个体进行操作……人类不但用思想也用行动开辟着世界的疆域，也重新塑造着自己。

21世纪，数字技术大放异彩。移动互联、大数据、人工智能深入到人类生活衣食住行各个方面。数字技术本身就是科学技术化、技术科学化的产物。以手机为例，“方寸之间，集人类数千年科学和技术成果之大成，数百位科学家、发明家薪火相传，才带来今天这种执世界于掌心的智能设备。每次打开手机，都使用物理、化学、光学、电磁学、计算机、互联网、无线电通讯、量了力学、相对论的原理。科学与技术水乳交融，

① 参见刘青峰. 让科学的光芒照亮自己[M]. 成都：四川人民出版社，1984：29.

② 参见MIT科技评论. 科技之巅2[M]. 北京：人民邮电出版社，2017：总序.

巧夺天成”。①

科学技术化，技术科学化，科学与技术相互推动相互生成，融合为有生命的整体。这个过程起始于第一次工业革命，但并不是一个自然发生的过程，而是有着特殊的外部社会环境，具体而言就是开放的资本主义政治经济结构的确立。追逐利益的资本和权力强烈要求科学引导技术，驱迫技术借助科学的力量社会化。一旦科技释放出改天换地的巨大潜能，所变革的就不仅是人类与自然的关系，也深刻变革了人与人、人与社会、国与国，甚至不同文化之间的关系，科学技术与不同文化传统相互冲撞所产生的社会后果也截然不同。

我们知道，20 世纪初触发量子革命的一个重要契机是“紫外灾变”，即黑体辐射能量随波长分布的试验值和理论值不相符。可是为什么在 19 世纪末黑体辐射是科学研究的热点？其理论背景是，19 世纪物理学家们对热辐射的性质、辐射能量与辐射源的关系、辐射能量随波长的分布等进行了大量研究，已认识到光谱、热辐射、光辐射是统一的。

另一个至关重要的助力是工业上高温测量的需要。当时的德国(普鲁士)刚刚打赢普法战争，急于从一个“土豆王国”变成一个工业化的“钢铁王国”。发展钢铁工业需要提高冶炼技术，炼钢的关键是控制炉温，当时的工程师们是通过钢水的热辐射谱来辨认温度的，这大大促进了德国科学界对黑体辐射的研究；与此同时，早已完成工业革命的英国也在改进炼钢技术，以保持在工业和军事上的世界霸主地位，因此许多英国科学家和德国同行一样，致力于研究黑体辐射。这时候的科学研究就不仅以探求自然规律为导向，而是关心工业技术的诉求，而工业技术中，代表国家意志的军事工业对科学转移为军用技术的要求最为迫切。

工业和政治的介入使得科学释放出难以想见的强大力量，这种力量“首先展现在战场。20 世纪两次世界大战，伤亡人数超过 1.2 亿。参战双方都从实验室源源不断推出新式武器：战机、坦克、潜艇、毒气、原子弹”。“第二次世界大战更被称为物理学家的战争，图灵的密码机破解了德国‘英格玛’密码系统，帮助盟军制服了德国潜艇，雷达帮助英国皇家空军赢得了不列颠之战，原子弹结束了二次世界大战。”②自此，科学被看成是能实现国家意志的最重要的战略资源。

热战之后是冷战。两大敌对阵营展开军备竞赛，比拼的实则是科技实力。1961 年苏联率先实现载人太空飞行，1969 年美国阿波罗 11 号载人飞船成功登月，宇航员阿姆斯特朗在荒凉的月球上迈出“个人的一小步”，却是“人类的巨大飞跃”。

“曼哈顿计划”和“阿波罗登月计划”的实施和完成标志着“大科学时代”的到来。大科学时代，不仅是科学与技术相互依存、相互促成，融合为一个有结构、有生命的整体，并且作为整体的科学技术与社会政治、经济、文化相互影响，成为一个有机的生态体系。现代科学技术研究同时包含学术性和工具性两个向度的基础研究、应用研究和技术开发几乎同步进行，联系日益密切。由于研究项目宏大、投资巨大、多学科交叉、需

① MIT 科技评论. 科技之巅 2[M]. 北京：人民邮电出版社，2017：总序.

② MIT 科技评论. 科技之巅 2[M]. 北京：人民邮电出版社，2017：总序.

要昂贵而复杂的实验设备，这就不仅需要科学技术工作者内部的组织和分工协作，而且需要政府和企业的经费支持。也因此，从事科技工作的科学家和工程师身兼多重角色，他们不仅是科学工作者，同时也是企业员工和国家公民，当科学活动的行为准则与对企业的职责和对国家的忠诚相抵触，或者科学活动本身的学术性和工具性发生冲突时，如何协调便是一个现实的困境。其中最为突出的是企业利益(利益驱动和专利保护)和国家利益(以国家安全的名义独占科学成果)对科学共有和分享原则的挑战。

"政治和商业的卷入，重新塑造了科学和技术本身。亚里士多德开创的纯粹科学越来越稀有，科学和技术越来越受政治和资本的支配，没有明确应用前景或商业价值的科学或技术难以获得资本的支持。科学家不再是希腊先贤那样的自由个体，而是研究机构的雇员，按主管者规划的'专业'方向探索。许多科学研究和技术发展，都是军事所发起。"①

可是这并非故事的全部。的确，科学活动需要的资金越来越多，实用和商业价值的诉求是科学技术发展的强大动力，但这并不意味着，科学必然依附于政治和商业，知识必须服从于资本和权力。纯粹科学虽然越来越稀有，但也越来越重要，因为纯粹科学中沉淀着科学的规范和方法，蕴含使科学"成其所是"的精神。

科学精神是反思的，是追根溯源，是叩问变化中不变的普遍性和必然性，并且表达为有内在逻辑的知识体系。变化中不变的那个普遍性，是希腊语的 logos(逻格斯)，拉丁语的 ratio(比例、分寸)，英语的 reason(理性)，反思与理性一体两面，一脉相承。

科学精神是批判的。科学从不自诩为真理，从来都认为追求知识是困难的，需要不断经受经验和思想的批判。苏格拉底认为智慧在于"自知其无知"，柏拉图的"洞喻说"揭示了求知是不断深入的过程，也是挣脱束缚争取自由的过程，亚里士多德则坚持"吾爱吾师，吾更爱真理"，他们都以不同方式为科学的批判精神背书。

科学精神也是自由精神。科学源于理解自然和生命本身的好奇心。亚里士多德《形而上学》开篇第一句，"求知是人的本性"。科学追求知识追求真理，以自身为目的，只关心知识自身的完满，不关心知识是否有实际的用处。自由是科学之心，一旦失去自由，科学就会沦为实现其他目的的手段，也就失去了科学之成为科学的理据，科学自身便荡然无存。

今天，不可否认资本和权力对科学的强力介入助推了科学的技术化，使得科学释放出改天换地的潜能，成为科学发展的强大动力。但是，科学的自由精神，那种自发的探索未知世界的渴求，依旧是科学发展最内在的力量，依旧被科学界主流珍视和持守。事实上，即便是在今天，真正原创性的发现往往来自纯粹科学，来自对未知世界不可遏制的好奇心。

如万维网，它诞生于欧洲核子实验室，是寻找"上帝粒子"的副产品。"上帝粒子"是用来解答作为万物基石的基本粒子如何获得质量的。追问万物的本源，追问宇宙的基石是什么，是最不以实际用处为目的的"形而上学"之问，再没有比"形而上学"更加"纯粹"的科学了。

---

① MIT 科技评论. 科技之巅 2[M]. 北京：人民邮电出版社，2017：总序.

又如，2017年最为重要的科学事件是探测到了引力波。引力在牛顿力学体系中是一个源于新柏拉图主义的哲学形而上学概念，在爱因斯坦相对论中，引力是时空弯曲的经典效应或者说几何效应，引力波是时空涟漪。从提出概念到被实验证实，跨越300年，数代科学家的努力，每一步都是以思想为先导，每一步都是为了检验科学思想的真伪。我们为科学思想得到确证而欢欣鼓舞，即便它看起来一点“用处”都没有。

特别需要说明的是，由于政治和经济力量的介入，科学狂飙突进，如脱缰野马奔向难以预想的未来，这引发了来自哲学、宗教、艺术等人类精神领域对科学持续不断的反思和批判。核武器、环境污染动摇了科学造福人类的信念；对生命在基因层面进行操作引发诸多伦理困境；能够深度学习的人工智能开始挑战人类尊严；科学技术的商业化触发了虚无主义、享乐主义等诸多现代后现代病症，等等。科学不是人类精神的全部，反思“科学是什么”，理解科学有所能和有所不能，还需要探讨科学与哲学、宗教和艺术的关系。

如前所述，我们简单勾勒出在西方文化语境中科学的形象。科学从空间维度可以区分为：作为思想的科学——建构世界图景；作为器物和技术的科学——社会化为改造世界的力量；作为社会环境和后果的科学——与政治经济力量相互推动；作为精神的科学——塑造科学之为科学的内在理据。从时间维度，科学如同有生命的整体，不同层面互为因果，循环拉动，不断生长，核心部分是科学与技术相互依存、循环推动的整体。科学技术化，技术科学化，科学技术的循环往复作为整体与政治、经济、文化相互作用，呈现为今天的生态系统，成就大科学时代。

在我们中国的语境中，科学的形象与西方的不尽相同，我们通常是本着实用态度来理解科学。科学的第一个形象是“科技”。“科学技术是第一生产力”“科教兴国”，科学技术是国家最重要的战略资源，是国家重器，要服务于大国崛起。所以，我们理解的科学首先是器物，小到大众使用的科技产品，如手机、电脑、互联网、高铁，大到彰显国家意志的北斗导航、辽宁号航母、墨子号飞船等高端技术。科学的另一个形象是“真理”。“真理”意味着正确的、合理的、高级的，也能产生实际效用，“知识就是力量”。将一种思想或行动冠以“科学”之名，就不仅是“事实判断”，也是“价值判断”，科学是既正确又有用的好东西。因此，我们学习科学往往看重科学的具体内容，例如，实验如何做，方程如何写，却很少关注没有什么“用处”的纯粹思想，自由精神。

可是，总有一些处境迫使我们重新思考“科学是什么”的问题。

首先，是反对“伪科学”的需要。自20世纪80年代开始，气功、特异功能、各种号称推翻了爱因斯坦相对论的“民科”、各种开了“天眼”的大师、星座学、科学算命等，层出不穷，直到今天仍有人试图用手机拍摄“意念移物”，称之为“超科学”。真正科学的实验和观察有必须遵循的规范，具体而言是要求实验在严格受控的条件下进行，不接受偶然的、与实验者精神状态不可剥离、不可被自己或者他人严格重复的结果。这看起来简单的原则，却使科学实验与其他一切幻觉、臆想、假象相区别，获得了空前强大的理性。伪科学之所以能假装成科学，就在于人们通常没有意识到真实发生的自然或精神现象不一定“科学”的事实，只有那些受控可普遍重复的实验和观察才是。不过，伪科学权做娱乐也未尝不可。

其次，是如何回答李约瑟难题(近代科学革命为什么没有发生在中国)，以及如何评价中国传统的关于自然的理论和技艺(如阴阳学说、中医)。这里有个潜在的对科学的预设，即认为科学是关于自然的系统化知识，并且是有用的。阴阳学说有一整套说词，几乎可以说明我们遇见的一切自然现象，中医也有自己独特的理解生命的话语体系。中医能治病，这是最简单的事实，可是以科学之名为中国传统的关于自然和生命的知识体系辩护却备受诟病，没有达成共识，症结在于对"科学是什么"的理解不同。

如果我们把科学界定为亚里士多德意义上追求真理的自由学问，是假说-演绎的逻辑体系与受控实验原则相结合的有生命整体，很难说西方意义上的科学在中国古代社会存在过，李约瑟问题也就自然被消解掉了。同样的道理，阴阳学说和中医理论更多是经验的积累，很难科学化。

最为重要的是我们今天的处境。虽然中国的科学技术取得了举世瞩目的巨大成就，但无论是理论还是技术都缺少前沿的、核心的、基础的、创造性的成果。我们总是在模仿，却从未超越。施一公先生就曾直言不讳地说，"如今我们的 GDP 已经全球第二，但是看技术革新和基础研究的创新能力，作为一个国家我们排在 20 名开外。……有的人或许会怀疑，认为我说的不对，会说我们都上天揽月、下海捉鳖了，怎么可能创新不够，我们都高铁遍布祖国大地了，怎么可能科技实力排在 20 名开外。我想说的是，你看到的指标和现象，这是经济实力决定的，不是科技实力决定的。我们占的是什么优势，我们占的是经济体量的优势。请大家别忘了，1900 年我们签订《辛丑条约》赔款九亿八千万白银的时候，中国的 GDP 也是世界第一，但大不代表强，这是我们面临的一个沉重的现实"。① 破解困局，重新深入思考科学的结构、方法和精神在今天尤为迫切。

回到西方的历史语境。在成长为巨人之前，科学曾经是人类文明中的一个独特的孩子，孕育在古希腊自然哲学的母体中，拥有理性和自由的高贵基因；中世纪，曾为上帝捧过祭品，也借信仰之力发展了理性精神；近代，由于政治和经济力量的介入，科学释放出巨大潜能，进而从哲学和宗教中分离出来，走上独立发展的道路，但飞速生长所带来的环境破坏、核战争的威胁、生命伦理困境、人工智能对人类尊严的挑战等，都在向人类警示，科学已经被自己释放的巨大力量冲击得晕头转向，迷失了来处和归途。

如果说，科学的加速成长在西方引起的忧虑是难于驾驭它，对我们正在崛起的古老文明来说，忧虑是双重的，一方面，科学发展所引发的现代后现代病症我们一样不缺；另一方面，我们又急切地想要改变科学原创乏力、基础薄弱的现状。反观现实，科学在当代中国占据着近乎于意识形态的崇高地位，可同时，伪科学也层出不穷、花样翻新。

可见"科学是什么"依旧是我们不能不面对的真问题。这不仅相关科学华美的外表和日益丰富的内容，更是科学结构、方法和精神。科学是人类认识自然和自己的一种独特方法，也是在蒙昧中点燃的探索未知、追求真理的精神火炬，稀有而珍贵，即便如此，科学也不是人类精神的全部，科学有所能也有所不能。科学方法有自己的边界，一旦无视边界就有可能异化为异在的、非人的、毁灭人的力量。

---

① 施一公："这种愚蠢的状况不变，中国高校没前途"，2014 年 9 月在"欧美同学会·中国留学人员联谊会第三届年会的演讲"。

我们的工作是用科学事实，特别是正在发生的影响巨大的科学事件来具体说明，科学理论和实验应当遵循的原则，传统技术和现代技术的异同，科学结构的成长以及与哲学、宗教、艺术逻辑的历史关系。

最后，是对未来科学的憧憬：让技术成为艺术，让科学回归人性。

目　录

第 1 章 科学的生命源于整体①

科学理论是思想体系，但并非任何的思想体系、知识体系都有资格称为科学。理想的科学理论有严格的要求和规范，对科学理论规范的揭示是 20 世纪经典科学哲学的成果，简言之，科学理论应该是演绎系统化的。演绎系统化理论要求概念有清晰明确的规定，要求从尽可能少的前提出发，合逻辑地推演出每个论断，论断间有内在的逻辑关系，不能相互矛盾，论断间的构造性结合可以推演出新论断，做出前所未有的预见。这样的理论体系最重要的特质是可证伪性和可预见性。可证伪性使得理论能够接受观察和实验的鉴别，能够不断修正错误、不断进步；可预见性使得理论能够引导我们探索未知世界。这是人类其他知识体系所不具备的特质。

我们以霍金量子宇宙论为例来说明科学理论的结构、特质、评价及演进的可能方式。

1. 科学理论的结构

史蒂芬·霍金被公认为是继爱因斯坦之后最伟大的理论物理学家之一，他最重要的科学探索工作是奇性定理、黑洞辐射和宇宙自足解。

奇性定理预言：自然科学中统一定义的、可测度的时间不是无限延伸的，而是有起始或是终结，时间中断的奇点也意味着因果性失效和科学预见性的丧失。

黑洞辐射的发现表明黑洞并不是如经典理论所认识的僵死的、只进不出的无底深渊，而是能向外辐射能量粒子，并能在最后的爆炸中消失掉。

黑洞辐射部分地统一了引力、热和量子三大学说。引力不是力而是时空弯曲的结果，是时空拓扑的力学效应、经典效应，黑洞热辐射则是时空拓扑转换的边界效应、量子效应。引力与热连接的桥梁是量子的不确定性。

宇宙自足解是霍金运用量子路径积分方法解决奇点困境的尝试。霍金将路径积分思想推广到宇宙时空结构本身，将宇宙理解为拥有所有可能的时空结构，据此写出宇宙波函数，再借助虚时间和无边界假设得出宇宙自足解。宇宙自足解描写了一个从虚无中自发创生、指数膨胀的宇宙。

霍金证明的奇性定理宣告了时间的起始和终结，暗示出经典的量子、引力和热理论都是不完备的；黑洞辐射的发现则部分统一了相对论、量子和热；宇宙自足解则是对自

---

① 本章见周祝红. 思辨的宇宙——霍金量子宇宙论的哲学分析[M]. 北京：科学出版社，2007：60-65.

己所证明的奇性定理的否定，“拯救”了科学预见性和时间。

霍金量子宇宙论是探索性的，并未被科学界普遍接受，思想本身充满形而上学的意味，例如，虚时间、宇宙是真正的免费午餐、宇宙拥有所有可能历史，等等。这样探索性的工作是否遵从了科学理性的原则？

1.1　科学说明的逻辑

“一切事物的发生都是有原因的”，普通逻辑中的因果律被看作是科学说明的逻辑基础。通常人们认为，科学说明区别于哲学、宗教、常识和其他观念体系的地方在于，它揭示了一个事件之所以发生的真正原因，是确定而可靠的知识。可是为什么如亚里士多德用万物趋向于自己的自然位置来说明苹果落地或如中国古代用“阴阳”之说解释自然现象不是一种科学说明呢？看上去，它们的理由很充分，也符合一般的常识。

经过长期探索，科学哲学家发现，科学说明(说明已知或预见未知)必须具备特定的结构，逻辑实证主义用如下的模式定义科学说明①：

(1)先行条件(逻辑前提)：C_1，C_2，C_3，…，C_m；

(2)普遍定律：L_1，L_2，L_3，L_4，…，L_n；

(3)要说明(或被预见)的现象：E。

依据此模型，当我们要说明或预见事件 E 为什么发生时，首先要去寻找一个条件集合$\{C_1, C_2, \cdots, C_m\}$和一个普遍定律集合$\{L_1, L_2, \cdots, L_n\}$，当条件集合为真，代入普遍定律集，我们就能从逻辑上推导出 E 会发生，则 E 事件的发生就得到了科学说明。

霍金证明时空奇性或者说霍金对时空奇性的预见和说明正具备上述逻辑结构②：

(1)先行条件：C_1=因果性成立　C_2=广义相对论正确

C_3=有物质存在，能量非负；

(2)普遍定律：L_1=现代微分几何相关定律

L_2=广义相对论方程；

(3)被预见会发生的现象：E=存在时空奇性。

奇性定理成立的前提集为真，“因果性成立”是对科学理性最基本的要求；“广义相对论正确”，已被无数实验所验证；“能量非负，有物质存在”，人类观测所及的时空都是这样。“条件集”代入“定律集”就可以合逻辑地导出预见的事件——时空奇性。推导过程是极复杂的，但经过许多专家反复推演，公认推理过程没有错。

20 世纪，科学哲学中逻辑实证主义学派所主张的许多核心思想如观察陈述和理论陈述的严格区分、发现范围和辩护范围的严格区别、理论与方法的区分都遭到了广泛的批评甚至否定，但其界定的上述科学说明的逻辑结构至今仍然受到科学界和哲学界的普遍承认。当科学家想要说明或预见事件 E 发生时，必然会去追溯另一组条件集 C 和把 E 与 C 联系起来的普遍规律 L，科学规律无非是事件 E 和 C 之间的普遍联系，这联系既可

① 参见金观涛. 我的哲学探索[M]. 北京：人民出版社，1998：146.

② Hawking S W, Penrose R. The Nature of Space and Time[M]. Princeton: Princeton University Press, 1996: 15.

以是确定因果律也可以是概率统计因果律。事件 E 与 C 以规律 L 的方式相互关联和制约，便是自然科学中因果规律的结构。

霍金曾幽默地说，科学界能够接受“时空奇性”是因为“人们实在辩论不过数学”，其实倒不如说，人们争辩不过的是内心所认同的科学规范。科学说明和预见的形式结构是因果律在自然科学中的具体体现，也是科学看待自然的一种方式，即自然现象处在普遍联系的结构中，科学规律则是现象间关联和制约的方式。“时空奇性”是由确认为真的逻辑前提和普遍规律合逻辑地推导出的，完全符合科学说明逻辑结构的要求，因此终于被科学界作为合理的科学说明接受下来。

也正是因为同一个理由，科学家们又拒绝承认“时空奇性”。依据霍金的观点①，“时空奇性”是时间的起始和终结，是因果性失效和科学预见性丧失的地方，这意味着，依据科学说明的逻辑结构合逻辑地预见的“时空奇性”本身意味着宇宙中存在着科学理性结构不成立的地方，科学说明的形式结构自己证明自己不成立——一个悖论。因此，“时空奇性”被科学界称为“奇点困境”，被认为是 21 世纪自然科学两大理论困境之一。

科学家们千方百计想要解决“奇点困境”但都不成功，目前较有希望的可能途径是有科学家发现奇点证明隐含着温度的极限条件，若考虑到热效应就有可能逃开时空奇性。霍金对自己所证明的“时空奇性”也深感不安，认为这是科学理性所不能接受的，他的“宇宙自足解”假说可以看成是解决奇点困境的一种尝试。

1.2 科学理论的形式结构②

“科学说明的逻辑”是科学理论的微观结构，是对单个自然现象或事件的说明或预见，而完整的科学理论则要求尽可能多地说明相关现象并且纳入系统化的逻辑构造体系中，这便是科学理论“演绎系统化”的理想。

简单说来，“演绎系统化”是指从少数几个定义和公理出发，借助逻辑和数学规则合逻辑地推导出其他定律并说明相关现象。科学理论演绎公理化的理想成型于欧氏几何，由伽利略推广到力学，经过牛顿“伟大的综合”在经典力学中得以实现。《自然哲学之数学原理》成为自然科学理论形式体系的典范。爱因斯坦称自己的广义、狭义相对论理论结构都是模仿牛顿经典力学形式体系完成的。

霍金的奇性定理、黑洞辐射和宇宙自足解都还只是科学假说，不能算完整的科学理论，但科学理论“演绎系统化”同样是霍金的理想。他认为，科学应当寻求理论的统一，应该能够从几个简单的基本原理出发，在量子不确定的限度内预见宇宙中所发生的一切。黑洞辐射之所以是一个“惊人”的科学发现，最重要的原因在于它揭示出了量子、引力和热三大理论深刻的内在关联，预示了三大理论统一的前景。③

---

① Hawking S W, Penrose R. The Nature of Space and Time[M]. Princeton: Princeton University Press, 1996: 103.

② 参见江天骥. 当代西方科学哲学[M]. 北京：社会科学出版社，1984：24-65. 黄顺基. 逻辑与知识创新[M]. 北京：中国人民大学出版社，2002：321-396.

③ Hawking S W. A Brief history of time[M]. Bantam books, 1996: 228-233.

逻辑实证主义学派的许多科学哲学家对科学理论逻辑结构的构成要素进行了深入分析，所形成的正统观点认为，“科学理论可以看作由经验定律、理论原则、对应规则、数学计算与模型这五大要素所组成的多重结构”①。

我们依据卡尔纳普(R. Carnap)“演绎的两种语言模型”区分经验定律、理论原理和对应规则。卡尔纳普将科学理论体系的整个语言划分为两种——观察语言和理论语言。观察语言的“描述常词”称作观察名词，指称可观察的对象或过程和这些对象的可观察属性或关系。观察语言只包含初等逻辑，假定能够完全被理解；理论语言的“描述常语”称作理论名词，指称不可直接观察的抽象理论对象或过程及关系或属性。理论语言由数学语言和理论名词组成，包含广博的逻辑，对其内涵的说明总是不完全的，存在不断深入的过程。

卡尔纳普还定义两种公理及理论名词的意义。理论公理是科学理论的基本规律和核心思想，它只包含理论名词而不含任何观察名词；对应公理给理论名词规定了经验的可操作规则，既包含理论名词也包含观察名词；理论名词的意义要求一个理论名词只有当可以依据给定理论的理论公理和对应原则合逻辑地推演出包含该理论名词的可观察陈述时，它才是相对于给定理论有意义的。

亨贝尔(C. G. Hampel)针对卡尔纳普所代表的正统观点提出了自己改进后的新看法。他认为科学理论的表达有两类陈述：其一，内在原理——说明这个理论所设定的事物和过程以及被假设支配它们的规律(相当于卡尔纳普的“理论公理”)。其二，连接原理——规定“内在原理”和可观察的现象联系起来的方式(相当于“对应公理”)。亨贝尔不赞成观察名词和理论名词的严格区分，以及以此为依据区分理论语言和观察语言或区分“理论公理”和“对应公理”。他强调并没有精确的标准可以严格区别“内在原理”和“连接原理”，两者可以既包含理论名词也包含观察名词，部分理论名词也可以是我们熟悉的已被确认的“先行”理论名词。

综合卡尔纳普、亨贝尔和其他科学哲学家的见解，我们一般地界定：经验定律是关于直接可观察的对象的属性和关系的普遍命题，可以直接经受实验检验；理论原理是关于不可直接观察的抽象理论对象的普遍规律，不能直接得到检验，但却可以借助“对应规则”合逻辑地推导出可观察的、可以直接检验的“观察陈述”；对应规则规定“理论原理”和“经验定律”或“观察陈述”的关联方式，使抽象的理论原理能够经受间接的经验确认进而具有经验意义，成为实证的。

霍金的“宇宙自足解”虽然只是假说不能算做完全的科学理论，但我们可以预见，若霍金的假说最终能得到确认并且“宇宙学”能够形成较完整的理论体系的话，霍金的“宇宙波函数”会是“宇宙学”最核心的方程，就如同牛顿力学三定律在经典力学体系中的地位一样。因此，我们可以凭借经过综合的经典科学哲学的正统观点分析霍金“宇宙自足解”的理论结构和要素构成。

首先是理论原理(内在原理)。具体到霍金的量子宇宙学，它应该是霍金理解宇宙生成和演化图景基本思想的理论表达。霍金找到了能表达其核心思想的理想化数学方

① Hawking S W. A Brief history of time[M]. Bantam books, 1996: 228-233.

程，即宇宙波函数 ψ。设 r 是该宇宙波函数所描写的四维流形在某时刻的三维球度规的半径，宇宙常数为 Λ，让 $H^2=\Lambda/3$，可以证明①，三维球半经 $r<1/H$ 时，波函数以指数方式变化，对应虚时间 τ 欧氏度规，

$$ds^2=d\tau^2+\frac{1}{H^2}\cos^2 H\tau(dr^2+\sin^2 r\ (d\vartheta^2+\sin^2\theta d\vartheta)^2)$$

当 $r>1/H$ 时，波函数快速振荡，对应实时空洛氏度规，

$$ds^2=-dt^2+\frac{1}{H^2}\cos^2 Ht(dr^2+\sin^2 r\ (d\vartheta^2+\sin^2\theta d\vartheta)^2)$$

将欧氏解和洛氏解连在一起，就是一个理想的描写膨胀宇宙自发创生的图景。

值得注意的是：其一，这里的核心概念宇宙波函数 ψ 和虚时间 τ，都是物理思想的数学抽象，不可以直接观察，是“理论名词”，其物理意义还需要进一步的与可观察现象相关联的说明；其二，我们对理论原理的理解不能仅限于核心的数学方程，还应包含相关的重要物理思想和数学方法。例如，对宇宙时空度规的历史求和、无边界假设思想以及复变函数中的鞍点近似、维克旋转等数学方法。

其次是经验定律。与霍金“宇宙自足解”相关的经验定律也是现代宇宙学最重要的宇宙观察成果。它们是：(1)宇宙大尺度时空的各向同性；(2)微波背景辐射；(3)黑洞辐射(未确认)。② 虽然这都是直接观测到的经验事实，但熟悉现代天文学发展历史的人都知道，这些观察成就都是在相关理论指导下取得的。俄国物理学家弗里德曼(Friedman)在1922年依据广义相对论预言，我们的宇宙在大尺度(星系间距)观察所有的方向上看起来都一样。1929年哈勃(E. Hubble)宣布了著名的“哈勃关系”。他用当时最新的威尔逊山100英寸望远镜测量河外星系距离，发现各个方向上的星云都在远离我们而去，而且远离的速度和距离间的关系遵从“哈勃关系”，这初步证实了弗里德曼的预言。20世纪中叶，一些宇宙学家把广义相对论和核物理的成果结合起来，提出了“热大爆炸宇宙学”。该理论预言有冰冷的背景辐射充满整个宇宙，是大爆炸留下的宇宙创生的回声。1965年，射电天文学家彭齐斯(A. A. Penzias)和威尔逊(R. W. Wilson)用贝尔实验室的微波望远镜观测到了这种微波背景辐射，证实它的温度是3K，并且是各向同性的。黑洞也是依据广义相对论的预言。虽然天文观察家们还没有最终确认黑洞的存在，但也找到几个很好的候选者，如类星体、天鹅X-1双星等。我们看到，每一个重要的观察成就都是在理论预见的指导下取得的，所以说“观察渗透理论”。

最后是对应原理。霍金的“宇宙波函数”“虚时间”没有直接的物理意义不可直接观测，因此需要找到一种和宇宙学的观察(现有的和可能的)相关联的数学物理方法，以便能够依据宇宙波函数合逻辑地推演出可观察的预见。类比黑洞热辐射的证明，霍金找到了量子路径积分方法。依据无边界宇宙波函数的洛氏德西特度规和量子路径积分可以证明③：

---

① Hawking S W, Penrose R. The Nature of Space and Time[M]. Princeton: Princeton University Press, 1996: 85.

② Hawking S W, Penrose R. The Nature of Space and Time[M]. Princeton: Princeton University Press, 1996: 90.

③ Hawking S W, Penrose R. The Nature of Space and Time[M]. Princeton: Princeton University Press, 1996: 96.

(1)存在宇宙事件视界，视界外的观察者“看”不到整个宇宙；(2)虚时周期性导致纯粹热性的辐射，视界外的观察者可测量到辐射的温度；(3)存在内禀引力熵。霍金进一步说明，理想的无边界宇宙波函数可以做出两项可观测的预见①：(1)由于时空度规在虚时方向周期等同，相应的量子引力是各向均匀同性，并具有微小起伏。我们的宇宙在大尺度上正是各向均匀同性的，量子引力的微波起伏正好用来说明星系的形成。(2)虚时间周期的量子效应是可测度的热辐射。这正可说明宇宙的微波背景辐射。

因此就霍金的“宇宙自足解”假说而言，将理论原理(宇宙波函数及相关的数学物理思想)和经验定律(宇宙大尺度各向同性、微波背景辐射)关联起来，使抽象的理论名词(宇宙波函数和虚时间)得到间接经验意义的“对应原理”是量子路径积分及相关思想说明。

1.3　科学发现的辩护和逻辑②

上述“科学说明的逻辑”和“科学理论的形式结构”都是对科学知识结构的静态分析，而 20 世纪科学理论惊人发展的事实引导科学哲学家们开始关注科学“发现的逻辑”，即开始探讨科学进步和发展的模式，建立科学知识增长的方法论原则。其中波普“素朴证伪主义”的科学知识增长模式最为著名。

P_1——TT——EE——P_2……

意思是科学发现从问题开始，当科学中出现了现有理论不能说明的问题时，科学家们就会提示各种假说对问题进行尝试性说明，经受了“严峻检验”的假说被确认为新理论。随着科学的进一步发展又会有新问题产生，于是新一轮理论发展的循环便开始了。

波普区分确证(corroboration)和确认(confirmation)。确证表示证实，确认则代表暂时的接受或认同。在波普看来，经受了检验而被确认的理论并不是被确证了，只是尚未被证伪罢了。科学理论或陈述区别于形而上学和伪科学的最根本特性是可证伪性，理论的确认是暂时的，证伪则是注定的。

波普认为科学的目的是追求真理。什么是科学真理？研究科学认识的古典理性主义和古典经验主义都认为：其一，科学真理具有深刻性，不但能说明许多现象甚至能对所有现象提供最后说明；其二，科学真理还具有确定性，是已被经验证明的知识(终级真理)。波普已然用确认性代替了确定性，因为科学理论是可误的可证伪的。又用逼真性替代了深刻性，即虽然科学不能达到终级真理，但却可以越来越逼近真理。

当对理论进行比较的时候(可以是相互竞争的假说，也可以是新旧理论)，如何取舍呢？如何判断哪个理论较好，哪个理论代表了科学的进步和发展呢？这便是科学理论的合理性评介或者说科学理论的辩护问题。波普认为，具有更大的确认度和更高的逼真性的理论才是较好的、相对前驱理论有进步和发展的新理论，这需要满足三个必备

① Hawking S W, Penrose R. The Nature of Space and Time[M]. Princeton: Princeton University Press, 1996: 97.

② 参见江天骥. 当代西方科学哲学[M]. 北京：社会科学出版社，1984：66-103.

条件：

(1)新理论应由关于至今不相联系的事物或新理论对象之间的某种联系的简单的、新的、有力的统一观念出发。

(2)新理论应该可以独立地检验。即要有新的可检验的推断，要导致对迄今还未被观察过的新现象的预见。

(3)新理论应当通过一些新的和严峻的检验。

波普称前两个条件是理论的“形式”条件，反映理论的逼真性；第三个条件是理论的“内容”条件，反映理论的确认性。简言之，如果一个新理论是统一和谐而简单的，能够说明已有现象并能做出新的可检验的预言，并且其预言经受了经验的检验就是一个好理论。波普相信，科学是不断进步的，我们能够得到说明力和预测力越来越强，逼真性越来越高的好理论。

拉卡托斯(Lakatos)“精致证伪主义”的“科学研究纲领方法论”是对波普“素朴证伪主义”“批评的发展”。首先，拉卡托斯认为理论的评介单元不是单个的结论，而是一系列相互联系的理论整体，称为“科学研究纲领”。“研究纲领”由核心理论(硬核)和一系列的辅助假说所形成的“保护带”组成，例如，经典力学体系的硬核是牛顿力学三定理和万有引力定理，其余的一系列推论和定律作为“辅助假说”构成硬核周围的保护带。其次，单纯的经验检验并不能决定理论的取舍，研究纲领不是既成的而是在不断生成着的，有很强的“韧性”，对理论的检验也是个复杂、反复的过程，旧的研究纲领只会被进步的纲领所取代(问题转换)，而不会被事实所证伪。

进步的研究纲领要满足如下条件①：“设一个理论系列 T_1，T_2，…，T_n

(1)T_n能够说明 T_{n-1}先前的成功；

(2)T_n比 T_{n-1}有更多的经验内容；

(3)T_n有些超量内容(即大胆的、出乎意料的假设)已被确认。”

综合波普和拉卡托斯的思想，我们可以提炼出一个一般的科学知识发展模式：

从背景知识→引出问题→提出假说⇄检验→假说确认→新问题……

“背景知识”是科学界公认的相关科学理论和科学事实的总和。并不是任何一个没有得到解答的自然现象都可以成为科学问题，问题的产生是从现有的理论中合逻辑地推演出了与该理论相矛盾的结论，或是科学界公认并关注的与现有理论相背离的科学事实。面对问题，科学家们尝试提出种种解决办法即相互竞争的假说，假说不但要说明背景理论已说明的现象和不能说明的现象(问题)，还要提出可检验的新预见。在“常规科学”时期，假说所依据的通常是背景知识所确认的研究纲领，假说的预见若经受了检验就暂时得到确认并纳入研究纲领体系，成为新的背景知识，否则就要修改假说。假说的检验和确认会是一个复杂的理论与实验互动的过程；在“科学革命”时期，假说有可能涉及新的理论对象和新的普遍联系，因此很可能诞生与背景理论全然不同的革命性的研究纲领，假说经受检验和确认的过程也是新的研究纲领成长的过程。

如何判定一个假说或研究纲领是较好的，代表了科学知识的进步呢？首先要能够说

① 刘大春. 科学哲学[M]. 北京：人民出版社，1998：285.

明先行理论或研究纲领先前的成功并有更多的经验内容；其次能做出可观测的新预见，最好有些新预见已得到确认；最后理论应是形式上简单统一的。

霍金的奇性定理、黑洞辐射和宇宙自足解假说是否符合上述科学知识发展模式，是否较好地代表了科学知识的进步呢？我们可以具体分析。

(1)背景知识。霍金假说的直接背景是现代宇宙学数十年的理论和观察成就。理论上主要有：广义相对论宇宙方程预言当星体质量满足一定条件就会“坍缩”形成“黑洞”；结合核物理学成果和广义相对论提出的热大爆炸学说得到科学界初步确认。宇宙观测上主要有：“红移”确认了宇宙大尺度各向同性指数膨胀的图景；“微波背景辐射”证实了大爆炸宇宙学所预言的背景辐射确实存在；“类星体”“天鹅 X-1 双星”很可能最终被确认为黑洞。

(2)引出问题——“奇点困境”。霍金和彭罗斯证明奇性定理的前提条件是广义相对论成立、能量非负有物质存在和因果性成立，证明过程依据的是广义相对论和现代微分几何，因此时空奇性的存在是依据已得到科学界确认的理论合逻辑地推演出的。而时空奇性本身则意味着科学时间的起始和终结、因果性失效和科学预见性的彻底丧失，这与科学理性最基本的信念相悖——问题由此产生。时空奇性被科学界称为“奇点困境”，认为是 21 世纪最重要的两大理论难题之一。真正科学问题的产生是由于从得到确认的背景知识中合逻辑地引出了与背景知识相矛盾的结论。不是任何没有得到说明的问题都可称得上是“科学问题”。

(3)提出假说——宇宙自足解。霍金的宇宙自足解描写了一个“自发创生”(无中生有)指数膨胀的宇宙。这样的宇宙是自足的，不存在因果性失效、科学预见性丧失的奇点，原则上我们可以在量子不确定所容忍的限度内预见宇宙中的一切。时间也不再有起始和终结，而是可以借助“虚时间”绕过奇点。假说依据的主要理论(或说研究纲领)是量子路径积分和广义相对论方程，霍金创造性地把它们结合起来了。量子路径积分描写的是微观粒子运行的所有可能路径，霍金让描写整个宇宙历史的时空结构本身等价于路径积分中单个粒子的轨迹，借助量子方法写出了描写宇宙历史并满足广义相对论方程的宇宙波函数(是时空度规的函数)。对宇宙所有时空结构进行历史求和是一个创见，可是在数学上几乎难以实现。于是霍金又依据其“美的或形而上学”的理由提出了“虚时间”和“无边界假设”，运用数学中的“鞍点近似”和“维克旋转”技巧在虚时间方向实现了历史求和并且实现了数学上的简单和谐。① “无边界假设”肯定我们人类是宇宙之内的观测者，我们原则上观测不到整个宇宙，但也拒绝异在于人类理性的力量为宇宙设定边界条件，因为“宇宙的边界条件就是没有边界”。据此，霍金终于找到了能够描写我们观测到的宇宙的“宇宙自足解”，并做出了可观测预见：①宇宙在大尺度上各向均匀同性但有微小起伏；②虚时周期导致微波背景辐射；③黑洞辐射。

如果将背景知识看成由理论系列组成的研究纲领，其核心理论无疑是广义相对论的

① Hawking S W, Penrose R. The Nature of Space and Time[M]. Princeton: Princeton University Press, 1996: 122.

宇宙学方程。容易看出，霍金的宇宙自足解可以说建构了一个新的研究纲领。其核心理论是量子路径积分和广义相对论方程的创造性结合。它涉及了新的理论对象，如虚时间和宇宙波函数，也建立了新的从未有过的普遍联系，如宇宙时空结构等价于微观粒子路径；引力的非平凡时空拓扑能够导致纯粹热性的辐射，引力、量子和热之间存在着深刻的内在关联等。

(4)检验与辩护。霍金“宇宙自足解”做出了三项可检验的预言：a. 宇宙在大尺度各向均匀同性但有微小起伏。天文观测到的宇宙正是如此。这不是霍金假说独有的，依据广义相对论也可做出同样的预见，只是量子微小起伏光谱的理论值会有所不同。b. 微波背景辐射。热大爆炸宇宙学结合广义相对论和核物理的成果也做出过同样的预见并在1965年被射电天文学家探测到了，这也是热大爆炸宇宙得到确认的最重要原因。但霍金对背景辐射的几何及物理根源给予了更深入的说明，认为是宇宙时空非平凡拓扑的量子效应。c. 黑洞辐射。这是霍金假说独有的可观测预见。虽然宇宙观察家们已找到了几个很好的黑洞候选者，但还没有一个得到确认，更深入的黑洞辐射观测就更谈不上了。

虽然霍金的惊人可观测新预见——黑洞辐射还未得到观测确认，还不知道霍金假说是否能经受如此“严峻检验”，我们还是认为“宇宙自足解”是个“好理论”，甚至是代表了科学知识进步的“研究纲领”。

其一，它创造性地结合量子学说和广义相对论，揭示了从未有过的普遍联系(时空结构类比粒子轨迹；量子、引力、力之间的深刻关联)。其二，理论的数学形式追求简单和谐。上两条就已满足了波普形式条件即“逼真性”条件。其三，能说明先行理论已说明的现象(大尺度各向同性、黑洞辐射)并提出了新的可观测。当然宇宙自足解还只是个玩具般的宇宙模型，其数学物理思想还有待深化完善，也有可能黑洞始终观测不到，假说需要修改甚至最后被新的假说所取代。即使如此，我们仍然可以评介假说的启发力，仍然要承认宇宙自足解是有深刻启发力的科学假说。不仅是单个形式体系内部，也是不同理论体系之间，甚至是不同学科体系之间，寻求统一从来都是自然科学的理想，也是21世纪科学发展的趋势，如李政道所说，20世纪的科学是“简化兼并”，21世纪的科学是“综合统一”。面对奇点困境科学界普遍认为只有把量子、引力和热三大理论有机结合才可能逃开时空奇性。霍金正是创造性地结合量子路径积分和广义相对论思想找到了他革命性的量子引力波函数，又借无边界假设和虚时间成功绕开了奇性。因此，虽说霍金的预见还未实现，其数学物理方法也颇有争议，但在科学界即便是批评者也认为“虚时间”和“宇宙自足解”是“一个非常美好的假设”。

霍金的宇宙学成就不论是奇性定理、黑洞辐射还是虚时间、宇宙自足解，都还只是停留在科学假说的层面，并未得到实验和天文观测的确认，但却受到了科学界极大的关注和赞誉，当然也伴随着批评和质疑，这主要是因为“时空奇性”和“引力场量子化”是新世纪理论物理学的两大困境，霍金的研究正是解决此两大难题的尝试。众所周知，20世纪之交物理学“晴朗天空的两朵乌云”——“黑体辐射”和“以太漂移实验”带来了20世纪科学革命的狂风暴雨，导致了量子学说和相对论的创立。科学家们认为“时空奇性”和“引力场量子化”困境的解决很可能会导致21世纪的科学革命，实现新的“伟大综合”，即量子、引力和热三大理论的统一。因此尽管黑洞辐射的预言还未得到观测支持，宇宙自足解也只是个玩具般的简单数学模型，还有许多细节有待说明，科学界仍然认为霍金的尝试极有价值，预示了自然科学统一的前景。

2. 科学实验的原则

科学理论是关于自然的系统化知识，可是并非任何成体系的自然知识都属于科学，理想化的科学理论有演绎系统化的结构，每一个命题和论断是内在逻辑相关的，不可相互矛盾，这样建构的理论才能够被科学实验证实或证伪。同样，也并非任何自然现象或对自然的操作都有资格称为科学，只有那些在严格受控的条件下进行，结果在误差范围内可再现的实验，才有可能进入科学的殿堂，鉴别理论的真伪；才有可能转移为技术，成为社会化的现实力量。

2.1　受控实验原则

刘青峰曾用科学史上的一次著名论战来说明，科学受控实验与一般常识意义上的自然观察之间有着原则上的不同。① 科学史上有个流行的说法：伽利略在比萨斜塔公开做落体实验，用事实证伪了亚里士多德的运动学说，科学求实精神战胜了对权威的盲从。这个故事的真实性遭到许多科学史家的质疑，甚至有人企图重现伽利略的实验，但得到的数据并不支持伽利略的重物同时下落的论断。

刘青峰认为，伽利略是否真的在比萨斜塔做过落体实验并不重要，重要的是即便做了，由于空气阻力风速等不可控的条件影响，不同材质的落体从塔顶同时下落，到地面时会有落地时差，伽利略不但不能得出不同重的落体“同时落地”的结论，更不能通过这个实验得到自由落体定律，算出重力加速度。

问题的关键是，科学实验不是常识意义上的直观现象，而是以思想为先导，在严格可控的条件下进行的操作，实验结果要能够稳定再现。

设计一个受控实验很不容易。为研究自由落体，伽利略想出了一个绝妙的办法，即用小球在斜面上的滚动来替代自由落体。小球在斜面上滚动的快慢可用斜面的倾斜角度调控，结果总能重复出来。伽利略据此总结出一条运动定律：“在自然运动中物体走过的距离与时间的平方成正比。”依据这个定律可以推知，自由落体的运动速度与重量无关。

自伽利略开始，受控实验作为普遍原则被科学界所接受。此后，科学家一旦发现了新的事实，就要详细说明实验条件、实验步骤、误差分析，不但自己能够重复出结果，同行们依照给出的方法去做也能得出同样的结果，这样的事实才被接受为科学的事实，否则，任何幻想、欺骗或偶然的结果就能把科学思想引向歧途，也只有通过受控实验发现的科学事实才有可能鉴别理论的真伪，成为提出新科学思想的可靠依据。

---

① 参见刘青峰. 让科学的光芒照亮自己［M］. 成都：四川人民出版社，1984：60.

2.2 清除错误的方法

科学研究总会出错，常常要在错误和迷途中迷失很久，受控实验是科学清除自身错误的必经之路，无论错在理论还是错在事实。

我们以发生在2016—2017年广受关注的“韩春雨事件”为例来说明，一个不能被科学共同体重复的实验，不但实验本身不被接受，实验背后的理论构想也同样会被质疑甚至证伪。韩春雨事件涉及当今分子生物学最受关注的研究领域——基因编辑技术。

(1)什么是基因编辑技术?

基因编辑是一种对基因或基因组进行精确修饰的技术，即按照人的愿望，对基因遗传信息的载体——DNA的碱基序列采用定点突变、敲除等编辑手段，以完成在基因或基因组水平上改变基因功能的目标。

基因组编辑技术能永久性地改变人类或其他生物的基因，获得新的物种或者改良、恢复现有物种的某些性状和功能。由于可见的应用前景和市场价值，受到科学界和大资本的追捧。

目前有三代成熟的基因编辑技术。

ZFN技术：ZFN是一种人工改造的核酸内切酶，即锌指核酸酶，它可以令DNA定点断裂，然后在该位点人工引入突变。它的缺点是制作起来比较贵，手续也比较繁琐，耗时长。ZFN技术由Sangamo生物科学公司所拥有，被用来开发治疗产品，目前在大量植物、果蝇、斑马鱼、蛙、鼠及牛等物种中通过ZFN技术修改它们的遗传背景，已获得新的物种。

TALEN：2007年首次公开。TALEN，即转录激活因子样效应物核酸酶(TALEN)，是二聚体形式的转录因子，由30余个氨基酸模块构成，通过组装这些模块，研究人员可以锚定他们想要的任何序列。

如果将ZFN比喻为真空管，TALEN就是晶体管。ZFN的伟大之处在于，它提供了基因组编辑技术的理论基础，但TALEN技术比ZFN技术的筛选过程更简化，细胞内DNA修饰的特异性更强，准确性更高，但TALEN分子比ZFN大得多，导入效率不高，而且对异染色质化的基因无效。

CRISPR/CAS系统，由美、德两国的学者Jennifer Doudna和Emmanuelle Charpentier于2012年8月在美国《科学》杂志上首次宣布。CRISPR(Clustered regularly interspaced short palindromic repeat，短回文重复序列)1987年由日本人在大肠杆菌的碱性磷酸酶基因中首次发现，CAS(CRISPR-associated gene，Cas gene短回文重复序列的相关基因)位于CRISPR附近。CRISPR和CAS均为高度保守的基因，它们编码的蛋白质具有核酸酶活性，可以对DNA序列进行特异性的切割。CAS9为CAS蛋白家族中的一员，具有核酸酶活性，能够对DNA进行切割。CRISPR/CAS9系统是目前CRISPR/CAS系统中最有效的系统。

ZFN和TALEN技术，都依赖于能够识别DNA特异序列的蛋白质模块，而这一步骤非常繁琐费时。CRISPR/CAS的不同之处在于它使用嵌合的RNA分子作为向导，能够比以蛋白质模块为向导的ZFN和TALEN更高的效率完成对基因特定位点的定位。

由于与 ZFN 和 TALEN 相比，CRISPR/CAS 系统操作简单、价格低廉、易于编辑且非常高效，因此，该技术炙手可热，目前被认为是最优秀的基因编辑技术，仅在该技术公开后一年的 2013 年，美、中等多国科学家就成功运用该技术对基因进行了广泛编辑，如在大鼠中实现多基因的一步敲除，对水稻特定基因进行定点突变获得新的品系，建立了小鼠等生物的转基因模型。

但 CRISPR/CAS9 系统也有一些缺陷，比如它也在非目标点进行酶切，从而导致意外突变；此外，CAS9 作为外源物质，游离的 CAS9 能够引发机体对它的免疫反应。

(2)韩春雨的 NgAgo-gDNA。

2016 年 5 月 2 日，Nature Biotechnology 在线发表韩春雨“DNA-guided Genome Editing using the Natronobacterium Gregoryi Argonaute”论文，宣称找到了新的基因编辑方法，即 NgAgo-gDNA 技术。论文一经发表就引起科学界广泛关注，可以说“一鸣惊人”，因为如果 NgAgo-gDNA 技术真实有效，将带来现有基因编辑理论和操作的双重变革。NgAgo-gDNA 较之 CRISPR/CAS 的创新之处在于：

①剪切物不同：运用了一种全新的核酸酶，即一种来自古细菌的蛋白质 NgAgo (Natronobacterium gregoryi Argonaute 格氏嗜盐碱杆菌阿尔戈蛋白)。理论上，古生菌酶保留了生命起源的特质，由于生命的同源性，许多其他变易基因的内核都可在古生菌中找到。并且，与 CAS9 相比，NgAgo 分子量较小、活动空间大，专一性强、不易引起免疫反应，可自动修正错误。这意味着新技术的适应范围更广泛、使用起来更简单。

②向导物不同：它首次使用 DNA 片段作为基因编辑的向导。NgAgo-gDNA 中 DNA 为单链 DNA，而 CRISPR/CAS9 系统中的向导物为 2 段嵌合 RNA。以 DNA 定位是在回归科学传统。全球所有生物实验室基因引物都用 DNA，如同遗传信息原本就是 DNA-RNA-蛋白质的顺序，而不是颠倒过来的。

原则上，以 DNA 为向导理应更精确，更稳定。

可是事与愿违，经过长达一年的争议和等待，由于科学界不能重复韩的实验结果，韩春雨于 2017 年 8 月 3 日撤回了发表于 Nature Biotechnology 的论文。

韩春雨撤稿声明：

Retracted online 02 August 2017 We are retracting our study because of the continued inability of the research community to replicate the key results in Figure 4, using the protocols provided in our paper. In this figure we report that the *Natronobacterium gregoryi* Argonaute can efficiently create double-strand breaks and edit the genome of human cells using 5' phosphorylated single-stranded DNA as a guide. Despite the efforts of many laboratories (*Protein Cell* **7**, 913–915, 2016; *Nat. Biotechnol.* **35**, 17–18, 2017; *Cell Res.* **26**, 1349–1352, 2016; *PLOS One* **12**, e0177444, 2017), an independent replication of these results has not been reported. We are therefore retracting our initial report at this time to maintain the integrity of the scientific record. We nevertheless continue to investigate the reasons for this lack of reproducibility with the aim of providing an optimized protocol.

撤稿说明截图。图片来源丨 Nat. Biotech.

韩春雨承认，由于众多实验室都没有独立重复出实验结果，决定撤回论文，“以维护科学记录的完整性”，但会继续调查不能重复的原因。

NBT 发表撤稿社论，Time for the data to speak：

“In this issue，Chunyu Han and colleagues retract a paper published in May 2016 claiming that an Argonaute protein (NgAgo) from the archaea Natronobacterium gregoryi can be guided by short 5′ phosphorylated single-stranded DNAs to generate double-strand breaks and edit the human genome (Nat. Biotechnol. 34，768-773，2016).

Now，more than a year after the publication of the original report，we have learned that the independent groups that reported initial success in reproducing the results have not been able to bolster their preliminary data to a publishable level. Similarly，after seeking feedback from expert reviewers，we have concluded that the latest data from Han and his colleagues are insufficient to counter the substantial body of evidence that contradicts their initial findings. We are now convinced that the decision of Han and colleagues to retract the paper is the best course of action to support the integrity of the published record.”①

社论表明了 *Nature* 的立场：应该让数据说话。同时指出，韩春雨最新数据不足以反驳其他学者的发现。

这意味着科学界明确否定了韩春雨创新的基因编辑技术，技术背后的理论构想也就存疑了。

因为实验数据不能重复而遭遇科学期刊撤稿并不是个偶然事件，这其实是科学界自我纠错的长效机制在起作用。例如：2017 年 10 月 2 日，诺贝尔生理或医学奖授予了揭示生物节律机理的三位美国科学家，可是也就是在此前数天，9 月 27 日，国际顶级期刊 *Cell* 刊登了一份与生物节律研究相关的撤稿声明(如图 1.1 所示)。②

撤稿文章的通讯作者 Patrick Emery，并非泛泛之辈，他是美国马萨诸塞大学医学院(University of Massachusetts Medical School)终身教授，在生物节律研究领域做出了很多开创性的工作，在 *Nature*，*Science*，*Cell*，*Neuron* 等顶级期刊发表文章超过 35 篇。第一作者 Ozgur Tataroglu 也有很强的分子生物学背景，来到 Patrick 实验室之后，研究温度调控生物节律的机理，实验持续了三年才拿到所有数据，论文被 *Cell* 接收并发表。凭借这篇文章，Ozgur 一战成名。

Patrick 深知这篇文章的重要意义，马上安排其他学生跟进，不幸的是关键数据无法重复。Patrick 第一时间发起调查，调查结果也如撤稿声明中所说，“实验室其他成员不能重复该论文中部分关键数据，一作 Ozgur 存在篡改数据行为”。③

伽利略之后，受控实验原则渐渐被科学界理解和接受，甚至奉为信仰。科学家们在

① http://www.nature.com/nbt/journal/vaop/ncurrent/full/nbt.3938.html.

② 参见张勇. 我所旁观的一次顶级期刊撤稿[J/OL]. 知识分子，2018-01-31.

③ Cell 撤稿声明. http://www.cell.com/cell/fulltext/S0092-8674(17)31062-0.

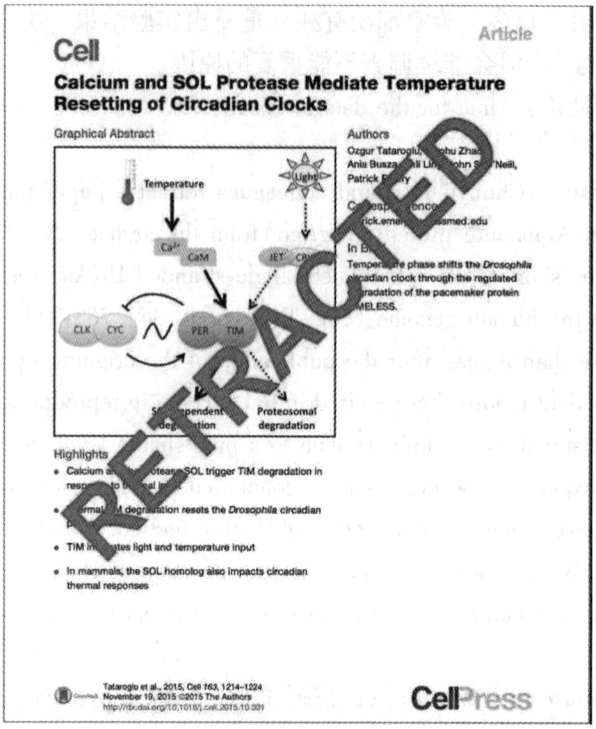

图 1.1　*Cell* 撤掉了 2015 年发表的一篇与生物节律相关的论文

面对新发现时变得异常严苛甚至冷酷，一个新的现象只有在可控的条件下完成并能够普遍再现才算是真正的科学发现，否则无论结果多么诱人都不会被接受。如果涉及篡改数据，还会成为科学界的丑闻，受到严厉追责。

受控实验原则听起来简单，可实践起来千难万难。通常一个新实验往往是不受控的，要想办法实现受控性，不仅需要动手能力，还需要理论思维的牵引。受控实验是自然规律或说科学理论的物化形态，同时也只有受控实验才能转移为技术，实验成果转移为技术的过程是实验操作社会化的过程。

2.3　中医是不是科学？

中国学术界有个困扰多年的老问题：中医是不是科学？中医是否能纳入现代医学体系？

2015 年，中国科学家屠呦呦获诺贝尔生理或医学奖，因为创制新型抗疟药青蒿素和双氢青蒿素(Prize motivation："for her discoveries concerning a novel therapy against Malaria"①)，挽救了无数生命，但在国内随即引发了一些争议。

一方面，青蒿素的发现有"中国特色"，它曾经是一项政治任务：1967 年越南战争

① "Youyou Tu-Facts". Nobelprize. org. Nobel Media AB 2014. Web. 8 Mar 2018. http://www.nobelprize.org/nobel_prizes/medicine/laureates/2015/tu-facts.html.

期间，丛林作战，疟疾肆虐，北越求助于中国政府，中国政府启动当时属于机密的“523 任务”，集中全国力量用人海战术，动用了数十个单位，500 多名科研人员，用 5 年的时间筛选了 4 万多种化合物和草药，最后才发现了青蒿素。因此有人质疑，为什么诺贝尔奖只授予了屠呦呦？是否对其他参与者不公平？

1971 年下半年，屠呦呦提出用乙醚提取青蒿，其提取物抗疟作用达 95%到 100%，这一方法是当时发现青蒿粗提物有效性的关键。

> “She found that modern extraction methods that use boiling water destroy the active ingredient artemisinin. Next she experimented with colder extraction methods, using ether as a solvent. With this novel active agent, she was able to eradicate Plasmodium parasites in mice and monkeys. After trying the potion on herself to see whether it was safe for humans, more than twenty malaria patients were treated—and the parasite could be eradicated! This was the breakthrough everyone had been waiting for.”①

屠呦呦之前，虽然其他人也认为青蒿中含有治愈疟疾的有效成分，但采取的萃取方法，包括中国古代典籍中记载的提取方法所得到的成分抗疟效果甚微，屠呦呦的工作实际上是完成了把不受控的实验转变成受控实验的关键一步。如前所述，一个发现只有在受控实验下完成才是真正的科学发现，诺贝尔奖所奖励的是符合科学原则的原创工作。

另一方面，有人据此认为，这是中医药属于科学的明证，是中医纳入现代医学体系的契机。

当屠呦呦确认青蒿提取物在动物实验中抗疟率达 100%后，一套现代制药流程便启动了。这种“提纯—再试验—测定化学结构—分析毒性药效—动物试验—临床试验—提取工艺的优化”模式是现代制药必经的流程。这个过程实则是实验室操作转移为技术并社会化的过程，同时也反向促进了对药物的理论研究。青蒿素是现代医学体系内的化学药物，青蒿素分子式为 $C_{15}H_{22}O_5$，分子量 282.33，组分含量：C63.81%，H7.85%，O28.33%。这与传统的中医理论和中药理论已经完全没有关系了（如图 1.2 所示）。

饶毅先生提出，我们应该把一个笼统的概念“中医药”区分为：中医理论（Chinese Medical Theories，CMT）如五行相生相克；中药（Chinese Medicines，CM）；中医（Traditional Chinese Medicine，TCM）。

一方面，医学界可以清晰地讨论药物。“在古代和近现代中文文献及医疗实践中，可能还有尚待重新发现的珍宝”，屠呦呦获诺贝尔奖“将有利于中国和世界认识中药是尚未充分开发的宝库”。屠呦呦的工作是一种示范，即如何把成分复杂、疗效和毒副作用都不明确，但的确可以治病的中药经过受控实验被现代医学所接受，如何经过现代制药流程物化为疗效和毒副作用都明确的药物以治病救人。

① “Youyou Tu-Other Resources”. Nobelprize. org. Nobel Media AB 2014. Web. 8 Mar2018. http://www.nobelprize.org/nobel_prizes/medicine/laureates/2015/tu-or.html.

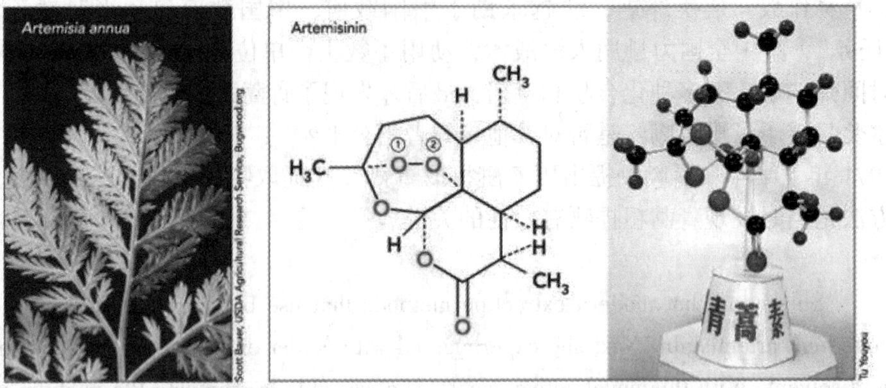

图 1.2　青蒿与青蒿素的化学构成①丨图片来源：诺贝尔官网

另一方面，中医和中医理论的争论还会长久存在。五行相生、君臣相辅的中医理论不符合现代科学假说演绎体系的规范，无法证伪。传统中医的医疗技能与传统技术一样，无法从医者的头脑和双手剥离出来，无法物化为仪器，这就使得传统医学的现代科学化几无可能。总有人产生疑问：中医能治病这样简单的道理，为什么不是科学的？这就把有用性和科学性混同了。传统技艺(如中医)的确是有用的，但只有那些能够从人的头脑和双手分离出来，物化为受控实验的知识和技能才属于科学。能够进入科学的殿堂必须遵守科学的普遍原则。

也正因此有诺贝尔奖的评委直言，你可以说青蒿素的发现和提纯受到了传统医学的启发，但这个奖项并不是给传统医学的。中医数千年积累的草药知识的确有可能给我们研发新药的灵感，但也仅仅是灵感。

总之，中医的治疗方法和中药如果不按照现代科学的受控结构成为受控体系，那么不论是否能治病，也不论其中是否有真实成分，都不是现代意义上的科学。

笔者认为，如果我们珍视传统医学，就应不是以科学之名，而是以传统智慧为其辩护。

与传统医学的情况类似的是，有一些现象好像是真实发生的，如降神术、心灵感应、精神分析、心灵学实验、道家的意念移物、特异功能等，不能说这些现象完全是虚假的，但只要这些现象还没有实现受控性就不是科学研究的对象，当然权作娱乐也未尝不可。

可以说，受控实验原则既是科学自身自我纠错的机制，也使得科学与其他一切非科学、伪科学相区别，获得了空前强大的理性。

3. 传统技术与现代技术

理性科学是属于古希腊文明的独特现象，并非生活必需，技术却和人类文明相伴而

---

① 屠呦呦. 青蒿素——中医药给世界的一份礼物[R]. 诺贝尔奖获奖演讲.

生。人是使用工具的动物，文明自造物开始。我们用工具标记历史，旧石器、新石器、青铜、黑铁、蒸汽机、电力等。今天，人类进入了以互联网、人工智能、生物技术、空间技术为标志的高新技术时代。

通常，技术规定为人类征服自然改造自然的工具和手段。在理性科学的传统中，造物的活动属于人类认识的初级阶段，被高贵的思想所遗忘；在造物的传统中，技术贯穿于一切人类有目的的活动中，是人类感性生命活动的形式，是规定性的，有可能作为本体论确立起来。

3.1 技术是人的存在方式

人的生命活动与动物不同，动物的生命活动与自身同一，由大自然所规定，而人的生命活动却需要以技术为手段，技术是人的存在方式。

人为什么需要存在方式？

3.1.1 人是没有先天规定性的动物

神话中，上帝创造天地万物，派埃庇米修斯(Epimetheus)给每种生命分配良好的天赋，使它们凭借自己的本能就能在大自然生存繁衍。如我们所见，鹰击长空，鱼翔浅底，万类霜天竞自由，可到了人类却什么天赋都没剩下，他的兄长普罗米修斯发现后，为人类盗取了天火，又教会人类各种生存技能，才开启了人类文明的进程。这个喻象是说“人先天就生物本能缺乏”，人类如果不使用火就灭绝了，不使用工具就灭绝了……

正因为“人是没有先天规定性的动物”，“人的本性是没有本性”，所以人需要使用工具，需要自己规定自己，自己赋予自己本性。

3.1.2 关于技术起源有两种说法①

首先，是“生物本能缺乏”。如前所述，动物可以凭借自然天赋在自然中自在地活着，人却不能。人没有利爪可捕食，没有毛皮可御寒，没有翅膀可飞翔，甚至还没有兔子跑得快难以躲避天敌。人先天就生物本能缺乏，不使用工具就没法活。

其次，是“心理能量太充沛”。吴国盛援引芒福德的技术哲学，认为追问人的本性不能从本能入手，应从心理开始。人的心理能量太充沛，不会仅仅满足于吃饱，还需要内心的平静和幸福，需要生命有“意义”。

人不仅是工具的制造者和使用者，更是符号(symbol，也可诠释为意义)的制造者和使用者，技术起源于安抚人类躁动不安的心。史前人类可能并不缺食物，种植的可能不是大麦小麦而是芬芳的鲜花，金属不是用来制造武器而是用来装饰打扮，杀人不为抢东西而是为了祭祀。

在制造和使用工具之前，先要创造一种心理需要，一种意义。人类早期基本活动，诸如唱歌、跳舞、巫术、祭祀，是讨好神明赋予意义的“仪式”，一种“社会技术”。最早的社会技术是仪式，是为了与天地神明交谈。

① 参见吴国盛. 技术哲学讲演录[M]. 北京：中国人民大学出版社，2009：41-62.

社会技术之前是“身体技术”。人的身体很“柔软”，可以做任何事，或塑造成为任何物。“人类身体的大部分知识是‘意会知识’，无法言说，身体‘知道’许多我们不知道的知识。”①最早的技术是塑造身体，塑造身体是为了美的需要，是为了生物本能之上的精神生活，是为了传情，最早的身体技术是为了传情。

例如，在神话中，亚当夏娃偷吃了智慧之树的果实后，做的第一件事是用树叶装饰自己的身体。他们懂得害羞了，他们学会了与自己的动物本能拉开距离，学会用精神的眼光注视对方。

我们看到最早人类的遗存之一，山顶洞人已经会用骨针缝制兽皮衣服，用石器将兽牙或石珠打磨光滑，细心钻孔，用铁矿粉染成红色，串成项链，那一定是用来装饰身体或送给喜爱的人。这意味着旧石器时代的人类已经开始爱美了。从字形看，中文的“美”字意指戴着羊头舞蹈的人，羊头可能是先民的图腾，戴着图腾舞蹈，是在与天地神明交谈，让自己高兴也让神明高兴。

从某种意义上，人类最早也最伟大的造物是艺术品，② 它能赋予生命超越性意义。比如那个戴着图腾舞蹈的巫师，那个用彩石或兽骨细心打磨出项链的少年，他们塑造身体是为了表达某种超越于动物本能的意义，他们用造物来表达情感。第一个真正的人是艺术家，③ 有了艺术家，完整意义上的人才诞生了。

3.1.3　可是技术却被高贵的理性遗忘

文明自造物开始，但是伟大的造物传统却在哲学反思的视野之外。造物主题被遮蔽在思想背后。④ 哲学是追根溯源的事业，它的表达形态是思想，是思想的纯粹化和深入化。作为形而上学的哲学，追问自然与精神最普遍的法则，创始的力量，以及整体性。

自巴门尼德开始，哲学就在思想中寻找思想的本源。亚里士多德认为，哲学的主题涉及理论理性，实践理性，创制理性。

理论理性：不变的存在者——数学；变动的存在者——物理学；自身包含内在目的的存在者——生物学和神学。

实践理性：相关伦理和政治。

创制理性：相关技艺(techne)。技艺泛指一切包含人的目的、人的尺度的活动，可延伸到神的目的。

这其中，理论理性层次最高。现代之前，哲学的主题呈现为理性的不同维度。例如，康德理性是属于主体的原则能力、规定能力。理性为自然立法，理性为自由立法；黑格尔理性是作为逻格斯的绝对精神，外化为自然，复归于精神。

与技术相关的创制理性层次最低。只是到了现代，马克思以自由而自觉的感性生命活动作为哲学开端，海德格尔以人生在世、存在即虚无、天地人神共在作为哲学主题，

---

① 吴国盛. 技术哲学讲演录[M]. 北京：中国人民大学出版社，2009：56.

② 参见胡志强. 工匠传统的伟大复活[J]. 自然辩证法通讯，2002(6).

③ 参见邓晓芒. 灵之舞[M]. 北京：东方出版社，1995：258.

④ 参见胡志强. 工匠传统的伟大复活[J]. 自然辩证法通讯，2002(6).

作为感性生命活动形式的技术才有可能成为自然与精神最后的根据，创始的力量，那个作为存在的存在。

3.1.4 技术建构人和世界①

(1)最早的身体技术是对身体的塑造，是审美的，用来传情。

神话中亚当和夏娃原本如动物一样，自由自在地生活在伊甸园，当他们偷吃了明辨善恶的果实，分有上帝神性后的第一件事是用树叶遮蔽身体，塑造身体，是与自身的自然性、动物性区别开。

史前人类的遗存表明，人类学会制造和使用工具后最先制作的器物是装饰身体的项链和兽皮做的衣服。

电影《赛德克·巴莱》描写的台湾原住民，男孩长大后要去猎杀其他部落的人头，完成了就可以纹面。纹面是男孩成长为男子汉的标志。

现代社会更是看脸的时代。各种化妆、整容、健身、美拍，人们愈发关注身体之美以及与之相伴的气质风度。

(2)人的知觉也是被塑造的。

我们的眼睛是含情的。可以眉目传情，怒目相向，也可以空洞失落。

我们的双手也是含情的。如同歌中所唱，“不是你亲手点燃的那就不叫火焰，不是你亲手摸过的那就不叫宝石”(莫西子诗)。

空间与时间概念也是身体的知觉概念。所谓“读万卷书行万里路”，“过尽千帆，归来依旧是此间少年”。

技术也潜在地决定着行为逻辑。今天是个读图的时代，自媒体时代。人们越来越多通过微信获取资讯，通过互联网购物，通过微信、支付宝从事商业和金融活动。

(3)技术也建构世界。

人生在世，自然是被给予的，自在的存在。只有当人居于自然的中心，依靠技术展开世界，使自然成为人的感性的意识和感性的需要，这两种形式的感性才是属于人的环境，属于人为自己创造的自然。人才拥有属于自己的世界，属于自己的家园，人自身也才有可能实现从自在到自为的蜕变。

东西方文化所处的时代不同，技术建构的世界及相应的时空框架也不一样。

电影“狼图腾”中牧人的世界，“天似穹庐，笼罩四野。天苍苍，野茫茫，风吹草低见牛羊”，以牧场转场和羊产仔为记时。

古老的华夏农业文明，以万物生息的轮回为时空。春华秋实，春种秋收，清明、谷雨、芒种、中秋、寒露、重阳，标记着农业文明展开的世界。

古希腊的世界是和谐而统一的整体，是天球在运行演奏着天体的乐章。希腊人以奥林匹克运动会为记年。

现代世界服从统一的秩序和节奏，由钟表的读数所测度，这个测度时间尺度就成为我们存在的尺度。

---

① 参见吴国盛. 技术哲学讲演录[M]. 北京：中国人民大学出版社，2009：39-62.

3.1.5　身体技术、社会技术、自然技术相互匹配①

依据芒福德，人类首要的技术，从个体说是“身体技术”，从群体讲是“社会技术”。社会技术处理人与人之间的关系，涉及利益分配、权力分配，社会技术规定制约自然技术，或说有怎样的社会技术就会催生与之匹配的自然技术。“自然技术”是人类使用工具征服自然，改造自然的形式，工具可以看成是身体的延伸。②

人类最早的身体技术装饰身体，用来传情；最早的社会技术是仪式，是赋予生命意义的活动；最早的自然技术用来保藏，是文明传承的容器——陶罐、酒杯、粮仓、房子、城市、语言。随着文明的演进，身体技术、社会技术和自然技术相互匹配，受制于一种文明一个时代对意义的追求。③

刘青峰认为，中国古代重要的技术绝大部分是“大一统型”的，服务于大一统帝国。

刘青峰举例说④，造纸技术完成于东汉，由尚方令蔡伦最后定型。蔡伦是宦官，尚方令一职相当于皇家工场的 CEO，掌管着来自全国各地最优秀的能工巧匠，监制各种器物。造纸技术由蔡伦监制完成并非偶然，实则是国家意志的体现。东汉已经是一个文官治国的大一统帝国，中央政府的各项法令需要尽快上传下达，比起简牍，纸用随处可得的树皮等纤维物质制成，轻便又经济适用，对贯彻国家意志、传承文化的价值自不待言。所以很难界定造纸技术属于自然技术还是社会技术，可以说二者是直接同一的。

另一个自然技术与社会技术难以区分的例子，是中国古代的水利交通技术。⑤ 有研究表明，近代以来，西方的科学技术整体上就开始超越中国，但中国的水利交通和农业技术却一直领先世界，直到 20 世纪初才开始落后。人类历史上最早的运河——胥溪，是春秋战国时吴国所建。公元前 506 年，吴楚交战，吴王阖闾派伍子胥修运河连接长江水系，以备战时运送军粮。胥溪比欧洲最早的运河——果达运河早 2300 多年。再如，著名的都江堰工程，至今依旧是人类水利灌溉工程的奇迹，它造就了与自然环境完美融合的“天府之国”。对一个以小农经济、自然经济为主体的大一统帝国，运河水利网络如同血脉，不仅用于满足大一统王朝人、物、信息流通的需要，也是整体性的农业灌溉系统，大运河的通畅与阻塞甚至会关系到帝国命运的兴衰。

同样，社会技术也会制约自然技术的走向。吴国盛举例说，宋朝的水运浑象仪基本上就是一个机械钟表了，但在宋代只是充当皇家礼器，和普通老百姓的生活没什么关系，而西方的钟表技术自近代开始发展到今天，成为规范人们生活节奏的器物，让社会按照讲“效率”方式运转。指南针，在古代中国主要用来看风水，而在近代西方却用来发现新大陆，搞殖民地。火药，我们用来放烟花、辟邪，是各种庆典的礼仪和点缀，但在近代西方却演变成为船坚炮利，不但摧毁了自己的封建堡垒，也炸开了古老东方帝国

① 参见吴国盛. 技术哲学讲演录[M]. 北京：中国人民大学出版社，2009：39-62.
② 参见吴国盛. 技术哲学讲演录[M]. 北京：中国人民大学出版社，2009：62.
③ 参见吴国盛. 技术哲学讲演录[M]. 北京：中国人民大学出版社，2009：65.
④ 参见刘青峰. 让科学的光芒照亮自己[M]. 成都：四川人民出版社，1984：176.
⑤ 参见刘青峰. 让科学的光芒照亮自己[M]. 成都：四川人民出版社，1984：180.

的大门。

今天，电网、交通网、万维网把世界建构成为一个整体，一个巨型机器。芒福德称之为“巨机器”(megamachine)。巨机器本身不必然是巨大的工具，而是一种技术原形，这种技术原形可以追溯到古埃及。当时埃及的国家组织结构就如同一个巨机器，能够调动古埃及近一半的财力物力，几十万奴隶去建造金字塔。

现代技术更是由这种巨机器逻辑催生的。

例如，曼哈顿计划成功制造出原子弹。该计划的总负责人奥本海默原以为只要6位物理学家、100多位工程师就够了。但在工程的实施过程中却集中了西方最优秀的科学家工程师，多达上千人，顶峰时曾起用了53. 9万人，动用了全美国三分之一的电力，历时3年，耗资25亿美金，终于成功造出核武器。在世界反法西斯战争进行到关键时刻，逃亡美国的欧洲科学家们很担心纳粹德国先制造出原子弹，他们推举爱因斯坦向罗斯福总统建议抢先一步把原子弹造出来，这才启动了被罗斯福总统赋予“高于一切行动的特别优先权”的曼哈顿计划，这是战胜法西斯的需要。如图1. 3、图1. 4所示。

Albert Einstein
Old Grove Rd.
Nassau Point
Peconic, Long Island

August 2nd, 1939

F.D. Roosevelt,
President of the United States,
White House
Washington, D.C.

Sir:

Some recent work by E.Fermi and L. Szilard, which has been communicated to me in manuscript, leads me to expect that the element uranium may be turned into a new and important source of energy in the immediate future. Certain aspects of the situation which has arisen seem to call for watchfulness and, if necessary, quick action on the part of the Administration. I believe therefore that it is my duty to bring to your attention the following facts and recommendations:

In the course of the last four months it has been made probable - through the work of Joliot in France as well as Fermi and Szilard in America - that it may become possible to set up a nuclear chain reaction in a large mass of uranium,by which vast amounts of power and large quantities of new radium-like elements would be generated. Now it appears almost certain that this could be achieved in the immediate future.

This new phenomenon would also lead to the construction of bombs, and it is conceivable - though much less certain - that extremely powerful bombs of a new type may thus be constructed. A single bomb of this type, carried by boat and exploded in a port, might very well destroy the whole port together with some of the surrounding territory. However, such bombs might very well prove to be too heavy for transportation by air.

a64a01

图1. 3　爱因斯坦署名、送交罗斯福总统的呼吁美国制造原子弹的著名信件

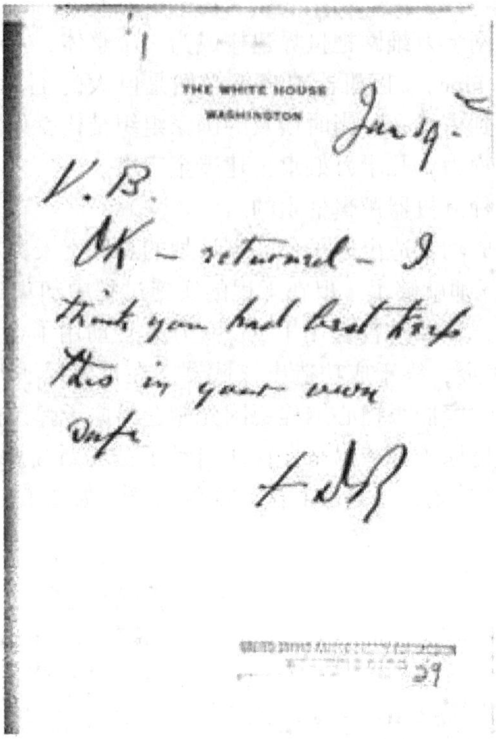
THE WHITE HOUSE
WASHINGTON

Jan 19 –

V.B.
OK – returned – I
think you had best keep
this in your own
safe
FDR

图 1.4　弗兰克林·罗斯福总统在报告上的批复

再如，启动“阿波罗登月计划”的背景是冷战。20 世纪 60 年代，东西方两个阵营搞军备竞赛，苏联率先实现了载人宇宙飞行，美国宇航局随即启动“阿波罗登月计划”。经历 8 年艰苦努力，在连续发射 10 艘不载人的阿波罗飞船之后，终于发射成功载人登月的“阿波罗 11 号”，此后又进行数次载人登月飞行。从计划实施到结束，历时 11 年，耗资 255 亿美金，在计划执行的高峰期，参加工程实施的有 2 万多家企业，200 多所大学和 80 多个科研机构，总数超过 30 万。如此耗资巨大，兴师动众，其直接目的是用来进行政治威慑。

全球化、万物互联的当下，巨机器逻辑已不仅局限于单个国家或集团，而是扩展到整个世界，全球共同参与的科学技术工程越来越多了。

3.2　技术自身区分

技术与人类文明一样古老，但在近代之前，技术的演变非常缓慢，16 世纪之后才呈现出亘古未有的加速现象，说技术爆炸一点不为过。仔细考察就会发现，作为征服自然改造自然的手段和方法，技术是自身区分的，可区分为传统技术和现代技术。传统技术是封闭的，依赖于经验的积累而缓慢爬行；现代技术是开放的，与现代科学循环拉动，飞速生长。

依据刘青峰的观点①，神话中普罗米修斯的命运便是传统技术命运的喻象——普罗米修斯为人类盗取了天火，开启了人类文明进程，自己却被束缚在高加索山上。技术是人类文明的标志，可传统技术自身是受到双重束缚的，其一，是技术本身与它的目的物不能分离。例如，中国古代有高超的造桥技术却并未抽象出力学方法，我们有发达的烧制瓷器的技术，却不会想到用来制造玻璃。在古代，技术的转移很困难。其二，是技艺本身与工匠的头脑和双手不可剥离。技艺成为融合在工匠身体里的一种细腻的习惯，可称作“意会的知识”，我们会把高超的技艺形容为“得之于心，应之于手”。

刘青峰认为，正是这两个特点造成了传统技术的封闭性，使得技术的传承非常困难。如一个造浑天仪的著名工匠所说：“我少能作其事，但随尺度法度，殊不晓达其意，后稍稍益愈。到今七十，乃甫适知己，又老且死矣。今我儿子爱学作之，亦当复年如我，乃晓知己，又且死焉。”②学习一样传统技艺，从开始接触，到知其然，知其尺寸法度，再到知其所以然，及至得心应手炉火纯青，其时人已到垂暮之年。

我们的传统中医就类似于这种“意会的知识”。传统中医的习得需要真正有丰富治疗经验的老中医言传身教，数十年的训练才可能知其然，知其所以然，直到得心应手，成为身体微妙的感知与习惯。这种经验不可言说，也无法写在书上，无法标准化，不能从医者的头脑和双手剥离。这也是为什么传统中医始终无法被现代医疗体制接纳。

正是传统技术的封闭性，导致技术传承很困难，而且很容易在历史的变迁中被掩埋被遗忘。中国古代有极卓越的冶金铸造技术，例如，越王勾践剑(如图 1.5 所示)。历经 2400 余年，依旧寒气逼人、锋利如初。用现代光谱分析检测，剑身镀有一层铬合金，

图 1.5　越王勾践的剑

① 参见刘青峰. 让科学的光芒照亮自己[M]. 成都：四川人民出版社，1984：76.

② 参见刘青峰. 让科学的光芒照亮自己[M]. 成都：四川人民出版社，1984：77.

即便运用现代高科技手段也无法复制。在王朝兴衰历史变迁的风浪中，有难以计数的古老而卓越的技艺消失了，有时文明也会随技术一起消失掉。那淹没于美洲热带丛林的玛雅文明、马丘比丘印加人失落的迷城、亚特兰蒂斯(Atlantis)沉没的传说都在告诉我们，有许多技术高超得难以置信的文明永远毁灭了。如图 1.6、图 1.7 所示。

图 1.6　玛雅文明神秘符号

图 1.7　玛雅石板上的火箭浮雕

打破传统技术的封闭性，需要实现两个转变①，其一，是由手工操作变为机器操作，这个转变意味着技术本身从工匠的头脑和双手分离出来，成为科学研究的对象；其二，工匠转变为工程师，也就是在个体人身上，实现科学与技术的结合。

依据刘青峰②，在技术史上这两个转变大约在 17、18 世纪完成。蒸汽机的诞生，是科学与技术相结合，科学解放技术的开始。蒸汽机总是和瓦特的名字连在一起，与其说是瓦特发明了蒸汽机，不如说是瓦特完成了从科学到技术转化的最关键一步。蒸汽机的雏形是纽康门大气机，效率非常低，瓦特一直在寻求改进的办法。年轻的瓦特是苏格兰格拉斯哥大学一位技艺高超的机械师，不但熟悉各种机械，对新的科学成果也有所了

① 参见刘青峰. 让科学的光芒照亮自己[M]. 成都：四川人民出版社，1984：85.

② 参见刘青峰. 让科学的光芒照亮自己[M]. 成都：四川人民出版社，1984：30.

解，他常去听著名科学家布莱克的课，知道了潜热理论——即温度和热量不是一回事，100℃的水加热成100℃的过热蒸汽，温度不变也需要大量热量。一天，瓦特突然明白，纽康门大气机每次做功都要重新加热，所以效率低下且格外费煤。理论上的原因找到了，技术细节的困难就迎刃而解了。

"1776年改进后的蒸汽机在一家冶金厂投入生产，18世纪末英国已有1500台蒸汽机了。它带来了暴风骤雨般的产业革命。正如恩格斯在《奥地利末日的开端》一文中所说的，那些欧洲残余的封建堡垒连'法国革命、拿破仑和七月风暴都支持过来了，但却支持不住蒸汽'，'欧美的公众现在可以高兴地看到梅特涅和整个哈布斯堡王朝怎样为蒸汽机轮撕碎'。"①

我们用蒸汽机标记一个时代，这个时代是人类历史新的开始。

蒸汽机时代开启了科学技术化、技术科学化的进程。这两个进程循环拉动，飞速扩张，愈演愈烈，席卷了所有人类文明，几乎渗透到人类生活的所有层面。

现代技术是开放的，它的开放性源于科学的解放力。现代技术通常来自科学家的实验室，由受控实验转移而来，受控实验标准化之后转移为技术，迅速社会化，成为改造世界的现实力量。

举几个切近的实例。

2007年诺贝尔物理学奖授予阿尔伯特·费尔特(Albert Fert)和彼得·格伦博格(Peter Grünberg)，因为他们发现了巨磁电阻效应(GMR：Giant Magnetoresistance)。

早在1857年，英国的开尔文勋爵就发现，磁场作用会导致磁性金属电阻的微小改变。

1988年，法国巴黎大学的费尔特教授和德国尤利希研究中心的彼得·格伦博格各自独立发现，在铁和铬相间的多层膜中，微弱的磁场变化可以导致电阻的急剧变化，进而引起电流强度的剧烈变化，他们把这种效应命名为"巨磁阻效应"。

1994年，IBM的研究员斯图尔特·帕金(Stuart Parkin)根据巨磁阻效应原理，研制出新型的计算机读取磁头并把它标准化，使得计算机硬盘的容量较之光盘提高了数百倍，达到几十G乃至上百G，一举奠定IBM在计算机硬件领域的霸主地位。

一个"好奇心导致的发现"②，从实验室转移为技术仅用了6年时间。在接下来的数年间，用光盘存储数据的唱片业消失了，同时又迅速重塑了一个新产业。今天，几乎每个人都使用笔记本电脑，而每一台笔记本电脑，都流动着巨磁阻效应的"幽灵"。这是一个科学(巨磁阻效应)技术(计算机读取磁头)化，进而产业化、社会化的过程。

科学技术化已成为现代技术诞生、成长和社会化的主要模式，被不断复制。

再如，2009年诺贝尔物理学奖授予高锟（Charles K. Kao）"因光学通信中有关光在纤维中传输的突破性贡献"("for groundbreaking achievements concerning the transmission of light in fibers for optical communication")；博伊尔（Willard S. Boyle）和史密斯（George E.

① 刘青峰. 让科学的光芒照亮自己[M]. 成都：四川人民出版社，1984：30.

② "The Nobel Prize in Physics 2007". Nobelprize. org. Nobel Media AB 2014. Web. 9 Mar 2018. http://www.nobelprize.org/nobel_prizes/physics/laureates/2007/.

Smith)则“因发明一种成像半导体电路——CCD 传感器”(“for the invention of an imaging semiconductor circuit——the CCD sensor”①)。

在牛顿时代就知道，光在透明介质中可以全反射。用透明介质制成纤维，通过全内反射（total internal reflection)引导光在光纤内传播是光纤通讯的基本原理。可是最初制备的光纤用处不大，因为在光纤中传播的光讯号不到 20 米就损耗光了，原因是什么？英国标准电信实验室（Standard Telecommunications Laboratories)的高锟与霍克汉姆(George Hockham)发现，光的快速损耗主要是由于光纤中杂质对光的吸收与散射。理论清晰了，实践上就没有原则性困难了。

高锟等人的工作发表于 1966 年，四年之后，美国玻璃制造商康宁公司就通过材料提纯将原先光讯号传播的 20 米距离提升到 1000 米，接着这一纪录就被不断刷新。

依据卢昌海②，自 1975 年起，英、美、日等国先后迈出了实用光纤通信的步伐。1988 年，第一条跨大西洋的光纤电缆安装成功，迄今光纤网络已成为信息时代的大动脉。

CCD（Charge-Coupled Device)的感光原理是著名的光电效应。依照光电效应，用光照射某些物质会打出电子，能否打出电子取决于光的频率而不是强度。爱因斯坦提出了创新的光的量子学说来说明这个效应，即光的能量不是连续的，而是一份一份传播的，光的频率越高，一份光量子的能量就越大。

依据卢昌海，1969 年美国贝尔实验室的博伊尔和史密斯开始从事 CCD 的研发工作，次年就用到了摄像机上，“1972 年，一家美国公司率先制造出了具有 10000（100×100)个感光单元的 CCD 传感器；1974 年，第一张 CCD 天文相片问世；1975 年，CCD 摄像机达到了可用于电视转播的水准；1979 年，CCD 被首次安装到了天文望远镜上…… CCD 的发展走上了快车道”③。现在，几乎每个影像终端都用 CCD 做感光镜头，CCD 开启了数码影像时代。

CCD 较普通胶片敏感度高，适用范围更广，另外可以装配在行星探测器上，CCD 拍摄的数码信息可以通过电波马上传回地球，“我们今天看到的哈勃太空望远镜(Hubble Space Telescope)，拍摄的遥远星云都是因为有了 CCD 这只电子眼才成为了可能。对于观测天文学来说，CCD 是一项能媲美望远镜与光谱仪的伟大发明”。④

3.3　现代技术的逻辑

技术是造物的工具，是人类征服和改造自然的手段。近现代以来，技术自身区分为传统技术和现代技术。传统技术通过经验缓慢习得，是长久磨炼之后养成的身体细微的感受和习惯，是千锤百炼后的得心应手，知其然后知其所以然。传统技术不能从工匠的

---

① “The Nobel Prize in Physics 2009”. Nobelprize. org. Nobel Media AB 2014. Web. 9 Mar 2018. http://www.nobelprize.org/nobel_prizes/physics/laureates/2009/.

② 参见卢昌海. 纤维里的光和电路中的影，http://www.changhai.org/.

③ 卢昌海. 纤维里的光和电路中的影，http://www.changhai.org/.

④ 卢昌海. 纤维里的光和电路中的影，http://www.changhai.org/.

双手和头脑中剥离出去，也因此被束缚和封闭，很难传承和转移，难以社会化。现代技术通常诞生在科学家的实验室里，科学思想先物化为实验，再标准化为技术，这是科学技术化的过程，与之相反相成的过程是技术的科学化。社会对某种技术的迫切需要，会倒逼科学研发相关技术，社会需要“比十所大学都更能促进科学的发展”。科学把技术从工匠的头脑和双手中解放出来，成就了现代技术的开放性。

封闭的传统技术讲究慢工出细活，讲究工匠精神，是千锤百炼后的炉火纯青，所谓技近乎道。技术不但是工匠安身立命，养活自己和家人的职业，也是生命意义之所在。甚至可以说工匠的生命与技艺同在。开放的现代技术有着不同的价值和逻辑。吴国盛将现代技术的逻辑归结为对效率的推崇、去质化和意志技术①。

首先，推崇效率要求快和准确，而提高效率最重要的步骤是技术标准化。

传统技术不能从人的头脑和双手剥离，受制于身体的限度，难以标准化。现代技术却可以不受身体的束缚。现代技术的雏形往往出现在科学家的实验室里，是科学理论物化为受控实验，受控实验经过标准化转移为开放的社会化的技术。近代工业发展史上有两个重要事件，一是“泰勒制”，即技术的标准化；另一个是“福特生产线”，即把工艺尽可能细分，每个细分的环节都规范化，然后流水线生产。福特生产线的确创造了奇迹，“1908 年的时候，12 个小时生产一辆车；到了 1913 年，93 分钟生产一辆；到了 1927 年，24 秒生产一辆”。②

现代制造业典型的劳作场景是：机器开动起来，工人们在流水线上各安其职，依照标准化要求重复做一个或几个动作数小时，人也变成了随时可替换的工具。电影“摩登时代”就再现了工业时代流水线生产的情景，那个卓别林塑造的角色，工作时只重复一个动作——拧螺丝，拧得神经错乱，到大街上看到别人胸前的纽扣也当做螺丝拧，人已被异化为工具了。

后工业时代，追求效率的逻辑被继续强化。特别是当今中国，仅用 30 年走过西方用 300 年完成的现代化进程，其效率可以想见。改革开放之初，我们提出的口号是“时间就是金钱，效率就是生命”。现在的基础建设速度，高科技产业诸如基因工程、移动互联、人工智能、量子通讯产业化的速度独步天下，被世界尊为“中国速度”。

其次，是普适性和去质化。现代技术的背后是理性科学，理性科学要寻求变化中不变的普遍性。理性科学的典范欧氏几何，是关于平直空间的普遍规律，要建构空间理论先要定义抽象的几何概念，如点、线、面，几何只关注事物的广延性，而不考虑这个事物是一棵树还是一个房子。科学史对牛顿学说的经典评价是“牛顿的伟大不是因为他发现了苹果落地的原因，而是因为他说明了苹果与月球的相似性”。苹果与月球从本体上说当然千差万别，但却遵从同一个运动规律。理性科学是普世的、去质的，转移到现代技术就呈现为技术的去质化和可操作性。

今天讲数字化生存，是说高新技术特别是生物技术和万维网规定了人们的生存方式，生活越发同质化或者说去质化。我们说文明趋同，文化求异，可是数字化的生存方

① 参见吴国盛. 技术哲学讲演录[M]. 北京：中国人民大学出版社，2009：23-27.
② 参见吴国盛. 技术哲学讲演录[M]. 北京：中国人民大学出版社，2009：95.

式全球扩张，蕴藏于不同文明中千差万别的文化传统也受到巨大挑战。

最后，吴国盛借用了尼采的创造力意志（will to power）一词的寓意，提出意志技术的概念。认为现代技术用来征服自然改造自然，强迫自然服从人的意志，服从人的强权逻辑，这导致人与自然、人与人之间的关系日趋紧张。

如前所述，我们认为社会技术与自然技术相匹配，服从于一个时代对意义的追求，服从于一个时代对理想人格、理想人性的追求。

中国古代，儒者要成为君子。“达则兼济天下，穷则独善其身。”用“琴棋书画诗酒花”建构自己的精神世界。除了与诗书相关的造纸术印刷术，和与大一统帝国兴衰紧密相关的水利交通、天文算学，其他技术都归于奇技淫巧，皇家摆设，得不到重视和发展。人们追求的是纵情山水，天人合一的境界。

西方古希腊时代，人要成为英雄。理想的人格是科学理性和个体自由的完美结合，最高贵的人性是既是仰望星空的智者也是勇敢的战士。希腊神话中最著名的英雄是阿基里斯，他自己动手打造盾牌，上面铭刻着日月星辰、山川河流、橄榄树、葡萄园、人们的日常劳作、婚丧嫁娶、战争和平，非常华美，被诗人传唱歌颂。那时的技术是传统技艺，几乎涵盖一切人类活动。

近代以来诸多力量汇聚在一起，促成人的发现和觉醒，个体的人被确立为价值中心，即所谓人本主义。人本主义对待自然，是用理性设立法庭，要求自然回答理性依据自己的原则提出的问题；或是把自然看成征服的对象，“拷问”自然，强迫自然说出奥秘，以便操控和改造，所谓知识就是力量。

现代以来，以征服和改造自然为旨归的现代技术空前强大，几乎席卷了地球上现存的所有文化形态。当现代技术的力量原则与其他历史文化价值相冲撞时，被牺牲的几乎都是后者，这导致人与自然，人与人，以及不同文化之间的冲突和紧张关系，在西方显现为科学理性的危机。

吴国盛①把西方科学理性的危机解读为人本主义技术理性陷入了自我否定的怪圈。科学技术原本用来确立人的主体地位，最终却用来贬低人类自己；技术发达了，人却丧失了劳动的乐趣；科学昌明了，人类却越来越不知道生命和存在的意义。在当下的中国，我们不但与西方一同承受现代和后现代的病症，更要担忧本民族文化沦为死文化的危险。

技术乐观主义认为技术本身仅仅是工具，“技术价值中立”。现代科学技术带来的种种问题都可以依靠科学技术的进一步发展来解决。

技术悲观主义持不同看法。他们认为，首先，技术本身有“意向性”，有目的和价值取向。例如，原子弹就是杀人武器，你不能说你只管造不管扔。当原子弹真的造出来了，真的扔下去了，真的毁灭了一座城市杀死了许多人，最初倡导制造核武器的那些科学家们成了最早反核的人。在中国，“两弹一星”元勋不仅仅是科学家，更是民族英雄。他们参与制造核武器，表明其对国家意志的认同。再如，基因工程技术以及与之相关的胚胎干细胞技术、基因编辑技术，是在分子层面对生命个体进行操作，改变生命性状。

① 参见吴国盛．技术哲学讲演录［M］．北京：中国人民大学出版社，2009：8.

当你接受基因工程技术的时候，你其实是认同了一种价值观，即生命的奥秘是可以通过可操作的技术穿透。

其次，技术具有自主性。如前所述，现代技术已陷入自我否定的怪圈，原本技术是工具，用来彰显人的主体价值，可结果却是人丧失了主体性，反过来成了技术自我繁殖的工具。

手机、电脑、移动互联、云计算、大数据、人工智能……如同“巨机器”，或无处不在的“座架”，规定着人的工作生活或者说存在方式，并且永无止息地自我繁殖，更新换代，强迫我们遵循这种强盗逻辑。

再者，现代技术是单向度的，指向“娱乐至死”的方向。现代技术满足并且以越来越简单容易的方式满足人的本能和欲望，甚至是欲望的欲望。高科技产品的傻瓜化造出虚幻的平等，平庸的平等：手机数码美颜功能让人人自拍貌美如花；和世界同步的资讯使得这个星球上无论发生在何处的悲喜剧，如恐怖主义、欧洲难民、校园枪击……瞬间为人所知，但与之相伴的悲伤或快乐却转瞬即逝；休闲就是满世界旅行，“世界这么大，我想去看看”；微信、微博传颂最多的是鸡汤文、明星的口水八卦，一对小鲜肉鲜花的表白能招致亿万粉丝疯狂围观，致使微博服务器瘫痪。

娱乐至死是“生命不能承受之轻”。比尔·盖茨曾设想过一种紧身衣，模仿身体各种神经元的反应来制造快感，穿上就快乐无比，并且一旦穿上就不愿脱下。让人疑惑的是，这种轻松得来的被给予的快乐还可称为属人的快乐吗？

又有科幻作品《北京折叠》，描写现代技术高度发展的未来会产生一些毫无存在意义的人，因为大部分的工作都由机器人完成。这些人承受的不是身体的伤害，而是在精神上被彻底蔑视。

技术的悲观主义比技术中性论更深刻。

4. 科学结构的生长

如前所述，科学是整体性的存在，其内核部分包括：演绎理论-受控实验-开放技术，它们之间相互耦合、循环拉动结合成为有生命的整体。

4.1 科学技术结构的形成

科学的整体结构或者说科学结构的种子在古希腊时代就孕育成形了。

例如，古希腊科学家埃拉托斯特尼（Eratosthenes）对地球大小的测量工作中，实验-理论-技术结构已具雏形。① 如图 1.8 所示。

埃拉托斯特尼是亚历山大里亚城缪斯学院图书馆馆长。他认为大地是圆形的，并且假定塞恩城和亚历山大里亚城在同一个中午线上，并且知道在夏至的那天，太阳光会照射到塞恩城一口枯井的底部，他在夏至这一天测量亚历山大里亚城太阳的天顶距（α 角的度数），是五十分之一的 360°，也就是说亚历山大里亚城和塞恩城之间的距离是地球

① 参见刘青峰. 让科学的光芒照亮自己[M]. 成都：四川人民出版社，1984：30.

周长的五十分之一，只要把两城距离乘 50 就得到地球周长，大约是 39600 公里，这和我们今天测量的 4 万公里相差无几。

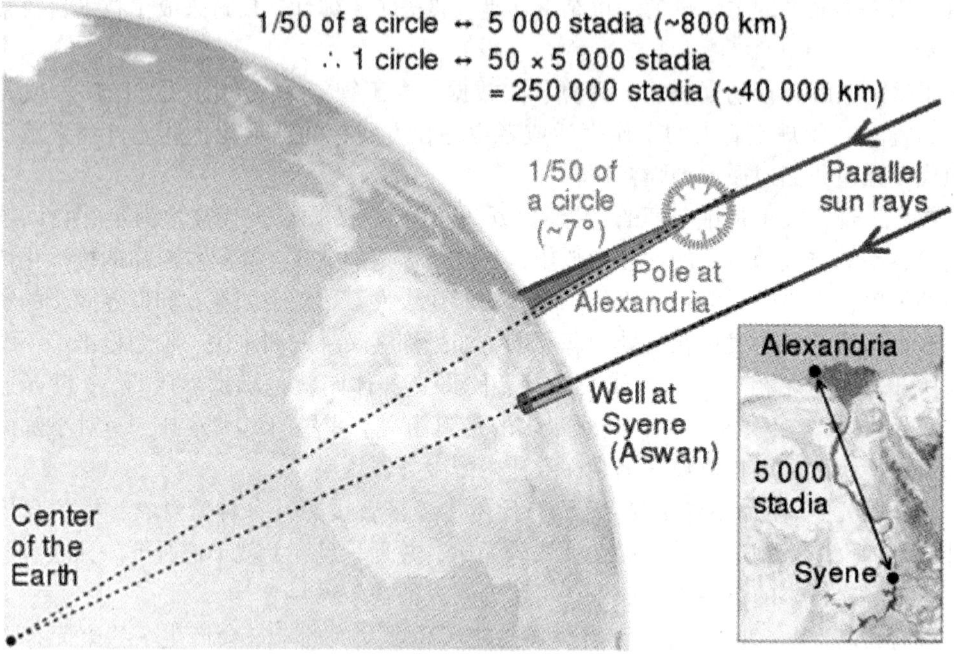

图 1.8　埃拉托斯特尼测量地球大小的原则和方法（图片来源：网络）

具体分析埃拉托斯特尼的测量方法就知道，他依据的理论是欧氏几何。欧氏几何是理性科学演绎系统化的典范；依据的测量工具虽然简陋，但却是受控的，结果可重复再现，无论他自己做或别人做在一定条件和一定误差范围内结果都一样；由于商队旅行、农业生产和战争的需要，大地测量技术是那个时代最具开放的技术。测量地球周长的工作使演绎理论-受控实验-开放技术汇聚在一起。可见，埃拉托斯特尼的工作方法和现代科学工作者所遵循的方法没有差别，只是精确度不同。

虽说科学的整体结构或者说科学作为有生命整体的种子在古希腊时代就形成了，可种子并未在古希腊时代生长壮大，相反是被长久地掩埋和遗忘了。

刘青峰的研究工作揭示出①，科学结构被遗忘是由于遭遇到了难以逾越的障碍，主要有以下三个方面：

其一，科学与直观常识、价值观念、宗教信仰相抵触。

科学追根溯源，用不可见的抽象的世界——诸如理念、形式、原子、数、几何构造来说明千变万化的经验世界，与直观中呈现的世界不同。如在直观看来，“天似穹庐，笼罩四野”，可在古希腊自然哲学家看来，是天球的运转。

① 参见刘青峰. 让科学的光芒照亮自己[M]. 成都：四川人民出版社，1984：128-133.

古希腊理性科学重理性轻技术，从事科学只因为好奇和闲暇，只是为了满足理性的需要，不关心实际用途。有故事说，一个年轻人想跟着欧几里得学习数学，只不过多问了一句，几何学有何用处？就被欧几里得嫌弃，让仆人给那年轻人三块钱让他走人。几何是理性的学问，是世界的结构，是宇宙论，怎可用来赚钱呢。另一个故事说的是，那个豪迈宣称“给我一个支点我就能翘起地球”的阿基米德，深以自己喜爱动手做实验为耻，认为那是奴隶干的事。

在我们今天看来，科学的动力不仅源于好奇和闲暇，也需要实验和技术的推动，否则就如同跛足的人，无法走远。

罗马时代就有“数学的历程即是恶魔的行径”一说，中世纪教廷谴责“科学之树欺骗了生命之树”，认为“理性如狭小的容器，岂能容下真理的海洋”。不可否认，信仰曾否定过科学。

其二，科学自己的专门性和复杂性。

有故事说，一个人花千金用时三年学成屠龙之术，却受人耻笑，到哪找龙来屠呢？古希腊时代科学的形象就如同这屠龙之术，学着费劲还没有实际用途，除了极少数的爱智者，绝大部分人不懂也不关心。有文献记载①，当亚历山大在征战途中听到亚里士多德发表了他们哲学思想中最奥秘的部分——形而上学和思辨，就写信责怪老师，不该把两人一起工作收获的思想成果向一般人披露，亚里士多德安慰道：没关系，反正也没有人懂得。

今天，科学技术更加专业和复杂，若想进入某一科学的专门领域并成为内行，非十年磨一剑的功夫不可。可当代的年轻人们却对科学技术趋之若鹜，无它，今天的科学是最为强大的现实力量，不但可以赚钱安身立命，也可成就事业改变世界。

其三，通信技术不发达，科学技术的传播很困难。

在造纸术和印刷术诞生之前，东方用简牍，西方用羊皮纸、纸草纸书写文字传播思想。简牍笨重，名士东方朔三千字的策论，就得两个人抬着进献给汉武帝。纸草纸易碎不易保存，羊皮纸贵重只有少数特权阶层才用得起，希腊罗马时期拥有一柜子纸草纸、羊皮纸书籍就堪称富豪了。

古希腊时代，科学尚可栖身于自然哲学的理性土壤，可当基督教文明兴起，对上帝的信仰替代了对自然和人生的理性思考，科学何枝可依？亚历山大图书馆被基督教徒焚毁，柏拉图学院被关闭，数学家希帕蒂娅被基督教暴徒残忍虐杀(希帕蒂娅是人类历史有文字记载的第一位女性数学家，她帮助父亲完成了“几何原本”修订工作，这个版本流传至今)，这些事件标志着古希腊理性土壤被彻底冲蚀不复存在，伴随着社会结构的激变，原本幼弱的科学最先被牺牲、遗忘，所谓皮之不存，毛将焉附。

4.2 科学结构成长的外部条件

欧洲中世纪的前500年，可以说黑暗而蒙昧，既无科学也无艺术，知识水平普遍极低，甚至有些王公贵族都不识字，人们把一切都交给了上帝，自己却一无所有。

---

① 参见[德]黑格尔. 哲学史讲演录第二卷[M]. 贺麟，译. 北京：商务印书馆，1997：274.

4.2.1　文明的交融

冬天来临，科学沉睡，等待着文明的交融将她唤醒。

文明的交融从来都是通过冲突和战争来实现。①

人类文明的英雄时代，无论是西方的古希腊罗马，亚细亚的波斯帝国，还是东方的秦汉，个个金戈铁马，穷兵黩武。第一次文明冲突可以说是传说中的特洛伊之战，以希腊英雄们焚毁特洛伊城结束；第二次是希波战争，东方的波斯人三次入侵希腊均告失败；第三次是亚历山大东征毁灭了第一波斯帝国，这个横跨欧亚的大帝国在亚历山大大帝死后分裂为三，两百年后罗马帝国吞并了三个希腊王国，又与东方的帕提亚帝国陷入持久拉锯战。这时雄踞东方的大汉帝国正“逐匈奴于漠北”。

宗教时代，西方基督教、中东伊斯兰教、印度佛教、中国儒家伦理都在公元 7—8 世纪相继成型。自公元 7 世纪起，强大的阿拉伯帝国开始西侵，1453 年，伊斯兰教化的奥斯曼帝国甚至攻陷了屹立千年的君士坦丁堡；到 1683 年，奥斯曼土耳其最后一次围攻维也纳，期间一千多年间，欧亚大陆西部伊斯兰和基督教两大文明之间总是冲突不断，通常穆斯林占压倒性优势，对基督教文明带来极大威胁。自 1096 年至 1291 年，基督教世界先后组织了八次十字军东征，除了第一次取得了短暂的胜利，其他几次或失败，或演变为闹剧。

正是在西方文明孱弱的时代，伴随着文明冲突，科学传到了阿拉伯世界。从 8 世纪到 12 世纪的 400 年，史称“伊斯兰黄金时代”。伊斯兰世界的学者们大量翻译希腊科学和哲学典籍，希腊科学结构得以保存。自 12 世纪持续近 200 年的十字军东征，使得西欧与阿拉伯文明有机会交流融合，这促成了史家所说的“大翻译运动”。保留在阿拉伯文明中的古希腊科学与哲学典籍，如欧几里得的《几何原本》、托勒密的《至大论》、希波克拉底和盖伦的医学著作、亚里士多德的哲学都被翻译为拉丁文。大翻译运动使黑暗的欧洲迎来启蒙的曙光。

与此同时，古老的中华文明积累了以“四大发明”为标志的一系列技术发明，成为世界技术输出的中心。

> 近千年间，中国“向欧亚大陆输送了众多发明，如印刷术、造纸术、火药、罗盘、舵、铸铁、瓷器、链、轮式磨谷机、水力研磨机、鼓风箱、风选机、拉式纺纱机、手摇纺丝机、独轮车、航海运输、胸带挽具、轭、石弓、风筝、螺旋桨、深钻孔法、悬架、拱桥、铁索桥、运河船闸、航海制图法，等等”。②

公元 751 年，是科学技术史上值得纪念的一年，中国唐王朝和阿拉伯大食帝国发生了一场战争，唐帝国惨败，数万士兵被俘，其中有不少造纸的工匠。从此，造纸技术，

① 参见赵林. 文明冲突与文化演进[M]. 北京：东方出版社，2006.

② MIT 科技评论. 科技之巅 2：2017 年全球 10 大突破性技术深度剖析[M]. 北京：人民邮电出版社，2017.

也包括其他的一些重要技术，如活字印刷、火药、指南针陆续经由阿拉伯世界传到西方。① 印刷术和造纸术使得科学典籍不再是高贵的奢侈品，普通人也有可能接触并研习，科学知识就有了快速传遍世界的可能；火药 13 世纪传到欧洲，14 世纪初欧洲就造出火炮投入战争，摧毁了骑士阶层和贵族城堡；装配了火药和罗盘的帆船成就了大航海，也为新的开放社会、重商主义和殖民主义开辟了道路。

英国哲学家弗朗西斯·培根(Francis Bacon)在评价这些伟大发明时写道：“我们应该注意到这些发明的力量、功效和结果。印刷术、火药、指南针这三大发明在文学、战争、航海方面改变了整个世界的许多事物的面貌和状态，并由此引起了无数变化，以致似乎没有任何帝国、任何派别、任何星球，能比这些技术发明对人类事务产生更大的动力和影响。”②

不可否认，早期的基督教带来了禁欲主义和神学迷信，认定“理性如狭小的容器，岂能容纳真理的海洋”，冲失了科学赖以生存的理性土壤，可是 11 世纪后的基督教文明却要比古希腊罗马时代更适合科学结构的成长。③

首先，基督教至少在教义上填平了学者和工匠之间的鸿沟。认为每个人的精神是同等的，不论你是王者或乞丐，是妓女或圣徒，都将经过坟墓站在上帝面前接受审判。基督教把手工劳作看成如阅读圣经一样是自己接近上帝的精神生活的一种方式，“中世纪修道士无疑是第一批人数最多的指甲下有污垢的知识分子”。要知道，古希腊的哲人们都认为思想高贵，动手做实验那是奴隶干的活，而奴隶不过是会说话的工具。可是科学整体结构的生长却需要学者动手设计和完成受控实验。科学思想需要实验鉴别真伪。当然，工匠和学者传统的结合需要漫长的时间，“但是一旦中世纪学者在禁欲主义的长袍下发现了美丽的肉体，他们的兴趣就从天堂转入到现世，那么这种潜在的潮流马上会汹涌澎湃地奔泻出来。文艺复兴之所以会迅速完成受控实验结构的建立，其秘密正在于此”。④

其次，是大学的建立。第一所大学是 11 世纪末建在意大利的博洛尼亚大学，接着是牛津、剑桥、海德堡、新奥尔良等，这些大学大多由教会学校转变而来，其中巴黎大学最为著名，学生来自欧洲各地，数以千计。

吴国盛认为⑤，在基督教文明中诞生壮大的大学，是现代科学兴起的必要条件，主要体现在四个方面：大学自治、普世标准、自由学术、问题意识。

11 世纪后期兴起的大学是由教师和学生组成的自治联合会。“与中世纪所有法人一样，在某种程度上，大学是按照他们所享有的特权或说‘自由与豁免’来划分的。在这些特权中，首要的和最重要的是自治权，即大学作为法人团体有权处理与外部的关系，

---

① 参见刘青峰. 让科学的光芒照亮自己[M]. 成都：四川人民出版社，1984：138.

② MIT 科技评论. 科技之巅 2：2017 年全球 10 大突破性技术深度剖析[M]. 北京：人民邮电出版社，2017.

③ 参见刘青峰. 让科学的光芒照亮自己[M]. 成都：四川人民出版社，1984：142.

④ 刘青峰. 让科学的光芒照亮自己[M]. 成都：四川人民出版社，1984：141.

⑤ 参见吴国盛. 什么是科学[M]. 广州：广东人民出版社，2016：123.

监督成员(不管是教师还是学生)的录用，制定自己的章程并通过一定程度的内部管辖强制施用，而其他的特权则由法人团体的成员所享用。教师和学生具有相同的个人地位。”①大学的自治权使得教师和学生的权利与义务得到了法律和制度的保障，也使得大学既可以向教会要求学术自由，又可以向行政当局要求专属教士的特权，左右逢源，发展壮大。

所谓普世学术标准体现在两方面：中世纪大学由教皇颁发教学许可证，在一所大学拥有了教学资格，就意味着可以在基督教世界的任何大学任教。大学设立学位制度，获得大学学位意味着经受过合格的学术训练，享有相应的学术地位，学位被整个基督教世界所认可。

中世纪大学以讲授自由之艺(liberal arts)的人文学院为基础。所谓自由之艺传自罗马，是培养一个自由民理想人格和理想人性的七门学科，有语法、修辞、逻辑、算数、音乐、几何、天文，13 世纪中后期，又吸纳了古希腊哲人，特别是亚里士多德的哲学、形而上学体系。中世纪的大学继承了古希腊自由学术精神，并不是职业培训机构，如果学生想要成为职业的教士、医生、律师，必须先从人文学院毕业，再去读专业的神学、法学、医学。今天的欧美大学继承了这个卓越传统，即认为大学不是职业教育，而是培养理想人格和理想人性的教育，首先要教的是自由的学问。

中世纪大学主要有两种授课教学方式：一是讲座(lectio)，对经典文本逐字逐句讲解，概念、术语、论点、思想的内在逻辑等；二是辩论(disputatio)，依据文本提出问题，选择不同立场加以批判性论证，这培养了学生的问题意识和批判精神。

再有，是基督教对科学的否定性放大。② 古希腊时期，科学如同屠龙之术，很难学又没有实际的好处，只属于极少数爱智者，普通人并不关心。可是基督教却是有组织的普遍力量，每个人从生到死、从肉体到灵魂都被上帝和代表上帝的教会所规定。科学的专业化障碍就在科学与宗教的相融和对抗中被打破了。

13 世纪，基督教神学家托马斯·阿奎那(Thomas Aquinas)认为上帝的存在可以用科学证明。他不但接受了亚里士多德、托勒密、盖伦等许多古希腊科学思想，还尝试用科学思想诠释圣经。他的巨著《神学大全》后来成为基督教世界每个人都要研读的官方教义。信仰当然不可能用科学来论证，但既然要借助科学的力量，科学就可以在神学教义中占有一席之地，并和教义一起传播到基督教文明的每个角落。到了 1200 年，亚里士多德的著作已经家喻户晓，这在古希腊时代是难以想见的。

而当宗教因自己的腐败衰落时，宗教与科学的对抗就会产生巨大社会影响。

例如，科学史的研究表明，哥白尼体系被接受并不是因为对天体运行更精确的说明和预见，绝大多数人特别是新教徒们接受它，不是因为理解了科学新学说的正确性，而仅仅是由于科学新学说是对宗教教义的否定。正统教义认为，日月星辰完美无瑕，随天球做完美的圆周运动，比地球高贵。哥白尼革命则把完美的圆周运动赋予了地球，使地

① 吴国盛. 什么是科学[M]. 广州：广东人民出版社，2016：121.

② 刘青峰. 让科学的光芒照亮自己[M]. 成都：四川人民出版社，1984：141.

球享有和天球同等的地位。那些痛恨教会腐败，反对等级观念的新教徒在感情上就倾向于接受哥白尼体系。伽利略就是新教徒。当他用自制的望远镜看到太阳黑子、月球上的环形山、木星卫星时，就认为这是对哥白尼学说的证实，这表明天球并不是如亚里士多德所说的那样完美无缺。可是对经院哲学的信奉者而言，望远镜看到的东西什么都证明不了，只是幻像。

无论是亚里士多德地心说还是哥白尼日心说，都是专业化的科学学问，它们之间的论争原本只是关于科学理论的真假对错，可是由于科学学说和宗教教义融合在一起，恰逢宗教改革，新旧教派的斗争非常激烈，甚至不惜发动战争，思想动荡遍及基督教文明，于是，科学论争演变为教义之争，原本深奥的没几个人懂的科学理论被教派之争放大，变得妇孺皆知，人人都关心了。

4.2.2 开放的政治经济结构

我们知道，传统技术是封闭的，封闭性源于技术本身与产品以及与工匠的头脑和双手不可分离，技术的转移与传承都非常困难。依据刘青峰的研究，是近代资本主义开放的经济结构以及工业革命引发的巨大社会需求，迫使古老技术从封闭向开放转化，并与科学相互结合。

刘青峰举例说①：英国的工业革命首先从纺纱机开始，纺纱机械化的第一步是1764年英国的织工哈尔格里沃斯发明的“珍妮机”。据说有一天他妻子珍妮不小心打翻了纺纱机，奇怪的是原本横着的纺锤竖起来后仍然继续工作，于是哈尔格里沃斯决定把横式纺锤改为竖着。纺纱机改装后效率大大提高了，这是纺织史上的重大变革。珍妮机仅仅是一系列变革的开始，之后变革接踵而至，到1785年，英国就建立了第一座以蒸汽为动力的棉纺织厂。从技术结构演变的角度看，这一系列的变革不可能是技术内部引发的，而是由资本主义经济结构的开放性所推动。18世纪英国经济发展的迫切需要，促使工匠们挖空心思去改造技术。社会需要棉纱，哈尔格里沃斯才会去思考纺车打翻后的启示，“这不是历史上某一杰出工匠个人敏锐的眼光，而是巨大社会需求所赋予人类的历史的眼光”②。

刘青峰认为③，在古老的封闭性技术结构中，技术的产品是商品，可以在社会中转移，可技术本身却不是。打开技术壁垒的首要条件是资本主义开放的经济结构。社会需求一次次强烈逼迫技术转移，资本把技术本身和掌握技术的工匠都还原为一般等价物。对工匠来说，失去安身立命的技艺是个痛苦的过程，可对技术来说，却是从封闭到开放的伟大开始。

那么，这个开放的“资本主义”经济结构是如何确立的？“资本”又是如何可以把一切变成“一般等价物”？

---

① 参见刘青峰. 让科学的光芒照亮自己[M]. 成都：四川人民出版社，1984：80.
② 刘青峰. 让科学的光芒照亮自己[M]. 成都：四川人民出版社，1984：80.
③ 参见刘青峰. 让科学的光芒照亮自己[M]. 成都：四川人民出版社，1984：83.

言及近代科学技术革命的发生条件，通常都会论及文艺复兴——人的发现，感性的觉醒；启蒙理性——理性的觉醒，每个有理性的人都可以通过追求知识获得自由；宗教改革——为学者传统与工匠传统的结合做了思想准备；大航海——第一次把地球上陆地、海洋、物种和人种连接在一起，开启了全球化的伟大时代。

如果换个角度审视就会发现，大航海时代真正把陆地、海洋、物种和人种连接起来的力量是“资本”，是“资本”和“社会暴力”主导下的“世界市场”，而在这个开放的经济结构中充当“一般等价物”的，先是美洲的白银，而后是作为奴隶的人。

马克思曾深刻概括了资本原始积累，资本主义经济结构，世界市场的根源及发展历程，他说：

> “原始积累的不同因素，多少是按时间顺序特别分配在西班牙、葡萄牙、荷兰、法国和英国。在英国，这些因素在 17 世纪末系统地综合为殖民制度、国债制度、现代税收制度和保护关税制度。这些方法一部分是以最残酷的暴力为基础，例如殖民制度就是这样。但所有这些方法都利用国家权力，也就是利用集中的有组织的社会暴力，来大力促进从封建生产方式向资本主义生产方式的转变过程，缩短过渡时间。”①

资本原始积累的第一个要素，是殖民制度，殖民制度以最残酷的有组织的暴力为基础。

> “美洲金银产地的发现，土著居民的被剿灭、被奴役和被埋葬于矿井，对东印度开始进行的征服和掠夺，非洲变成商业性地猎获黑人的场所——这一切标志着资本主义生产时代的曙光，这些田园诗式的过程是原始积累的主要因素。接踵而来的是欧洲各国以地球为战场而进行的商业战争。”②

自 1492 年哥伦布“发现”新大陆开始，西班牙和葡萄牙人占有了美洲资源，通过金银与亚洲的建立关系。在美洲的金银，亚洲的茶叶、丝绸、瓷器和欧洲的商业之间充当一般等价物的不是别的，而是作为奴隶的人。开放的资本主义经济结构和世界市场是建立在美洲和非洲奴隶贸易的基础上。

资本原始积累的另一个要素，是战争国债制度，即金融资本垄断海外贸易，发放战争款，是民族国家以国债和殖民地税收为抵押进行战争融资。

依据韩毓海的研究，最早的“金融资本”和“银行家”产生在大航海时代。地中海的热那亚地区是欧洲向中国出口白银的十字路口，有大量白银和来自东方的奢侈品在此集散，西班牙和葡萄牙争夺海上霸权，西班牙国王为筹措战争款项要向热那亚商人借钱，

① 韩毓海. 一篇读罢头飞雪[M]. 北京：中信出版社，2014：34.
② 韩毓海. 一篇读罢头飞雪[M]. 北京：中信出版社，2014：42.

开给商人的凭证便是最早的债券。早期的“银行家”要想让国王偿还债务仅理论上有可能，但至少可以得到年息，由于战争持续不断，国家借贷成为永久需求，资本利润持续积累，金融家阶级也随之产生。

所以说，“早在英国工业革命和法国大革命之前，以 15 世纪初佛罗伦萨的美第奇家族的崛起为标志，金融资本家阶级——联合起来的银行家集团，就已形成一个跨国的、占统治地位的垄断阶级，欧洲的金融体系乃是工业革命和现代社会变革的基础”。①

以资本和融资主导经济活动，甚至把权力和暴力资本化，用于追逐利润，就是我们所说资本主义开放的政治经济结构。资本对利润的追逐可以打破所有地域、种族、文化的边界，同样也冲破了技术的专业壁垒，强迫技术与科学结合以提高效率，也迫使科学技术化以获得资本支持，这个过程一直延续到今天。

简言之，近代西欧社会由封建向资本主义民族国家转型，人们的目光从天国转向现世，大航海、文艺复兴、宗教改革、启蒙理性风云际会，促成人的发现、自然的发现、理性的觉醒，这一切又汇聚推动科学技术结构的确立和飞速成长。这一章节，我们只论及了大航海所开启的文明交融和开放资本对科学技术起飞的助推作用，后面将在科学与艺术、科学与宗教、科学与哲学诸章节讨论文艺复兴、宗教改革、启蒙理性对科学的影响。

5. 科学精神

科学精神首先是反思的，是追根溯源，是在变化中寻求不变的法则和必然性；科学精神又是批判的，是首先承认自己可能有错，但找到了清除错误的方法，科学就是在错误和迷途中开辟通往真理的道路。科学从不自诩为真理或真理本身；科学精神又是自由的，科学源于好奇，源于理解世界理解我们自己的万丈雄心，不是谋求利益征服自然的工具。科学认为真理在遥远的彼岸不可达至，但却可以通过不断探索，不断逼近真理，科学是追求真理的自由精神。

邓晓芒将西方哲学传统诠释为逻格斯精神和努斯精神的张力体系。逻格斯精神呈现为逻辑和语言哲学，注重严格逻辑推理和语言分析，也可称为阿波罗精神，理性（狭义）精神；努斯精神主要呈现在思辨哲学中，思想总是不满足于已完成的体系，总是寻求自我突破和超越，也可称为酒神精神，自由精神。科学反思精神追求普遍确定性和必然性的内在逻辑一致，是逻格斯或说理性精神最坚实的内核；科学的批判和自由精神是推动科学发展进步的内在力量，是自由最核心的维度。

在文明的开端，东西方文化就有着截然不同的精神特质。自由与理性是古希腊文明的思维方式，这是我们古老的中华文明所不具备的，因此古代中国没有产生自然科学，“不是偶然的错失，而是存在的命运”②。为什么存在的命运如此不同？有一种诠释认

① 韩毓海. 五百年来谁著史［M］. 北京：九州出版社，2009：226.

② 吴国盛. 什么是科学［M］. 广州：广东人民出版社，2016：9.

为，不同文明发端时所处的自然环境有巨大差异，导致生活方式不一样。古希腊人是“海的女儿”，我们是“大地之子”。

一开始，自然在“海的女儿”和“大地之子”眼中，就呈现出不同风貌。

5.1　追根溯源

朴素的意识中，自然是日月星辰、山川河流、动物植物这些自然物的总和，即“自然界”“大自然”；信仰者眼中自然是神的创造，是上天的恩惠；自然还是美的“显现”，是艺术创造不竭的灵感之源，所谓“巧夺天工”便是美的极致了。

可见，对“自然”概念通常的理解是“自然物”或“自然物的总和”，也即自然界。但这样的理解却遗忘了自然概念的深层内涵——“本性”。其实，现代欧洲语言中的“自然”(英语 Nature，以及拉丁文 Natura，希腊文 Φυσις—拉丁拼音 Physis)都具有本性和自然界两种意思；现代汉语的“自然”同样有自然性和自然界双重含意。自然是“自己所是的那个样子”，是“自自然然”“自然而然”，这个意思在古汉语最早使用“自然”一词的《道德经》中就有了。

中西方对“自然”概念作为自然物或自然界含义的理解是共通的，但对“自然”概念更深层的作为自然本性或自然性含义的理解却截然不同。

5.1.1　自然作为“本性”①

西方哲学由自然哲学开端。当泰勒斯说出“水是万物的本原(arche)”，便开启了哲学的历史。泰勒斯的水已不是单纯的感性事物，而是万物存在的根据，万物产生于它又复归于它，是变化中那不变的普遍性，这已经是哲学性的“水”了，因为哲学正是对最高普遍性的叩问。从泰勒斯的“水”到阿那克西曼德的“无定形”、阿那克西米尼的“气”、毕达哥拉斯学派的“数”、赫拉克利特的“火”、巴门尼德的存在与非存在，真理与意见之别、德谟克利特的“原子论”到柏拉图的“理念”和亚里士多德的“四因”“本体”，古希腊的哲人们总是把他们对“自然是什么”的追问落实到了对“本原”“本质”“本性”的追究上。

本原(arche)有两层含义，一是创造自然万物的力量；二是自然万物所遵循的原则、本质和根据。古希腊的哲人们“论自然”，并不是讨论自然物或自然界，而是在探询自然界是由怎样的力量创造的，是依据怎样的原则创造的。当然这种“力量”和“原则”依然属于“自然”。依据吴国盛的研究②，亚里士多德在《形而上学》中专门讨论了 Φυσις(自然或本性)一词的诸种含义，他们分别是：(1)生长物的生长；(2)生长物的种子；(3)自然物的运动根源；(4)质料；(5)自然物的本质；(6)任何事物的本质。可见在亚里士多德的时代，“自然”一词的基本用法是事物的本性、本质、本原，是自然物之“所以然”的内在原因，这些原因也是 Φυσις，是作为“本性”的“自然”。不仅仅是亚里士多

① 参见邓晓芒. 哲学史方法论十四讲[M]. 重庆：重庆大学出版社，2008：154-178. 吴国盛. 自然的发现[J]. 北京大学学报(哲社版)，2008(2).

② 参见吴国盛. 自然的发现[J]. 北京大学学报(哲社版)，2008(2).

德的时代，在我们拥有的希腊文献中，“本性”是 Φυσις 贯穿始终的标准含义，“自然界”的含义非常少见，较晚的时候才开始或多或少地与 κοσμος(宇宙)“世界”一词同义。

所以，西方的自然概念在古希腊时代就有层次的分化。日月星辰、山川河流、动物植物这些自然物的总和是被给予的自然，是被创造的自然；而本性、本质、本原造成了自然，规定了自然，是创造自然的自然，它是更高层次的“自然”。这一分化延伸至中世纪就体现在拉丁语里“自然”nature 这个词分成了两个，一个是“被创造的自然”natura naturata；另一个是“创造自然的自然”natura naturans。前者是被动的，后者是能动的，能动的“自然”更高。

“自然”意味着“本质”和“根据”，而追究本质和根据的活动就是今天被我们称为科学和哲学的活动。不同的是，自然科学追问的是自然界中的有限事物，即自然物存在的根据；自然哲学则是追问自然作为整体的内在原则及自然与人类精神的关系，追问自然与精神的终极理据。现代自然科学以理性自身的一套原则去能动地规范自然之物，建构起关于自然本质的世界图景，这个世界图景被自然科学看成是“自然”，而直接呈现的日月星辰、天地山川反倒不是“自然”了。

自然概念深层的本性、本质和根据的含义彰显出西方科学和哲学活动的特质，即科学和哲学活动本身就意味着探求事物的本质和根据。

5.1.2 自然作为“自然性”①

中国传统智慧的根柢全在道家思想，道家崇尚自然，崇尚自然原则。什么是道家的自然？

老子《道德经》中，“自然”出现过 5 次：“百姓皆谓我自然”(17 章)，“希言自然”(23 章)，“人法地，地法天，天法道，道法自然”(25 章)，“夫莫之命而常自然”(51 章)，“辅万物之自然而不敢为”(64 章)。这些“自然”如何理解？张岱年说：“前人多解自然为一名词，谓道取法于自然，此大误。自然二字，老子书中曾数用之，如‘功成事遂，百姓皆谓我自然。’‘希言自然。’‘道之尊德之贵，莫之命而常自然。’所谓自然，皆系自己如尔之意，非一专名，此处当亦同，不得视为一名词。其意谓道更无所取法，道之法是其自己如此。”②赵志军更进一步指出：“在中国古代文献的绝大多数语境中，自然都不具有现代汉语中的‘自然’的‘自然界’这一义项。现代汉语中的‘自然’的‘自然界’这一义项在中国古代由天、地、万物等概念来分别承担。中国古代文献中的自然大多取《老子》和《庄子》中的自然的内涵。此一自然的内涵学术界大多数学者都解释为‘自己如此’。这是古代中国人对自然的最基本的规定。”③可见，老子的“自然”是“自己如此”“自然而然”，是作为“自然性(形容词)”的“自然”，这也是古代汉语中“自然”的基本含义。

---

① 参见邓晓芒. 哲学史方法论十四讲[M]. 重庆：重庆大学出版社，2008：154-178. 吴国盛. 自然的发现[J]. 北京大学学报(哲社版)，2008(2).

② 转引自吴国盛. 自然的发现[J]. 北京大学学报(哲社版)，2008(2).

③ 转引自吴国盛. 自然的发现[J]. 北京大学学报(哲社版)，2008(2).

“自然”何时成为名词“自然界”“大自然”？研究表明①，直到魏晋南北朝以后，“自然”一词才开始具有独立的名词性含义，近代以后通过对 Nature 的翻译，逐渐成为现代人们不假思索使用的概念，但在古代文献中，“自然”作为“自然性”依然是主要的意思。

“自然性”作为道家最根本的原则“显现”为“生”。“道生一，一生二，二生三，三生万物”(42 章)，“天下万物生于有，有生于无”，“无，名天下之始；有，名万物之母”(1 章)，“大道氾兮，其可左右。万物恃之而生而不辞，功不成名有”(34 章)。天地万物生生不息，生生不已，自然如此，无需费力，无为而无不为。自然作为“本性”“本质”是能动的，作为“自然性”则是被动的。

我们甚至不能追问作为“自然性”的“自然”是什么，因为“自然”不是一个“什么”，我们只能通过描述来“显现”“自然”。

5.2　理性批判

如前所述，在西方哲学传统中，“自然”就意味着“本性”“本质”“根据”，科学和哲学活动就是追究本质和根据的活动，那么，如何探询自然的本质和根据？通过反思，或者说追究本质和根据的活动本身就是反思。

5.2.1　*反思与批判*

反思的日常语意是沉思，深思熟虑，反复思索。

科学和哲学意义的反思有明确的方向，是追溯事物本原和本质的思索，是思想的追溯，也是追溯到思想。“反思作用总是去寻求那固定的、长住的、自身规定的、统摄特殊的普遍原则，这种普遍原则就是事物的本质和真理，”②这里的“普遍原则”无疑是思想性的，所以思想的追溯也是追溯到思想，不仅仅是追溯到思想，还要让思想纯粹化、深入化、系统化，让思想成为科学——知识体系。

当然，并非任何的思想体系、知识体系都有资格称为科学。理想的科学理论有严格的要求和规范，即应该是演绎系统化的。演绎系统化理论要求概念有清晰明确的规定，要求从尽可能少的前提出发合乎逻辑地推演出每个命题，命题间要有内在的逻辑关系，不能相互矛盾，命题间的构造性结合可以推演出新命题，做出前所未有的预见。这样构建的理论体系最重要的特质是可证伪性和可预见性。可证伪性使得理论能够接受观察和实验的鉴别，能够不断修正错误、不断进步；可预见性使得理论能够引导我们探索未知世界，这是人类其他知识体系所不具备的特质。

演绎系统化能够成为科学的理论规范得益于古希腊哲学的批判传统，可以说理论规范的确立和批判传统的传承互为因果。

古希腊的哲人们面对的是千变万化的世界，他们要探究变化中那不变的东西，也即万物存在的根据，当泰勒斯说“水是万物的本原”时，就开启了西方科学和哲学探究本

---

① 参见吴国盛. 自然的发现[J]. 北京大学学报(哲社版)，2008(2).

② [德]黑格尔. 小逻辑[M]. 贺麟，译. 北京：商务印书馆，1997：76.

质和根据的历史，而理性批判传统同样也自泰勒斯开始。波普认为①，我们有理由相信泰勒斯容许甚至鼓励弟子批判地讨论他的思想，提出自己的新思想并确立起来，这才有了阿那克西曼德的“无定形”、阿那克西米尼的“气”。他们之间思想批判的逻辑可能是这样的：水为什么是万物的本原？因为水无定形，才能形成万物千变万化的形态，并且生命总是充盈着水的。可是不仅仅是水，自然界中无定形的东西有许多，任何“无定形”者都可以是万物的本原。自然界中最无定形的东西是气，气又与精神、灵魂相关，当然最有资格做万物的本原。

可是，水、无定形者、气都是被动的东西，都需要他者来规定其形态，这就不能说明是什么力量推动万物变化，是什么力量给万物“定形”，于是，辩证法大师赫拉克利特提出“火”才是万物的本原，它推动万物变化，给万物“定形”也给自己“定形”，火是有定形与无定形的统一。

无论是米利都学派还是赫拉克利特都是要理解变化，巴门尼德却彻底否定了变化。就形式逻辑而言，巴门尼德的论证无懈可击：存在者存在；非存在者不存在；虚空是非存在，因此虚空不存在；世界是满的不可入的存在；运动不可能。可是，世界的运动变化是个事实，如果论证过程没错就有可能是大前提出错。德谟克利特修正了巴门尼德的大前提：存在者存在，但不是作为唯一的充满了的世界而存在，而是作为无数不可入的微小原子存在；虚空也存在；世界的运动变化可以用原子在虚空中的运动来说明。

德谟克利特的“原子论”默认存在最小的空间尺度，因此无理数的发现不但摧毁了毕达哥拉斯学派的“算数”信仰，也给了原子论致命的打击，表明理解自然的纯算术理论是失败的。柏拉图认识到，现在需要一种说明世界的新的数学方法，他用有结构的“柏拉图立体”替代无结构的算数原子，每一个“柏拉图立体”的表面都用包含有无理数的三角形来构成，这就给予了纯算术的原子论以明确的几何表达，化解了危机。柏拉图还倡导构建关于宇宙和行星运行的几何模型，他的倡导在欧几里得那儿得到了回应，虽然几何学源于测量，但欧几里得写作《几何原本》的目的却是为了帮助人们建立宇宙理论，《几何原本》是关于宇宙整体结构的理论体系。可以说，《几何原本》是科学理论演绎系统化的典范。

5.2.2 直观②与积累

如前所述，在中国传统智慧的语境中，我们甚至不能追问“自然是什么”，只能通过直观描述来显现自然。相应地，中国古代关于自然的“科学”理论也是直观外推型的。

依据刘青峰的说明，“直观外推”是用直观能理解的现象来推断说明自然界的其他现象。他用一个关于孔子的故事来说明这种思维模式：孔子游齐国，遇见两个孩子争论太阳距离我们的远近。一个说，太阳如圆盘，早晨看上去比午时大，这就意味着太阳早

① 参见邓晓芒. 思辨的张力[M]. 长沙：湖南教育出版社，1998：12-35. [英]卡尔·波普尔. 猜想与反驳[M]. 傅季重，等，译. 上海：上海译文出版社，2007：194-220.

② 关于“直观外推”的论述参见刘青峰. 让科学的光芒照亮自己[M]. 成都：四川人民出版社，1984：189-195.

晨离我们近中午离我们远；另一个反驳道，太阳如火炉，晨时冷中午热就说明太阳早晨离得远中午离得近。两人争持不下求教于孔子，孔子觉得两个孩子都有道理，难以决断对错，孩子们笑话他，“谁说你是博学多才呢”。其实孔子的思维方式和孩子们一样，都是依据直观能理解的现象，如圆盘、火炉的感官属性，来推断天体运行。

刘青峰进一步揭示出，这种建构理论的模式运用于日常经验和直观外推的思维方式能够解释的领域，可以得到一些天才的猜想。例如朱熹，用鞭炮来解释雷鸣；用下雨使日光散射来说明彩虹；用“星有堕地，其光烛天，而散者变为石”解释陨石，与现代物理学的理解相差无几，在当时能有这样的认识是非常了不起的。而一旦超出了直观外推所能把握的领域，这种理论模式就显得力不从心了。例如，汉代学者杨雄把宇宙定义为“阖天谓之宇，辟宇谓之宙”，包含着空间闭合、时间开端的思想，现代量子宇宙学恰恰是这样理解时空整体属性的。现代宇宙学是人类探索浩瀚宇宙的理论框架，而杨雄在数千年前就提出的宇宙论却永远是天才的猜想。

西方演绎系统化的科学理论一个最重要的特质是预见性，可以帮助我们探索未知世界，它可以在批判中修正自己的错误，不断进步。而中国古代以直观外推模式建构的科学理论一旦超出直观经验，就只能是天才的猜想。

另外，中国古代直观外推的“科学”理论，不仅仅是关于自然的知识，还需要对自然现象加以人文的，主要是伦理的说明。因为理气之争与善恶相随，天地日月之论与君臣等级相伴，这造成了“科学”理论的政治化倾向。

刘青峰指出，在中国古代“科学”理论中，天文学与政治的结合最为紧密。由于相信天人感应，相信王朝的兴衰与日月星辰的轮回相伴，天文和历法自秦汉中国统一后就官方化了。宋朝就开始禁止民间习天文，违者“罪论死”，到了明朝，甚至禁止民间习历法，“造历者殊死”。科学政治化，科学家成科学官僚，科学论争沦为政治斗争，其结果是历法随需要常常修改，天文学理论则两千年来几乎是停滞的。所以，“中国古代的天文学本质上不是研究行星运行规律的数理科学，而是天界博物学、星象解码学、政治占星术、日常伦理学”。①

直观外推的“科学”理论往往也难以从具体的技术领域剥离出来，不能形成严密的结构体系和简明的表达方式，是经验的积累。《本草纲目》《农政全书》《天工开物》代表了中国古代医药、农、工三大领域最高理论水平，其内容基本上是技术经验总结，生物学、力学、药学知识完全附属于相关技术，是“就事论理的”。

这样就事论理的中国传统自然知识，难以标识为科学，吴国盛将其称为博物学或自然志。

中国农学是典型的博物学，是关于栽培植物和驯养动物的博物学，也是农业生产技术的博物学。

徐光启的《农政全书》是中国古代农学的集大成之作，分为农本、田制、农事、水利、农器、树艺、蚕桑、蚕桑广类、种植、牧养、制造、荒政共 12 目，将历代农书传统发扬光大。全书记载了 159 种栽培植物，有录目历史文献，也有亲自实地调查甚至实

---

① 吴国盛. 什么是科学[M]. 广州：广东人民出版社，2016：295.

验，因此记述可靠，信而有征。①

李时珍编写的《本草纲目》(1578 年完成)收药 1892 种，分水、火、土、金石、草、谷、菜、果、木、服器、虫、鳞、介、禽、兽、人，共 16 部(矿物 4 部、植物 5 部、动物 6 部)，是中国古代药物学的集大成之作，代表了中国传统药学的最高成就，是药用植物志。②

宋应星编写的《天工开物》(初刊于 1637 年)，全书分为上中下三篇 18 卷。描绘了 130 多项生产技术和工具的名称、形状、工序。分为《乃粒》(谷物)、《乃服》(纺织)、《彰施》(染色)、《粹精》(谷物加工)、《作咸》(制盐)、《甘嗜》(食糖)、《膏液》(食油)、《陶埏》(陶瓷)、《冶铸》、《舟车》、《锤煅》、《燔石》(煤石烧制)、《杀青》(造纸)、《五金》、《佳兵》(兵器)、《丹青》(矿物颜料)、《曲蘖》(酒曲)和《珠玉》。堪称中国古代各项技术的百科全书，是技术博物志。

学界有个经典的老问题，也称作“李约瑟问题”，即“中国科学技术是否领先于世界”，李约瑟的回答是肯定的。我们则倾向于认为这是一个伪问题，关键在于如何诠释“科学”一词。

中国古老而悠久的文明曾经孕育了伟大的“四大发明”，冶炼和建筑技术高超得令人难以置信，水利农业技术即使到了 20 世纪初依然领先世界。如果把“科学”理解为现代意义上的第一生产力，或中国传统意义上的“奇计淫巧”，理解为高超的农业、通信、医药技术和天文、算学知识，中国的“科学”无疑曾独步天下；但如果把科学理解为西方文化传统中经典意义上的“知识体系”“自由的学问”，理解为亚里士多德意义上的理论理性和创造理性结合的整体——即理论、实验、技术循环拉动的整体，这样的科学在古老的中华文明中不曾有过。

科学要求自己的理论是逻辑构造型、演绎系统化的，每一个论断都有内在的逻辑关系，都能接受经验鉴别。任何科学理论都可能有错，却能在经验鉴别的千锤百炼中修正错误，不断进步。要求实验受控可普遍重复，这样才能与谎言、幻想、谬误相区别。要求技术与工匠的手和头脑分离，成为科学研究的对象，这样技术才有开放性和继承性，才能社会化。

中国传统的“知识体系”(如阴阳五行说)似乎能说明一切直观经验，它太完满，总能自圆其说，总能被证实，但从科学的角度看，完满是理论的缺憾而不是优势，它充满了朴素的智慧，但与科学的批判精神南辕北辙。

5.3 追求真理

今天，技术化的科学空前强大，改变了自然的样貌，也成为人类新的存在方式，甚至成为信仰。科学被看成是真理，是关于自然的真理性知识，是普遍的、精确的、严密的和可以被证实的，是征服自然和改造世界的现实力量。

① 吴国盛. 什么是科学[M]. 广州：广东人民出版社，2016：301.

② 吴国盛. 什么是科学[M]. 广州：广东人民出版社，2016：302.

如此强大的科学，一定有着其他人类思想不具备的特质。

那么，科学与其他人类思想(常识、哲学、宗教、艺术等)的分界是什么?

5.3.1　科学的边界——可证伪性

在波普之前，最公认的回答是：科学区别与其他人类思想的地方是科学的经验方法，是从观察或实验出发归纳出普遍的规律。波普却认为这是培根“神话”，因为归纳推理的可靠性和有效性并没有得到合乎理性的论证。

最先破除这一神话的是休谟。

休谟指出，归纳推理在逻辑上不能成立，理论决不能从观察推演出来。没有任何可靠的逻辑论证可以让我们确信，“那些我们不曾经验过的事例类似我们经验过的事例”。因此，“即使观察到对象时常或经常连接之后，我们也没有理由对我们不曾经验过的对象作出任何推论”。①

但是为什么每个有理性的人事实上都在应用归纳推理，都相信万事万物之间存在因果关系，并期待对世界的规律性说明?

休谟的回答是：信仰因果性是我们的习惯，这习惯是多次重复经验的结果。

波普认为②，休谟的伟大功绩在于他揭示出事实本身(quid facti)与从逻辑上对事实的合理论证(quid juris)不可等同。逻辑上我们无法合乎逻辑地论证归纳推理的合理性和有效性，事实却是有理性的人都在应用归纳方法。休谟问题或说归纳问题的实质是事实与逻辑的背离。

如何解释背离的困境?

休谟给出的是属于心理学的因果说明。信仰规律和因果说明是一个人类心理上的事实，一个习惯，我们就是这样被创造的，没有这种信仰规律的习惯我们就无法存活，这个习惯是多次重复经验的结果。

休谟对归纳推理的驳难清晰而完备，称为“休谟问题”或“归纳问题”，可他心理学的解读解决办法却广受诟病，至今没有在思想界达成共识。

首先提出强有力质疑的是康德。

康德称赞休谟，唤醒了他“独断论的迷梦”，但其心理学说明却让康德深为不满。

康德以“人为自然立法”回答休谟问题。康德认为“我们的理性并不是从自然引出规律，而是把他的规律强加于自然”。理性不是被动的追随自然，牵着自然的围裙带，而是主动设立一个法庭，以理性的原则设立法庭，追问自然，建立起自然规律。

我们生来就信仰因果律，生来就有“知识”，诸如“先天直观形式”——时间空间；“先验范畴”——量：单一性、复多性、总体性；质：实在性、否定性、限定性；关系：实体性、因果性、共存性；样式：可能性、存在性、必然性。

---

① [英]卡尔·波普尔. 猜想与反驳[M]. 傅季重，等，译. 上海：上海译文出版社，2005：60.

② 参见[英]卡尔·波普尔. 猜想与反驳[M]. 傅季重，等，译. 上海：上海译文出版社，2005：65.

这些“知识”不仅在心理上也在逻辑上(先验的)先于一切观察经验，是属于认识主体的能力，如一张透亮的网，把感性的杂多材料有序地纳入其中，呈现为遵循自然规律的自然界。自然规律是人类理性建构起来的，当然与理性原则同构，是先天正确的。

康德认为，科学无疑是真理性的知识，但科学知识的真理性可靠性不是源于知识与经验相符合，而是源于理性依据自己原则的建构能力，所谓“对象依照知识”。

纯粹理性的认识框架有自己的限度，只能运用于在时空中存在的有限事物，即可能经验，一旦跨越边界运用于无限性的超验对象，如灵魂、上帝、世界整体，就会陷入纯粹理性的自相矛盾，二律背反。知识的边界是可能经验。

波普认同康德对主体能动性的强调。波普认为在认识活动中，属于认识主体的理性能力是能动的自由的，是获取知识逻辑上的在先条件，可是这并不意味着理性建构的知识总是正确的。康德证明得太多了。

波普认为，当康德说我们的理性是把自己的规律强加于自然时，他是对的，但是认为这些规律必然正确，或我们必然会成功地把这些规律加诸自然，康德就错了。自然常常拒绝我们，迫使我们放弃遭到反驳的理论，只是在我们非常幸运的时候，理论没有遭到经验的反驳，或说理性和自然达成了暂时的共识，理论幸存下来。

我们尝试提出规律性，把规律运用于自然，接受自然的检验、反驳、证伪，这便是属于科学批判精神的可证伪性分界标准。

5.3.2 科学方法——猜想与反驳

波普说，一个哲学家看出了前人未曾看出的一个谜、一个问题、一个悖论，这甚至是比解决这个谜更高的成就。他打破了我们的懒散与自满，在我们面前开拓了新的视野。

第一个清楚地认识自然科学之谜并为解答绞尽脑汁的哲学家是康德。

像同时代几乎所有思想家一样，康德相信牛顿学说是真理，是神圣的知识而不是意见。这种知识是普遍的、精确的、可证明的和无可怀疑的，而且还能说明观察事实。

问题在于，这种知识牛顿是如何取得的？牛顿自己宣称，他是运用归纳从经验中得出的，他理论的真理性可以从某些观察陈述的真理性合乎逻辑地推导出来。

休谟唤醒了康德。康德认识到，认为牛顿理论可以从观察推演出来是何等荒谬。

首先，这个论断直观的不可信。①

例如，依据常识和观测，物体运动是要花力气去推动，力是事物运动的原因，可是牛顿力学第一定律定义却说，力是运动改变的原因不是运动的原因，运动物体在不受力的情况下保持匀速直线运动或静止状态。我们是否观察到过不受力的运动？这只有在想象力建立的理想状态下才可能出现。

又如，“万有引力”是否看得见，摸得着？“万有引力”原本是新柏拉图主义的一个

① 参见[英]卡尔·波普尔. 猜想与反驳[M]. 傅季重，等，译. 上海：上海译文出版社，2005：267.

哲学形而上学概念，在牛顿科学体系中是不能追问根据的前提预设，是逻辑上在先的理论概念，相对论中引力是时空结构弯曲的几何效应，爱因斯坦据此预见了引力波的存在，到 2017 年引力波的预见被实验证实，其间近百年，思想的建构远远先于经验。如此看来，理论如何从观察中推演出来？

其次，在历史上也是错误的。

通常人们认为，牛顿万有引力定律是对哥白尼、第谷、开普勒天文观测成果的归纳总结，可是波普认为，这是"历史神话"，哥白尼革命并非源于观测与理论的背离，观测并没有告诉我们地球是绕太阳转的。

太阳位于宇宙中心的思想源于新柏拉图主义对众所周知的天体运行的新说明，最初的思想可追溯到柏拉图的《理想国》，"太阳在可见事物领域里起的作用，同善的理念在理想王国里起的作用一样。在柏拉图理念的等级体系里，善的理念占据最高位。因此，赋予可见事物以可见性、生命力、生长和发展的太阳，在自然界可见事物等级体系里是最高的"。① 太阳的地位如此尊贵，就不好让它屈尊绕地球转了，它唯一合适的位置是宇宙中心。

开普勒深受毕达哥拉斯学派影响，相信天体演奏着天体的乐章，寻找行星运动的规律是为了倾听上天的音乐。开普勒相信有一种神秘的吸引从太阳发出，影响地球和其他行星的运行，这神秘的"吸引力"便是牛顿万有引力思想的来源，怎么可能从天文观察数据中推演出来。万有引力最初完全是形而上学的概念，即便是牛顿本人都不情愿接受它，"可是，这个最初属于占星术的观点最后被证明是非常成功的，以致一切理性主义者都接受了它，而它那名声不佳的起源却被人淡忘了"。②

最后，在逻辑上也是错误的。

观察陈述与理论陈述有质的不同。观察总是个别的、不精确的，理论陈述是精确的普遍的，如何从个别的不精确的经验陈述推演出精确的普遍的理论陈述？这之间没有逻辑通道，这是逻辑上不可能的推论。

这就导致"经验科学的悖论"：人类已经获得了普遍而必然的知识，这是一个事实，可是获取知识的途径——经验归纳方法却被揭示为在直观上、历史上、逻辑上都是错误的。

那么，科学是何以可能的？

康德的解决办法众所周知，他得意地称为知识问题的"哥白尼式革命"。

知识之所以可能，是因为我们不是被动地接受给予我们感官的感性材料，而是能动地运用我们理性的先天范畴和先天原理整理及吸收感性材料，把它们形成和组织成一个有序的合规律的宇宙，即自然界。我们的理性并没有在自然中发现普遍规律，而是设定

① [英]卡尔·波普尔. 猜想与反驳[M]. 傅季重，等，译. 上海：上海译文出版社，2005：271.

② [英]卡尔·波普尔. 猜想与反驳[M]. 傅季重，等，译. 上海：上海译文出版社，2005：271.

自己的规律并把它们强加于自然。

波普认同康德对认识主体性的强调，但也同时指出康德想要证明的太多了。

首先，波普认为我们获得了真理性的知识这件表面的事实并不是事实。

牛顿学说不是神圣的真理而是好得惊人的猜想。这不怪康德，要知道在康德时代，智识阶层没有人怀疑牛顿学说的真理性，它是那样简洁优美，揭示出从地上苹果到天体运行都遵循的统一的运动规律；它有强大的预见力，人类竟然能够运用数学方程推演出新行星的存在(天王星、海王星)，预见到彗星的运行周期(彗星曾是不祥的征兆)，并且得到了辉煌的证实。

其次，康德"人为自然立法"意味着自然科学不但是可能的，而且是理性的必然结果。而实际上，我们把理性自由创造的规律强加于自然的企图常常失败，不然就无法说明，人类探索了千年，经历无数失败才找到统一的运动规律。

最后，波普对康德主体哲学做了最后"润色"①。正如康德所说，我们是自由的和能动的，我们不但创造理论，而且要试用他们，看看他们是否起作用和怎样起作用。我们这样做的目的不是为了证实理论，而是试图通过驳斥、证伪和反驳他们来加以检验。

我们知道，理论不可能从观察逻辑推导出来，但理论可能与观察相矛盾，这使得人们能从观察推知理论的虚假，使得观察能够反驳理论。在逻辑上，一切检验都是企图反驳。

我们和康德一样渴望获得真理，但是，正如牛顿的伟大综合使人确信，真理是理性运用的必然结果一样，爱因斯坦的革命使我们懂得，真理不可能一劳永逸地达致，但可以通过批判的检验不断修正错误逼近真理。

首先大无畏地承认我们的理论创造可能有错(猜想)，但诉诸尽可能严格的批判性检验以清除错误(反驳)，在错误和迷途中开辟通向真理的道路，这便是获得知识的科学方法：猜想与反驳。

5.3.3 真理何以可能——追求真理②

认识论的核心问题是，真理是什么？真理何以可能？

波普认同亚里士多德对真理的规定——知识与对象符合，可同时揭示出这一真理标准不可达至。所有的知识都只能逼近真理，都只可能是假说，真理不可能被一劳永逸地拥有，可是我们依旧热爱真理尊重真理，我们还找到了不断清除错误逼近真理的理性方法。

依据波普，有一种乐观主义认识论，认为真理是现成的存在，如面纱下的容颜，一旦揭开就能看见，"真理能够显现自己，能够被揭示。一旦真理呈现在我们面前，我们

---

① [英]卡尔·波普尔. 猜想与反驳[M]. 傅季重，等，译. 上海：上海译文出版社，2005：277.

② 参见[英]卡尔·波普尔. 猜想与反驳[M]. 傅季重，等，译. 上海：上海译文出版社，2005：4-43.

就能把他与谬误区别开，知道他是真理”。①

这种认识论的主要倡导者是培根和笛卡儿。他们教导说，在真理问题上，任何人都不必求助于权威，因为每个人自身拥有知识的源泉。

经验主义的培根，强调每个人都具有感性知觉的能力，可以仔细观察自然界，仔细阅读自然这本大书，获得自然真理。如果犯错，那是因为我们的眼睛被蒙蔽，心灵受污染，只要我们清除掉那些偏见、幻想、蒙昧，身心纯净地站在自然女神面前，就能拥有真理(自然真理性)。

理性主义的笛卡儿强调每个人都具有理智直观的能力，都可以用心灵的眼睛直接看到“ideal”真理，可以区分真理和谬误(神赐真理性)。

每个人都有理性和感性，都有能力拥有知识，不再需要服从传统的权威——亚里士多德和《圣经》，每个人都可以为自己思考，能够通过知识获得自由和解放。这种乐观主义认识论是近代启蒙运动最主要的推动力量，也使得现代科学成为可能。

可是波普却认为这种认识论是错误的。

曾经我们相信真理是亚里士多德或上帝的话语，当我们学会运用自己的感性和理性探求真理的时候，潜在地我们依旧相信有一个真理在那儿，我们能够拥有，只要“仔细阅读自然这本大书”，或用心灵的眼睛去直观，我们“依然需要另外的权威来保证我们知识的真理性，一个是感性的权威，一个是理智的权威”。②

但是事实上，每个人的感性或理智都可能出错，科学是全人类共同的事业，是主体间性的，需要理性达成共识。“我们怎能承认我们的知识是人的——所有人的事情，而同时又不意味着纯属个人的狂想和武断?”③

到了休谟问题更加严重了，他解构了知识的核心结构——因果性。我们相信存在自然规律，期待对自然的因果说明，相信依据过去可以预见未来，可是休谟却说，相信存在规律不过是不断重复出现的现象所引发的心理预期，因果说明源于习惯性的联想，归纳方法是非理性的。

作为公认的获取真理的归纳方法竟然是非理性的，理性科学和真理性的知识竟然建立在非理性的心理联想之上。

为了坚持理性原则，给科学知识的真理性以可靠的理性基础，康德首先颠覆了亚里士多德经典的真理界定，认为不是观念符合对象，而是对象符合知识。康德与唯理论和经验论一样，相信我们能够拥有真理，并且我们已经拥有了关于宇宙的真理性知识——牛顿学说，这是一个事实。

康德从公认的真理——牛顿学说中剥离出知识的结构，并且认为知识的结构也即是属于主体的认识结构，认识结构是人类理性先天固有的。在认识过程中，我们能动地运

① [英]卡尔·波普尔. 猜想与反驳[M]. 傅季重，等，译. 上海：上海译文出版社，2005：4-43.

② [英]卡尔·波普尔. 猜想与反驳[M]. 傅季重，等，译. 上海：上海译文出版社，2005：22.

③ [英]卡尔·波普尔. 猜想与反驳[M]. 傅季重，等，译. 上海：上海译文出版社，2005：22.

用认识之网去抓住经验材料，形成认识对象，然后建构成一个有序的知识体系。认识对象是认识主体能动地建立起来的，当然会遵循认识的法则。

认识结构不属于自然，也非神赐，而是理性主体先天拥有的能动的建构能力。认识结构是主观的，但一经发现就不能随意改变，并且能普遍而必然地将它运用于任何经验，因此又是客观的，康德的客观性等同于普遍必然性。

波普对康德为知识的真理性寻求理性根基的努力做了最后润色。

波普说，20 世纪科学革命让我们懂得，牛顿学说只是一个好得惊人的猜想，一个经受了检验的假说，并不是真理。我们拥有真理，这不是事实。即便是今天最具普遍性和真理性，经受了无数检验的科学理论，如相对论、量子学说，都依然是假说，都可能有错。科学理论的每一部分，前提、论证、定律、预见都是开放的，都要继续接受检验，科学真理不可能一劳永逸。

既然科学知识都是假说，也就不会有任何理性或非理性的权威能确保科学知识一定是真理。康德的认识结构与培根感性和笛卡儿理智一样，不能保证我们知识的真理性。

波普恢复了亚里士多德对客观真理的定义，即知识符合事实，并认识到这是我们的认识所难以企及的标准。

既然真理不可企及，那么"如何拥有真理"的问题就转换为"如何才能有希望发现和消除错误，如何逼近真理"。

波普的回答是，"通过批判自己以及他人的理论或猜想"。

如果我们尊重真理，就必须通过不倦的理性批判和自我批判来清除错误，追求真理，哪怕真理是彼岸的，永远不能拥有。

追求真理即是自由的显现。

这便是"批判理性主义"立场。它虽然迥异于康德的认识论，但在道德知识领域，康德的自主原则却非常接近它。这个原则是说①：我们不能不加批判地接受任何一种权威的命令。是否遵从一个命令，是否服从一种权威，都由我们自己来批判地决定。

康德还大胆地把这个原则带进宗教领域②，康德认为，无论如何应当创造出你的上帝，但即使上帝显露于你，也得由你……去判断：你是否要相信它和崇敬它。

波普"批判理性主义"立场是对康德"理性批判"哲学的最后一点润色。

5.4 自由精神的传承

如果说科学的反思和批判精神是科学精神的理性维度，那么追求真理则彰显着科学的自由精神，"它不考虑知识的实用性和功利性，只关注知识本身的确定性，关注真理的自主自足和内在推演。科学精神源于希腊自由的人性理想，科学精神就是理性精神，

① 参见[英]卡尔·波普尔. 猜想与反驳[M]. 傅季重，等，译. 上海：上海译文出版社，2005：262.

② 参见[英]卡尔·波普尔. 猜想与反驳[M]. 傅季重，等，译. 上海：上海译文出版社，2005：263.

就是自由精神”。①

无论理性或自由都源于希腊文明独特的思维方式，随着基督教文明的兴起，科学曾长久蛰伏，直到近代，随着大航海时代而来的文明交融、文艺复兴、宗教改革、启蒙理性、开放的政治经济结构的确立，萌芽于古希腊的理性科学开始与技术结合并飞速成长，成为征服自然的强大力量。今天，科学技术化的倾向呈加速趋势，现代国家更是以科技实力为国家意志背书，把科学看成最重要的国家战略资源。

科学的自由精神要求科学不以实用和利益为目的，要求科学是追求真理的自由事业，可是现实的科学却要服务于企业利益和国家意志，从事科学工作不仅仅是个人的“好奇”，更是可以获得财富的职业，那么科学的自由精神还存在吗?

事实上，科学技术化和科学工作职业化，是非常晚近的事，作为科学职业化标志的“科学家”一词，直到 1833 年才被创造出来，我们今天公认的科学巨匠牛顿，并不知道自己是“科学家”，他自认自己是探索自然真理的哲学家，他的经典力学著作是“自然哲学之数学原理”。哲学要追问自然的普遍法则和创始的力量，牛顿找到上帝作为“第一推动”就不奇怪了。科学史上最为著名的科学共同体——英国皇家学会，早期只接受绅士入会，理由是绅士不依靠科学工作谋生，不会被利益绑架，才有可能从事自由的学问。

5.4.1　默顿规范

面对现代科学与社会诸层面日益紧密的相互关系对科学自由精神带来的冲击，特别是资本主义经济把技术当作“私人财产”与科学的自由精神水火不容，科学社会学家默顿(Robert K. Merton)认为，作为建制的科学与理性科学的目标应是一致的，即追求真理，扩展知识，这就需要在制度上明确科学的精神特质。他提出了著名的默顿规范——“普遍主义、公有性、无私利性以及有组织的怀疑态度”。②

普遍主义(universalism)规范要求科学评价标准的一致性。对科学成果是否是真理的判定遵循科学自身的内在原则，如理论的内在逻辑一致、可检验性、说明力和预见性，实验和观察必须是受控、可普遍重复，这些原则是普遍的，与科学成果获得者的个人或社会属性，他的种族、国籍、宗教、阶级和个人品质等非认知因素无关。普遍性也意味着科学是一项向全人类开放的事业，强调在科学真理面前人人平等。

公有性(communism)规范坚持科学是全人类共同的事业，是人类智慧的结晶，科学的每一个成果都是站在巨人的肩上，科学家并不能“完全占有”“自己的”科学成果，但可享有荣誉。“科学家对‘他自己的’‘知识’‘产权’的要求，仅限于要求对这种产权的承认和尊重”，承认和尊重是科学家可以享有的唯一“财产权”。

无私利性(disinterestedness)规范要求人们从事科学是为增进人类福祉，不谋求私利。不可否认，在现实中从事科学的动机多种多样，单纯的动机要求并不足以保证科学家行为的无私利，因此，制度性的规范更能够帮助科学家塑造正直诚实、公正无私的品

① 吴国盛. 什么是科学[M]. 广州：广东人民出版社，2016：21.

② [美] R. K. 默顿. 科学社会学[M]. 北京：商务印书馆，2003：8.

质，“因为一旦制度要求无私利的行动，遵从哲学规范是符合科学家的利益的，违者要受惩罚，而当这个规范被内化之后，违者就要受到心理煎熬”。①

有条理的怀疑（skepticism）规范强调科学的每一部分，无论是理论的前提、推演、结论、预见，还是实验的受控性、可重复性，都有可能出错，都是可质疑的，科学是自由的开放的事业，愿意接受来自各个方面包括自己的理性怀疑和批判。“它既是方法论的要求，也是制度性的要求。按照经验和逻辑的标准把判断暂时悬置和对信念进行公正的审视，业已周期性地使科学陷于与其他制度的冲突之中了。”②科学的怀疑批判精神与资本的追逐利益和权力的追求霸权不相容。

大科学时代的今天，科学技术与政治经济文化紧密结合，形成相互拉动的生态系统，资本的全球扩张裹挟着知识产权保护制度，助推科学的技术化倾向越演越烈，如脱缰的野马，负面影响日益显著，不但改变破坏着自然生态，基因技术、人工智能更是企图在原子分子层面改变生命和大脑的结构，“现代科学给人类带来巨大力量的同时，也给人类造成了新的生存危机，这危机最早被西方人意识到，他们迅速动员了自己文化传统中的各种思想资源以化解危机”③。默顿规范正是这种植根于古希腊自由科学的思想资源，它凝聚着主流科学界的共识，以对科学普遍性、无私利性、公有性和理性批判制度性规范和传承科学追求真理的自由精神。而且我们发现，即便是今天，自由精神依旧是推动科学进步最内在的动力，真正原创性的科学发现，通常是在不计利害得失、自由探索的情形下取得的。

我们以如下实例加以说明。

5.4.2 自由软件运动“Free Software Movement”

软件受版权保护，使用盗版如同小偷强盗的行径，在今天似乎是天经地义的事。可在计算机发展初期，人们可以自由地使用、修改、分享软件，直到 1976 年 2 月 3 日，比尔·盖茨向计算机爱好者们发送了一封公开信，宣布微软不再免费发布软件了，因为微软没有动力为窃贼白干活，这会“阻止好软件的出现”（如图 1.9 所示）。自此需要付费才可使用的专有软件迅速发展，成为软件界的主流，在当时被称为是“伟大的改变”。

可这并非计算机业界的共识。曾就职于麻省理工学院人工智能实验室的理查德·马修·斯托曼（Richard Matthew Stallman）就认为，专有软件是反社会、不道德、不公正的，因为“专有软件使用户孤立、无助。因为禁止将软件给他人使用所以孤立，因为无法改变源码所以无助。他们不能学习其中真正的工作方式，所以整个私有软件体系就是一种不公的力量”。④ 当他的黑客伙伴们纷纷转向编写专有软件，他意识到他原来的

---

① ［美］R. K. 默顿. 科学社会学［M］. 北京：商务印书馆，2003：373.

② ［美］R. K. 默顿. 科学社会学［M］. 北京：商务印书馆，2003：376.

③ 吴国盛. 什么是科学［M］. 广州：广东人民出版社，2016：304.

④ 自由软件之父 Richard Matthew Stallman 经典语录集锦. https://www.linuxidc.com/Linux/2016-01/128016.htm Linux.

群体已经消失了，他必须做出选择：同流合污或者不再编写软件？都不是。斯托曼选择另一个有可能传承自由理念的道路——发起自由软件运动，斯托曼称为一个“道德选择”。

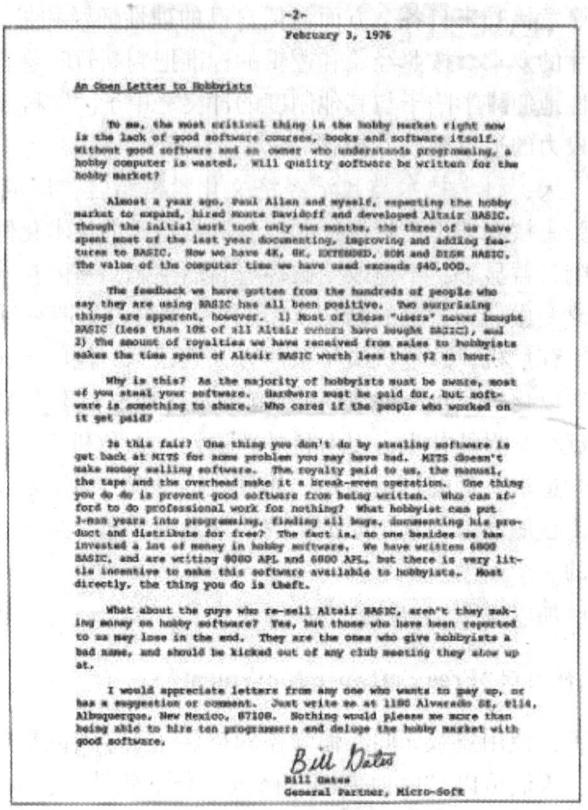

-2-

February 3, 1976

An Open Letter to Hobbyists

To me, the most critical thing in the hobby market right now is the lack of good software courses, books and software itself. Without good software and an owner who understands programming, a hobby computer is wasted. Will quality software be written for the hobby market?

Almost a year ago, Paul Allen and myself, expecting the hobby market to expand, hired Monte Davidoff and developed Altair BASIC. Though the initial work took only two months, the three of us have spent most of the last year documenting, improving and adding features to BASIC. Now we have 4K, 8K, EXTENDED, ROM and DISK BASIC. The value of the computer time we have used exceeds $40,000.

The feedback we have gotten from the hundreds of people who say they are using BASIC has all been positive. Two surprising things are apparent, however. 1) Most of these "users" never bought BASIC (less than 10% of all Altair owners have bought BASIC), and 2) The amount of royalties we have received from sales to hobbyists makes the time spent of Altair BASIC worth less than $2 an hour.

Why is this? As the majority of hobbyists must be aware, most of you steal your software. Hardware must be paid for, but software is something to share. Who cares if the people who worked on it get paid?

Is this fair? One thing you don't do by stealing software is get back at MITS for some problem you may have had. MITS doesn't make money selling software. The royalty paid to us, the manual, the tape and the overhead make it a break-even operation. One thing you do do is prevent good software from being written. Who can afford to do professional work for nothing? What hobbyist can put 3-man years into programming, finding all bugs, documenting his product and distribute for free? The fact is, no one besides us has invested a lot of money in hobby software. We have written 6800 BASIC, and are writing 8080 APL and 6800 APL, but there is very little incentive to make this software available to hobbyists. Most directly, the thing you do is theft.

What about the guys who re-sell Altair BASIC, aren't they making money on hobby software? Yes, but those who have been reported to us may lose in the end. They are the ones who give hobbyists a bad name, and should be kicked out of any club meeting they show up at.

I would appreciate letters from any one who wants to pay up, or has a suggestion or comment. Just write me at 1180 Alvarado SE, #114, Albuquerque, New Mexico, 87108. Nothing would please me more than being able to hire ten programmers and deluge the hobby market with good software.

Bill Gates

Bill Gates
General Partner, Micro-Soft

图 1.9　比尔·盖茨写给电脑爱好者的公开信①

(1)什么是自由软件？自由软件赋予使用者四种自由：“自由之零：不论目的为何，有使用该软件的自由。自由之一：有研究该软件如何运作的自由，并且得以修改该软件来符合使用者自身的需求。取得该软件之源码为达成此目的之前提。自由之二：有重新散布该软件的自由，所以每个人都可以借由散布自由软件来敦亲睦邻。自由之三：有改善再利用该软件的自由，并且可以发表修订后的版本供公众使用，如此一来，整个社群都可以受惠。自由软件并不是没有著作权。”②

斯托曼认为，软件的自由使用、修改、发布和共享类似于自由地思想和言说，是人的基本权利，为了实践自己的自由理念，他起草“GNU 通用公共许可证”确保自由不被

① http://www.digibarn.com/collections/newsletters/homebrew/v201/index.html.

② 自由软件之父 Richard Matthew Stallman 经典语录集锦. https://www.linuxidc.com/Linux/2016-01/128016.htm Linux.

异化；创办自由软件基金会（Free Software Foundation）捍卫自由权利；而最重要的工作是为自由软件运动确立了哲学理念、道德准则和法律框架，因此被誉为自由软件之父。

（2）自由软件运动的哲学理念。

自由软件运动捍卫科学的自由精神，与其说是一场技术革命，不如说是发生在计算机界的哲学革命，自由权是其核心理念。斯托曼对此有清醒的意识。他一再强调，“我们必须谈论自由”，“再说一次，我们的前途取决于我们的哲学”，“自由软件是尊重个人自由和社会团结的软件，所以才能如自由般自由自在”，“历史教会我们：珍惜自由，否则你将失去他”。①

科学伦理精神是自由精神的具体化。默顿表述为“普遍主义、公有性、无私利性以及有组织的怀疑态度”。科学的公有性和无私利性意味着科学工作者对自己科学成果的“所有权”仅仅是科学荣誉和优先权，不是为追逐经济利益，而是以出色的科学贡献获得声望和工作满足。在可以带来巨额财富的计算机软件业，这依然是被推崇的行为准则，这是从亚里士多德和大学继承的属于科学的自由精神。

我们也就可以理解，为什么著名自由软件 linux 短短十年成为可以抗衡微软 windows 的操作系统，维基百科成为享誉世界的自由的百科全书，为什么有那么多人愿意不计报酬为自由软件工作。因为热爱，因为成就感。

（3）自由软件运动的法律框架。

自由之成为权利，就需要法律的保障，否则只能停留在理想层面难以成为现实，“如果你想为这世界做些什么，仅有理想是不够的，你需要找条通往目标的道路并走完”。② 斯托曼提出了与“版权（Copyright）”相左的“Copyleft”思想，起草自由软件协议——“GNU 通用公共许可证”（GPL - GNU General Public License）让作为理念的“Copyleft”可以操作。

所谓 Copyleft 是指任何人都可以自由使用、修改和分发软件，但必须同时保留软件的自由特性。

GPL 作为实践 Copyleft 理念的法律框架，规定自由软件的自由权受法律保护。一个程序一开始是自由软件，使用它就要遵守 GPL 协议，它的衍生程序依旧是自由软件，不可以转变为专有软件获取利益，否则将会视为侵权，因为侵害了自由软件的自由权。GPL 利用了知识产权制度，保护自由不被异化，也让我们看到了科学精神建制化的另一种可能。

自由软件不可以转化为专有软件，这是自由软件唯一不自由的地方，GPL 从制度层面保障了自由的自恰和不被异化。

在互联网领域，还有一位著名的科学自由精神的践行者亚伦·斯沃茨（Aaron Swartz）（如图 1.10 所示）。他深受斯托曼自由理念的影响，短暂的一生都致力于推动知

① 自由软件之父 Richard Matthew Stallman 经典语录集锦. https://www.linuxidc.com/Linux/2016-01/128016.htm Linux.

② 自由软件之父 Richard Matthew Stallman 经典语录集锦. https://www.linuxidc.com/Linux/2016-01/128016.htm Linux.

识在互联网的自由分享，被誉为“互联网之子”，“数字时代的罗宾汉”。

图 1.10　Aaron Swartz

亚伦 · 斯沃茨是个数字天才。他在 13 岁那年就创造了 The Info Network，一个类似于维基百科的网站。14 岁参与创造 RSS1. 0 规格(“Really Simple Syndication”聚合真的很简单)。2004 年，帮助启动“知识共享”(Creative Commons)组织。2006 年竞选维基百科基金会董事期间，写了一系列介绍维基百科、分析维基百科的运作模式的文章，被广泛翻译和引用。2007 年，帮助启动了“开放图书馆”(Open Library)，“让每一本曾经出版过的书都有自己的网页”(“one web page for every book ever published”)。2008 年斯沃茨在意大利期间发表《游击队开放宣言》(*Guerilla Open Access Manifesto*)，坚持知识是全人类共同的财富，倡导打破专利壁垒，共享知识。

“信息就是力量。但就像所有力量一样，有些人只想占为己有。世界上所有的科学和文化遗产，已在书籍和期刊上发布了数个世纪，正渐渐地被少数私有的公司数字化并上锁。想要阅读那些有着最著名研究成果的论文？你必须支付给如 Reed Elsevier 这样的出版商大把钱。强迫学者付费才能看到同事们的工作？扫描了所有图书馆，却只允许人们通过谷歌阅读？只为第一世界名牌大学的学生提供科学文献，却不给第三世界国家的孩子们？这是无耻和不可接受的。”

他向那些能够得到学术资源的学生、科学家发出倡议，不要独享这种特权。而是有责任将它与世界分享。

不仅是倡议，斯沃茨还身体力行。2010 年，他创办旨在反对禁止网络盗版法案(SOPA)的求进会(Demand Progress)，帮助普通民众争取权益，认为“新的科技不是带给我们更大的自由，而是扼杀那些我们视为理所当然的基本权利”。

2011 年，斯沃茨被指控非法在 JSTOR 上下载约 400 万篇文章，面临百万美元罚款和最高 35 年监禁。2013 年，斯沃茨自杀身亡。

斯沃茨的家人和合作伙伴发布声明，“作为一个程序员和技术人员，他不是用惊人的技巧使自己富足，而是使网际网路和世界成为一个更公平、更美好的地方”。

互联网技术原本可以极大促进知识的传播分享，原本可以使知识更加自由开放，可知识产权制度却给知识打上封印，这是信息时代的悖论。知识产权制度是科学技术化的动力机制，可过度商业化的趋势，不但给科学自身带来负面影响，也伤害到公平正义。“知识共享”、“开放图书馆”、《游击队开放宣言》……这个年轻的科学天才、互联网之子、理性主义者，斯沃茨所做的每一个项目都旨在冲破知识的封印，推动实现知识的自由、开放、共享。

5.4.3 万维网之父与上帝粒子

2016年4月，美国计算机学会(Association for Computing Machinery，ACM)将图灵奖授予牛津大学教授蒂姆·伯纳斯·李(Tim Berners-Lee)(如图1.11所示)，这位“计算机诺贝尔奖”的获奖人为世界带来了“www”。最了不起的是，他竟然免费把万维网的构想推广到全世界，被尊为“万维网之父”。

图1.11 Tim Berners-Lee(图片来源：网络)

从某种意义上，万维网重新定义了世界和人的存在方式，它的意义和价值怎么评价都不为过。“很难想象一个没有Tim Berners-Lee发明的世界。万维网为许多领域带来了深远影响。然而，许多人并没有意识到繁荣背后，使万维网成为可能的技术贡献。”(ACM主席Hanson)“Berners-Lee不仅开发了统一资源标识符(URL，即网页的存放地址)、网页浏览器(首个图形用户界面，即因特网浏览器)等关键模块，还提出了这些模块组合到一起后，如何作为一个整体运行。”(主席Hanson)

“Berners-Lee提出了由新的传输协议(超文本传输协议HTTP)支持的统一用户界面，可以支持所有类型的信息(图文并茂、视频、音频)，万维网由此爆发。这是一个关键的转折点，为世界上每个人提供了舞台，每个人都可以创建自己的网页，聚沙成塔，终成美轮美奂的万维网。”“万维网彻底改变了人们交流信息的方式，是世界经济发展和机遇的关键因素。”(谷歌科学家Broder)

1984年，年轻的Berners-Lee来到欧洲核子实验室(CERN)工作。在当时，为欧洲核子实验室工作的科学家来自不同国家、不同大学、不同机构，使用的电脑不同，软件和文件处理系统也不一致，如何即时沟通和传递信息呢？Berners-Lee 接受委托开发一个软件，以便让分布世界各地的物理学家们能方便及时地分享研究数据、图像资料。

Berners-Lee 于 1989 年 3 月正式提出万维网(www)的设想。

计算机之间传递信息的国际互联网(Internet)20 世纪 60 年代就诞生了，可操作复杂，界面不友好，很难应用。超文本在 20 世纪 80 年代也已出现，可没人想到运用于计算机网络，而 web 通过超文本方式连接不同计算机的信息，并通过超文本传输协议 HTTP 在不同 web 服务器之间检索传递。

万维网(www)开启了新时代，得到科学界高度赞誉，Berners-Lee 却说，这不过是“偶然的因缘”“水到渠成而已”，“是在一个合适的时间站在了合适的地方”。

Tim 最杰出的成就，还不是发明了万维网，而是免费把万维网的构想让全世界共享。

据说在资本的时代，每一个新的科学成果都会勾起人发财的欲望，人们只会为钱工作。Tim 不懂得万维网的商业价值吗？不是。早在 1992 年，Tim 和他的伙伴就曾咨询过欧洲权威律师，准备销售网络浏览器软件，可最后放弃了。万维网是 Tim 热爱的事业，他一再重申，建构 www 的初衷，是为了知识的自由分享，是创意和效率的工具，在他看来，追逐商业利益引发的知识壁垒和沟通局限是对创建万维网初衷的背离。

为此，他没有选择做一个角逐财富的商人，而是继续为万维网世界的自由公平正义不遗余力。

2009 年，蒂姆发起“万维网基金会”(World Wide Web Foundation)，以在全球范围普及网络接入。实际上全球 80%的地区都已接入网络，但由于某些原因，人们选择不去使用它。

蒂姆认为，如果全世界有 20%的地区接入了互联网，就必须让剩下 80%的地区尽快上线，不然就很不公平。

他坚持互联网的去中心和网络中立理念，认为万维网的意义就在于给予了这世界上每个个体同等的自由创造、自由选择和分享知识的可能。

他说，每个人都可以在网络上发表自己的见解和声音。当这些见解和声音汇聚在一起时，会形成激动人心的东西，比如，维基百科、众筹等。

他坚持网络世界的公平正义，认为万维网的法规应禁止任何用户可以获得更快的网速，或者优先访问权。“一旦网络中立被遗忘了，互联网最初的意义也就消失了，因为他最初的思想是用户只需点击一个链接，就可以去任何地方。”(Tom Simonite 的独家专访)

特别值得说明的是，万维网不仅仅是技术上的“水到渠成”，更是好奇心驱动的结果。它是科学界寻求上帝粒子的副产品，是科学追根溯源“好奇心”的衍生品。

上帝粒子是物理学标准模型(Standard Model)的预言，用来说明基本粒子的质量从何而来。

标准模型是现今最被科学界认可的统一自然界三大相互作用的假说。标准模型描写的宇宙由 62 种不可再分的基本粒子构成，通过强力、弱力及电磁力这三种基本作用力组合成各种复合粒子，进而构成物质世界。

基本粒子可以分为两大类：费米子(fermion)和玻色子(boson)。费米子构成物质“实体”的粒子，也称为物质粒子，而玻色子则传递基本相互作用，也可称为载力粒子。

早期的标准模型不能说明基本粒子如何获得质量。

1964年，希格斯(Peter W. Higgs)等人提出了“希格斯机制”的概念，认为基本粒子是在与希格斯场的相互作用下获得了质量，而形成希格斯场的就是一种新的粒子，被命名为希格斯玻色子。

宇宙诞生的最初时刻，各种基本粒子都如光子一般，以光速横冲直撞，十几秒后，希格斯粒子诞生，形成了“希格斯场”，除了光子，其他的基本粒子与希格斯发生碰撞后，就如同在水中浸湿了，获得了质量，速度就慢下来了，慢下来的基本粒子“夸克”在强相互作用下，抱团组成了质子、中子等粒子，质子和中子又组成了原子核，原子核与电子在电磁力作用下又形成了原子，原子构成分子，由此形成了我们所见到的大千世界。

经过多年努力，欧洲核子研究中心CERN的ATLAS和CMS两个科学家团队，通过对CERN的大型强子对撞机实验数据的分析，证实了希格斯粒子或说上帝粒子的存在。

2013年诺贝尔物理学奖授予希格斯和弗朗索瓦·恩格勒(Francois Englert)，表彰他们对希格斯粒子或说希格斯机制的理论预见，这一预见有助于我们理解质量的起源。如图1.12所示。

> “for the theoretical discovery of a mechanism that contributes to our understanding of the origin of mass of subatomic particles, and which recently was confirmed through the discovery of the predicted fundamental particle, by the ATLAS and CMS experiments at CERN's Large Hadron Collider.”①

图1.12　希格斯粒子填补了标准模型中缺失的最后一环(图片来源：诺贝尔官网)

① MLA style. The Nobel Prize in Physics 2013. Nobelprize. org. Nobel Media AB 2014. Web. 7 Apr 2018. http://www.nobelprize.org/nobel_prizes/physics/laureates/2013/.

上帝粒子的发现，不但揭开了质量起源之谜，使得标准模型更加完善，极大满足了科学自由探索的“好奇心”，同时也表明，知识的全球共享是催生科学原创成果的重要机制。

万维网的诞生地欧洲核子研究中心也是世界顶级的信息技术中心，全球最大的网络计算系统 WLCG 连接遍布全球的 26 万个中央处理器，中心的大型强子对撞机（Large Hadron Collider）造价 100 亿美金，“日常”工作就是让大量粒子以极高的能量相互碰撞。寻找上帝粒子的两个研究组 ATLAS 和 CMS，每个小组都由超过 3000 名科学家组成。

科学界汇聚如此巨大的人力、财力、物力，是为了寻找科学假说预言的各种粒子，甚至是最虚无缥缈的上帝粒子，是为了把自然界已知的三种力——强、弱、电磁力统一在一个理论框架标准模型之下，这完全是理论的诉求，体现的是科学追求真理的自由精神。纯粹的好奇心无心插柳水到渠成地带来了万维网，为知识的自由传播和全人类共同分享开辟了新纪元。

5.4.4　人类基因组测序计划①

如果要问 20 世纪甚至 21 世纪有哪些最伟大的科学成就，被称为生命科学的登月计划的人类基因组全序列测序（HGP）工作的完成无疑是其中一个。该计划于 1990 年最先在美国启动②，后有德、日、英、法、中等国的数千名科学家先后加入，经过 10 年的努力，最终完成了对人类基因的全部测序工作（工作草图），并向全世界免费公布。

人类基因组全序列测序的完成，意味着人类对自身生命健康更深入全面的理解，为理解生命的起源、生命个体的生长发育、个体差异的原因、疾病产生的机制等生命现象提供科学依据，为有针对性地治疗许多危及生命的重大疾病提供全新可能，潜在的商业价值不可估量。最不可思议的是，在巨大的利益面前，这个伟大工程的出资者、执行者，甚至科学家所属国家的政治家没有去占有这个最上游、最值钱的“知识产权”，而是与全人类免费分享。

在人类基因组计划实施的过程中，的确遭遇了来自资本和商业的挑战。早在第一代自动化测序仪能够辨识 cDNA 片段时，就有科学家出主意，“用机器来生产专利”，美国国立卫生研究院（NIH）也企图为已辨识的 cDNA 申请专利。当时的 HGP 负责人还是沃森（James D. Watson，DNA 双螺旋结构发现者之一，1962 年诺贝尔医学和生理学奖获得者），作为科学界主流的代表，沃森坚持认为，人类基因组测序计划关系到生命科学和生物产业最上游、最基础的信息，关系到全人类共同的利益，有关的知识应该免费与全人类共享。“世界上的国家都必须意识到，人类基因组属于全人类，而非属于某些国家。”让它属于某个国家、某个公司、某个人都有悖科学精神。由于和主张申请专利的 NIH 负责人意见分歧，Watson 被迫离开 HGP 负责人的位置。

① 参见杨焕明.“人类基因组计划”的伦理解读[J]. 科技中国，2004(12).

② 1990 年，美国能源部（DOE）与国立卫生研究院（NIH）共同启动 HGP，原定投入 30 亿美元，用 15 年时间完成该计划。

到了1998年，世界上最大的测序仪生产商美国PE Biosystems公司，研制成功新的毛细管自动测序仪(ABI 3700)，测序速度提高了300倍。这家生产商决定不卖仪器了，而是成立了自己的基因组测序公司塞莱拉(Celera Genomics)，注资3亿美金，雇请了一位著名的科学怪才Craig Venter(制造出首个人工合成基因组支配细胞)，宣称要在3年内完成人类基因组测序，这远远超过了国际合作HGP的进度，更有甚者，塞莱拉公司拒绝像国际计划一样，把测得的基因序列数据放到网上和其他研究者共享，同时申请对数百个"重要基因"进行知识产权保护，1999年又扩展到对6500个完整的或部分的人类基因进行初步专利保护。

正是在这一年，在"人类基因组测序第五次国际战略会议"上，中国正式加入HGP，承接1%的基因测序工作。这意味着我们认同HGP秉承的自由科学理念，"人类基因组是全人类的重要财富(共有)，人类基因组研究要由全球科学家一起参与(共为)，人类基因组计划的成果要让全世界平等分享(共享)"。

当时，国内科学界对是否参加公益性的HGP并未达成共识。有人认为，人类基因组计划若完成了，反正是免费的，为什么要花钱参与？中方负责人杨焕明不得不说出这样的话，我们难道是不知感恩的民族吗？我们吃到了真正的免费午餐，就不能说声谢谢吗？

2000年3月14日，美国总统克林顿和英国首相布莱尔联合发表声明，主张人类基因图谱是全人类共有的知识财产，人类基因组数据不允许专利保护，必须对所有研究者免费开放。

2000年6月26日，美、英、德、日、法、中公布了人类基因组工作草图。

在资本经济时代，科学的自由精神、公有性和无私利性理念没有被主流科学界摒弃，而是内化为科学界的道德准则，不仅仅是推动科学进步的力量，也是科学资本化倾向强有力的制衡力量。

5.4.5 探测到引力波

2017年，诺贝尔物理学奖授予美国物理学家雷纳·韦斯(Rainer Weiss)、基普·索恩(Kip S. Thorne)和巴里·巴里什(Barry C. Barish)，因为"他们构思和设计的激光干涉仪引力波天文台LIGO，对直接探测引力波做出了杰出贡献"("for decisive contributions to the LIGO detector and the observation of gravitational waves")。①

爱因斯坦依据广义相对论的宇宙动力学方程预言引力波的存在时就说过，广义相对论超前于当时的科学理论至少50年，无论是理论还是实践都没有迫切的需要。爱因斯坦独自一人，历经8年艰苦思考创建这样超前的理论，只是为解答狭义相对论提出但又回答不了的问题，如"惯性系无法定义"，只是被探求的渴望所驱使。如图1.13所示。其后，数代科学家持续不断努力，历经百年，终于探测到引力波，其间千难万难，每一步的向前推进动力从来不是为科学之外的其他目的，而是来自对未知世界难以遏制的

① The Nobel Prize in Physics 2017. Nobel prize. org. Nobel Media AB 2014. Web. 7 Apr 2018. http://www.nobelprize.org/nobel_prizes/physics/laureates/2017/.

“好奇”心，或说“宇宙宗教精神”。

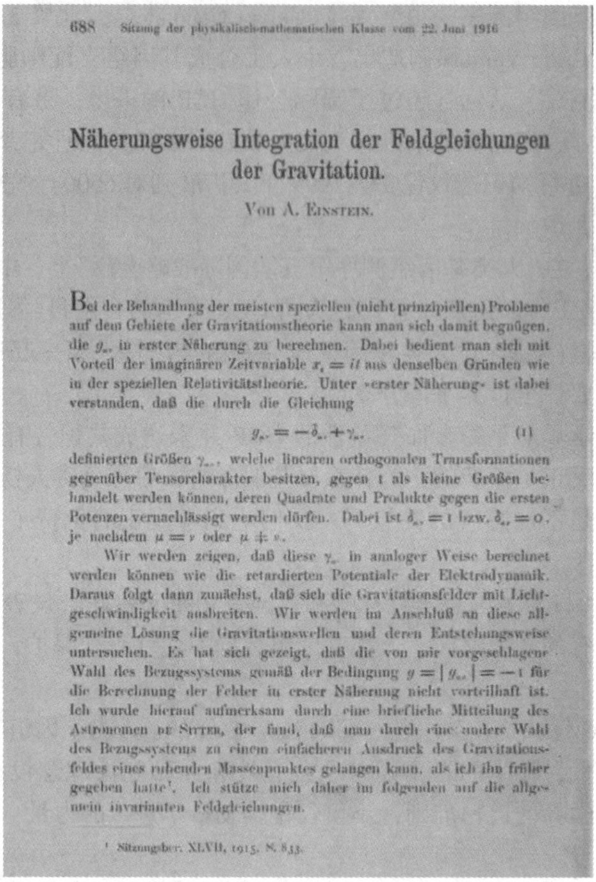

688　Sitzung der physikalisch-mathematischen Klasse vom 22. Juni 1916

Näherungsweise Integration der Feldgleichungen der Gravitation.

Von A. Einstein.

Bei der Behandlung der meisten speziellen (nicht prinzipiellen) Probleme auf dem Gebiete der Gravitationstheorie kann man sich damit begnügen, die $g_{\mu\nu}$ in erster Näherung zu berechnen. Dabei bedient man sich mit Vorteil der imaginären Zeitvariable $x_4 = it$ aus denselben Gründen wie in der speziellen Relativitätstheorie. Unter »erster Näherung« ist dabei verstanden, daß die durch die Gleichung

$$g_{\mu\nu} = -\delta_{\mu\nu} + \gamma_{\mu\nu} \quad (1)$$

definierten Größen $\gamma_{\mu\nu}$, welche linearen orthogonalen Transformationen gegenüber Tensorcharakter besitzen, gegen 1 als kleine Größen behandelt werden können, deren Quadrate und Produkte gegen die ersten Potenzen vernachlässigt werden dürfen. Dabei ist $\delta_{\mu\nu} = 1$ bzw. $\delta_{\mu\nu} = 0$, je nachdem $\mu = \nu$ oder $\mu \neq \nu$.

Wir werden zeigen, daß diese $\gamma_{\mu\nu}$ in analoger Weise berechnet werden können wie die retardierten Potentiale der Elektrodynamik. Daraus folgt dann zunächst, daß sich die Gravitationsfelder mit Lichtgeschwindigkeit ausbreiten. Wir werden im Anschluß an diese allgemeine Lösung die Gravitationswellen und deren Entstehungsweise untersuchen. Es hat sich gezeigt, daß die von mir vorgeschlagene Wahl des Bezugssystems gemäß der Bedingung $g = |g_{\mu\nu}| = -1$ für die Berechnung der Felder in erster Näherung nicht vorteilhaft ist. Ich wurde hierauf aufmerksam durch eine briefliche Mitteilung des Astronomen de Sitter, der fand, daß man durch eine andere Wahl des Bezugssystems zu einem einfacheren Ausdruck des Gravitationsfeldes eines ruhenden Massenpunktes gelangen kann, als ich ihn früher gegeben hatte[1]. Ich stütze mich daher im folgenden auf die allgemein invarianten Feldgleichungen.

[1] Sitzungsber. XLVII, 1915, S. 833.

图 1. 13　爱因斯坦在 1916 年发表的论文中预言了引力波的存在(图片来源：A. Einstein)

在牛顿经典力学中，“万有引力”是一个源于哲学形而上学的概念，不可追问。在爱因斯坦的广义相对论中，“万有引力”是一个几何量：引力不是力，是时空弯曲的经典效应。当大尺度时空结构急剧变化时，描写这种变化的宇宙动力学方程可以得到波动解，进而预见了“引力波”的存在。引力波是时空曲率的波动，是时空结构波动时产生的“涟漪”，当宇宙中致密星体碰撞合并或者大质量天体剧烈运动时会扰动周围时空，引力波就以光速向外传播出去，例如黑洞或中子星合并、超新星爆发时，就会产生时空“涟漪”，以光速传播出去。

可是这种“涟漪”太微弱了，爱因斯坦甚至认为人类不可能探测到它。

情况要比爱因斯坦预想的要好很多，人们首先观测到了引力波存在的间接证据。1974 年，美国物理学家泰勒(Joseph H. Taylor)和赫尔斯(Russell A. Hulse)发现了两个中子星组成的互相旋绕的脉冲双星系统 PSR1913+16，广义相对论预言，由于引力波会带走能量，双星旋绕的周期会变短，经过近 30 年的观测，理论与实验符合得非常好，从而间接地证实了引力波的存在。泰勒和赫尔斯也因此获得了1993年的诺贝尔物理学奖。①

也是20世纪70年代，麻省理工学院的雷纳·韦斯开始设计能够直接测量引力波的装置。在设计过程中与加州理工的基普·索恩密切合作，共同克服了许多技术上的难题，最终设计出今天的激光干涉引力波天文台(LIGO)。1994年，巴里·巴里什开始担任LIGO的项目主管，使得LIGO演变成为一个由90多所高校的1000多名科学家参与的大科学项目。如图1.14所示。

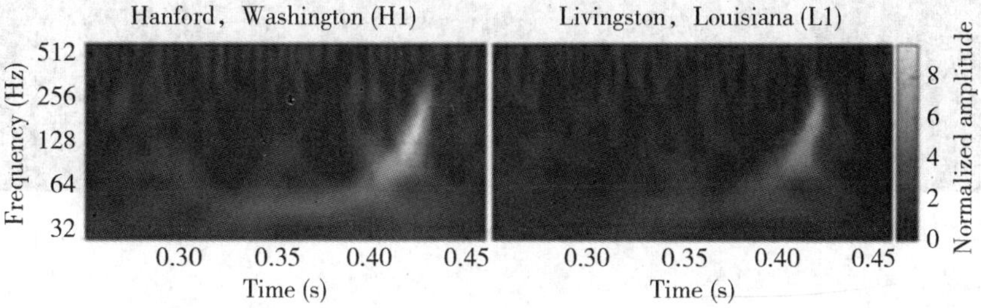

图1.14　图中显示两个LIGO探测器中都观测到的由该事件产生的引力波强度如何随时间和频率变化。两个图均显示，GW150914的频率在0.2秒的时间里面“横扫”35Hz到250Hz。GW150914先到达L1，随后到达H1，前后相差7毫秒——该时间差与光或者引力波在两个探测器之间传播的时间一致(图片来源：LSC/Virgo Collaboration)

2015年9月14日5时51分，位于利文斯顿(Livingston)和汉福德(Hanford)两台LIGO先后传出撞击声，经过近半年的数据分析，2016年2月11日，LSC(LIGO科学合作组织，LIGO Scientific Collaboration)向全世界宣布：人类首次直接探测到了引力波，并且这次的引力波是黑洞合并引发的。13亿年前，如同命中注定，两个黑洞在浩瀚宇宙相遇，缠绕合并扰动时空产生了“涟漪”——引力波，引力波经历漫长的岁月抵达LIGO——人类为迎接它的到来而特别设计的探测仪，百年的探寻终得回响。如图1.15所示。

此后LIGO团队又探测到4次由双黑洞引发的引力波事件，科学界开始期待中子星引发的引力波也能被观测到。

期待很快成为现实。2017年10月16日22时，美国国家航空航天局(NASA)、欧洲南方天文台、南京紫金山天文台、英国科技设备委员会、法国国家科学研究中心等全球数家科学机构联合宣布：科学家们首次探测到约1.3亿光年外双中子星并合产生的引力波，及相伴而生的剧烈电磁辐射。

① The Nobel Prize in Physics 1993. Nobelprize. org. Nobel Media AB 2014. Web. 7 Apr 2018. http://www.nobelprize.org/nobel_prizes/physics/laureates/1993/. “for the discovery of a new type of pulsar, a discovery that has opened up new possibilities for the study of gravitation”

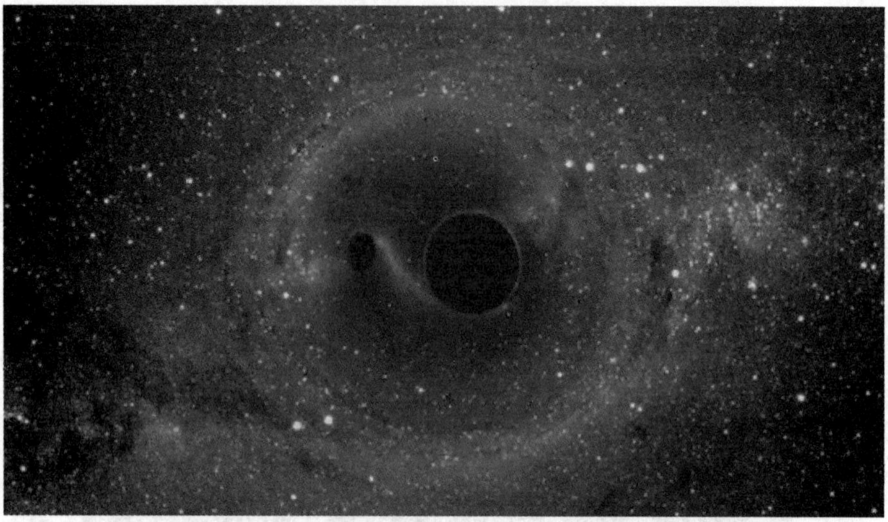

图 1.15　在宇宙深空处，两颗黑洞不期而遇(图片来源：The SXS project)

这里特别值得关注的是：其一，中子双星的引力波，被美国 LIGO 和欧洲 Virgo 引力波探测器及全球其他 70 个地面及空间望远镜共同探测到的，持续近 100 秒，而黑洞双星只被 LIGO 和 VIRGO 探测到，撞击不到 1 秒。其二，中子双星辐射引力波还伴随着电磁辐射，我们不但能“听”，也能“看”到引力波了！如图 1.16 所示。

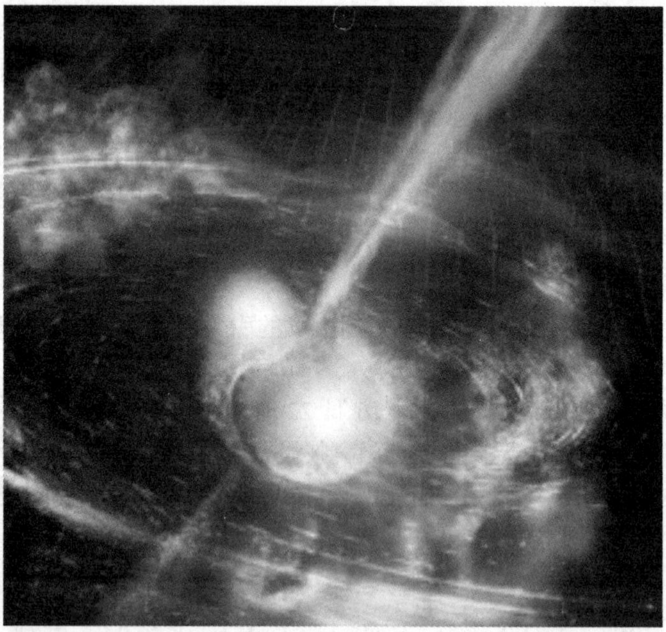

图 1.16　双中子星并合的艺术想象。窄束代表着伽马暴，而扭曲的时空网格标志着由并合产生的各向同性的引力波。旋转的物质团块是从并合的双星中抛射出的物质，可能导致了较低能量的电磁信号源(图片来源：美国国家科学基金会/LIGO/索诺马州立大学/A. Simonnet)

这就满足了科学实验的原则要求，受控可普遍重复。

引力波印证了爱因斯坦在100年前的预言，可以说是对爱因斯坦广义相对论的又一次辉煌验证。现在，引力波研究不再仅仅是写在纸上的方程，而是可以通过实验“听”到的“波”了。

麻省理工学院校长更是称赞，引力波凸显了基础科学的悖论与美。

> “an expansive human consciousness that could form a concept so far beyond the experimental capabilities of his day that inventing the tools to prove its validity took a hundred years.
>
> The paradox of fundamental science: that it is painstaking, rigorous and slow—and electrifying, revolutionary and catalytic. Without basic science, our best guess never gets any better, and ‘innovation’ is tinkering around the edges. With the advance of basic science, society advances, too.”①

科学的创新思想总是在先的，以至于找到证明其有效性的实验要花去一百年的时间。基础科学就是如此，艰苦的、严谨的、缓慢的但同时也是充满激情的、革命性的和具有加速作用的，没有基础科学的创新就不会有真正的进步。

科学从来都是探索未知、追求真理的自由事业。

---

① MIT的校长L. Rafael Reif给全校师生发了一封信，称引力波的发现是基础科学和人类探索精神的伟大胜利，见“MIT科技评论”。

第2章 科学与哲学

1. 哲学的基本问题

西方哲学中自然哲学传统最为古老，可以说西方哲学由自然哲学开端。当泰勒斯说出“水是万物的本原”，便开启了哲学的历史，泰勒斯的水已不是单纯的感性事物，而是万物存在的根据，万物产生于它又复归于它，是变化中不变的普遍性和确定性，这已经是哲学性的“水”了，因为哲学正是对最高普遍性的叩问。

1.1 作为存在的存在

追根溯源，探求最高普遍性和确定性，亚里士多德称之为追问“作为存在的存在”，作为存在的存在有三层意思：

其一，万物产生变化的最普遍法则。

其二，万物创生的力量。是根据的根据，原因的原因，第一原因，所谓“归根结底”。

其三，总是如何。整体性，总体性。

追问“作为存在的存在”学问叫做形而上学，也称为第一哲学。形而上学规定了西方哲学的任务和特质。

亚里士多德说有一门学问专门研究“being as being… There are many senses in which a thing may be said to be, but all that ‘is’ is related to one central point, one definite kind of thing.”①

这里的Being通常译为存在本身，也有学者认为应译为“是”本身，与beings“是者”相区别，存在本身和存在者的区别在哲学上称为存在论的差异，哲学形而上学追问的是作为存在的存在，是存在本身，“是”本身，不是“是者”，或存在者。

在形而上学的传统中，“是”属于神性。“是”使“是者”“是其所是”，存在本身使存在者成其所是。

那么亚里士多德找到的“作为存在的存在”是什么？

依据邓晓芒先生的研究②，在《范畴篇》中，亚里士多德从语法和逻格斯分析出，个别实体是“作为存在的存在”，是“第一实体”。个别实体是独一无二的“这一个”，在

① Aristotle. Metaphysics[M]. trans. W. D. Ross, Book IV, 1003a21.

② 参见邓晓芒. 哲学史方法论十四讲[M]. 重庆：重庆大学出版社，2008：197.

语言表达中，“这一个”只能做主词不可做宾词，例如苏格拉底就是“这一个”，只可用各种属性做宾词来描写他，而作为主词的苏格拉底却不可等同于作为宾词的属性。

问题就来了，主词本身如何规定？在语法上，主词本身无从言说，因为主词本身总比言说它的属性要多，主词本身超越了表达的维度。

“第一实体”本身，“这一个”本身不可言说，一说就是属性了。

在《形而上学》中，亚里士多德又认为“第二实体”，共相“种”“属”才是“真正的实体”，这种改变正是源于对“这一个”的重新理解①。第一实体本身不可言说，却可以进行概念分析，看它是如何构成的。

任何个别实体都是由质料和形式结合而成。例如，构成哲学家苏格拉底的质料是作为个体人的感性身体，形式是哲学家的精神世界，那么在形式和质料的关系中，哪一方是规定性的？当然是形式，是哲学家的精神世界使一个叫做苏格拉底的人成为哲学家苏格拉底。

这只是一个层面。相对于人类精神的层面，哲学家苏格拉底的哲学也只能是质料，就感性生命个体的层面，苏格拉底身体性的存在对构成生命个体的生物与化学构成来说又是形式。

可见，就同一层次的质料与形式而言，形式才是使个别事物成其所是的本质，是那个作为存在的存在，“每一个事物都有它自身的内在本质，也可以说是它追求的一个目的，他要成为那个形式，也是它的目的。所以形式才是真正的第一实体，但此时它已不再是孤立的‘这一个’了，而是自身展开为某种关系了。形式是事物的本质，又是事物追求的目的，要成形，要追求自己的形式，就是在一种关系中了”。②

这样，形式和质料就展开为一个等级结构，越往上追溯，形式就越有普遍性，涵盖的质料就越多，最后最高的形式就只能是形式本身，是作为存在的存在本身，作为“是”的“是本身”，也可称为最高的个别实体。

最高的个别实体是一切存在的创造原则，最后的根据，是整体。

这个最高实体，作为存在的存在，存在本身，在不同的哲学家有着不同的名字。可以是亚里士多德的最高“形式(form)”、柏拉图的“理念”(ideal)、康德的“理性”、黑格尔的“绝对”、马克思的“实践”、海德格尔的“纯粹诗意语言”。

我们也就容易理解，为什么说基督教精神上的父亲是亚里士多德和柏拉图哲学，“形式(form)”和“理念”(ideal)太容易替换为上帝了。也就能够理解为什么上帝创造世界无需质料，“上帝说要有光，于是一切都成为光明”。上帝是形而上学意义上的存在本身，是创造的原则，是纯粹的创造活动，上帝是创造世界的智慧话语，是逻格斯。所以马克思说，“基督徒只有一个逻格斯的化身，而哲学家有无数化身”。上帝是逻格斯的化身，哲学家们的“作为存在的存在”却各不相同。

海德格尔讲到“什么是这个形而上学”，特别区分了存在本身(being)和存在者(beings)，称其为存在论的差异(ontological difference)。我们不能追问“存在本身是什

---

① 参见邓晓芒．哲学史方法论十四讲[M]．重庆：重庆大学出版社，2008：199.

② 邓晓芒．哲学史方法论十四讲[M]．重庆：重庆大学出版社，2008：199.

么”“是本身是什么”，因为是本身、存在本身不是“什么”，而是纯粹的活动，是“让……显现”，因此，能够追问的不是“是什么”，而是“如何是”“如何是起来”。

1.2　爱智慧

哲学形而上学从追问万物的本源（创始的力量、普遍法则、整体性）开始，但最终要回答的是“人是什么”，或者说，理想的人格、理想的人性是什么？

哲学最古老的名字是爱智慧，是追求智慧，追求真理，其表达形态是思想，是思想自身的纯粹化、深入化和系统化，于是爱智慧成为科学——知识体系。

智慧相关对理想人格、理想人性的规定，通过人与自然、人与自身自然性（动物性）及人与人的区分来实现的。正是在人与自然不断区分，同时又与自身的自然性相区分的过程中，每个个体的主体性得以确立，每个人才能在与他人的交往中建立社会关系，才能把自然作为对象来探索其奥秘，才能开辟出一个精神空间，让精神独立自主地发展，才能展开精神诸方面的丰富性和深刻性。

在西方思想中，人与自然的区分及人与自身自然性的区分首先在于人拥有理性。理性是人的神性，“人是理性的动物”是最具普遍性的人的规定，爱智慧的哲学也首先呈现为理性的不同形态。

亚里士多德把理性区分为理论理性、实践理性、创制理性。

理论理性包括物理学——变动的存在者；数学——不变的存在者；神学——自身包含目的的存在者。实践理性相关伦理、政治。创制理性相关技艺和诗学。技艺泛指一切包含人的目的、人的尺度的活动，当技艺炉火纯青，纯粹用来模仿神的作品时可称为“诗”。其中，理论理性层次最高。

康德理性批判的哲学主题也是理性。理性是人的神性，规定他者并规定自己，是属于主体的能力，理性为自然立法——对象依照知识；理性也为自由立法——自律。

黑格尔哲学主题依旧是理性，也称为绝对精神，绝对理念。绝对精神如同精神的种子，有自己的基因图谱或说逻辑结构。黑格尔的逻辑学揭示出人类精神的逻辑结构，是理念自在自为的科学。理念外化为自然——自然哲学，又复归于精神——精神哲学。哲学是颠倒的世界，揭示理性并具有思维的形式。智慧属于绝对精神，在遥远彼岸，人可以追求但不可达至。

现代思想分裂为人本主义和科学主义。

人本主义哲学以人的感性存在为主题。

马克思以人的现实的感性生命作为哲学开端和归宿①。智慧与神性不是别的，是人自身的智慧。哲学就是历史哲学、历史科学，历史是人的产生、人的异化、异化的扬弃并向作为人的人全面复归的进程。哲学当然可以表达为思想，可以写在纸上，但不仅仅写在纸上。哲学要成为改变世界的实践形态，理论与实践是一个东西，实践是理论的现实形态。

---

①　参见赵凯荣教授在一次研讨会上对马克思哲学观的综述。

同样是现代哲学家，海德格尔的哲学主题是人的存在①。早期是人生在世，向死而生；中期是人的存在即虚无的历史宿命；晚期是纯粹诗意语言开辟出的林中空地，让天地人神共在，将作为存在的哲学主题推向思想的边界。

科学主义哲学追问科学何以可能，探讨科学的本性、边界、目的。

逻辑实证主义关注科学理论本身，探讨科学理论中每个语词如何有意义，每个陈述如何建构以符合句法，每个科学说明的微观结构，以及科学理论的整体框架。认为"所有重要的哲学问题皆可被证明是语言学的问题，通过分析、精释或语言的合理重构而得到解决"②。

如维特根斯坦早期，把陈述区分为：

(1)真命题——可以通过逻辑、数学或经验证实。

(2)假命题——可以通过逻辑、数学或经验证伪。

(3)伪命题——不可证实也不可证伪。

只有可证实或证伪的陈述才有意义，传统哲学与形而上学的问题不可证实或证伪，属于没有意义的伪问题，现代哲学的工作就是要把哲学的伪命题从科学思想体系中清除掉。

波普的批判理性主义确立了与逻辑实证主义证实原则不同的证伪主义原则，开辟出反思科学思辨的和历史的维度，强调科学的批判和探索性。自此，反思科学的论域扩展到科学知识的社会生产、科学的社会运行、技术哲学等诸多领域。

后现代哲学，可以说是消解哲学，解构哲学，无原则或多原则。

如德里达③，他的哲学主题是反规定性，反最高的和最后的原则，反"逻格斯中心主义"。

"逻格斯中心主义"追根溯源，追问事物背后的根据，根据的根据，原因的原因，最后的原因和根据。"逻格斯"本意为言谈，是语音直接表达意义的活动，所以，"逻格斯中心主义"也是语音中心主义。"逻格斯"在历史上曾经意味着理念、上帝、理性，如光，照亮一切；也是使可能的可能性，使一切成为可能。

反"逻格斯中心主义"意味着否定上帝和理性对人的规定性。没有光，就只有黑暗的无底深渊，不是使可能的可能性，而是使不可能的可能性，不是理性在说话，是"他者"在说话(无意识、欲望)。

否定规定性，即没有确立一个原则以规定自身并规定他者。可是无原则也可以意味着多原则，也就消解了哲学、艺术、美、信仰，也可说是打开了思想的无限可能。

后现代是个分裂的时代。理性与非理性、科学主义与人本主义的分裂呈现为时代的病症，虚无主义否定最高价值，享乐主义放纵欲望的无限扩张，科学技术化建构起存在的座架，已经开始伤害到自然和生命本身了。当理性、神性不再是人、自然和精神的最

① 参见彭富春教授论海德格尔。

② [美]亚历克斯·罗森堡. 科学哲学[M]. 刘华杰，译. 上海：上海科技教育出版社，2006：237.

③ 参见彭富春. 哲学美学导论[M]. 北京：人民出版社，2005：28.

普遍原则，不再是创造的力量时，所谓上帝已死，天道已绝，人性就只能堕落到非理性去寻求庇护。后现代以为可以超越理性，抛弃理性，可是失去了精神家园，人就像荒原中的野兽，所以后现代思想不可能停留在荒野中，而是要怀着乡愁，寻找家园。

建构新的精神家园，现象学方法是重要的思想资源。胡塞尔认为，“一切的非理性主义其实都是理性主义”，都应当纳入理性的框架，重要的是要把作为存在的存在，“是本身”诠释为“让……存在”“让……显现”，而不是现成的理性或上帝。现象学是让显现，是呈现“如何是”，现象学总是以“关系”“结构”“行动”来诠释作为存在的存在，所以有“本体论只有作为现象学才是可能的”。

1.3　哲学理论的不可反驳性①

哲学形而上学追根溯源，追溯最普遍的法则和创始的力量，那“作为存在的存在”有着不同的名字，是亚里士多德的形式、柏拉图的理念、康德的理性、黑格尔的绝对、马克思的劳动、海德格尔的纯粹诗意语言、胡塞尔的先验自我意识……是最后的根据，也是哲学的开端，是哲学家们所选择的立场，通常既不能被经验和逻辑证实，也不能被证伪。

那么如果不认同某种哲学立场，是否能够依据经验或逻辑来证明它是错误的？

波普认为，不能。哪怕我们确信某种哲学理论的基本立场为假，也无法依据经验和逻辑论证这种立场是错误的。或者说，哲学理论区别于科学的重要特质即是它的不可反驳性。

一个理性主义者怎么可以认为“理论同时是虚假的和不可反驳的”？波普认为，不可反驳性并不必然蕴含真理，或者说，理论的真理性并不能从不可反驳性中推导出。

在逻辑上，一个自洽的符合逻辑推理规范的逻辑体系，或者一个符合句法规范的陈述可说是纯粹逻辑地不可反驳，但逻辑自洽的体系也可能因为前提错误而导致虚假，符合句法的陈述也可能背离事实，所以，纯粹逻辑的不可反驳并不必然导向真理。

在经验上，严格的纯粹存在陈述无法证明为假，但我们很难相信这个陈述是真实的。例如，“猴子有可能在电脑上敲击出莎士比亚全集”，这是个经验陈述，如果不加限定条件当然无法否认这种可能性的存在，却绝难相信这事是真的。也可以把理性神学“上帝全知、全能、全在”变换为经验称述：“存在上帝，能够把任何东西放在任何地方”，这也是个经验上不可反驳的存在陈述，但却不能据此推论出上帝的存在为真。

波普列举了五种同时代较有影响的哲学理论，他确信它们为假，但每一个都不可反驳。②

(1)经验世界的决定论：经验世界(或现象世界)的将来，直至它的细枝末节，都完全由它现在的状况预先决定。

---

① 参见[英]卡尔·波普尔. 猜想与反驳[M]. 傅季重，等，译. 上海：上海译文出版社，2005：279-282.

② 参见[英]卡尔·波普尔. 猜想与反驳[M]. 傅季重，等，译. 上海：上海译文出版社，2005：278-280.

(2)观念论：如贝克莱，存在就是被感知。

(3)认识论的非理性主义：康德告诉我们，人类知识的边界是可能经验，是现象界，而世界本身或说物自身是理性不可达至的，既然如此，我们只好运用非理性或超理性诸如意志、情感、直觉去达至。“我们具有非理性或超理性的经验，我们在这种经验中体验到自己是自在之物；这样，我们便有了某种关于自在之物的知识”。

(4)唯意志论：叔本华“自在之物是意志”。

(5)虚无主义：“自在之物是虚无”。

波普选择了和这五种截然不同的哲学立场。他自认是非决定论者、实在论者、理性主义者，对后两种哲学只有同情和悲悯，称之为“欧洲虚无主义”，但同时又承认，他无法用逻辑或经验证明这些他不认同的哲学为假。

波普进一步追问①，对不可反驳的哲学理论可以合乎理性的、批判地加以讨论吗？如何判断哲学理论是有价值的思想？

关键要看这个理论是否试图解决某些问题，问题提出的语境，问题解决了吗，是否比其他理论解决得好，是否只是转移了主题……很多时候，提出一个未曾提出过的哲学问题，发现一个悖论，一个谜，比解决问题更有价值，因为一个真正的哲学困境往往是终极的，任何解决办法都不可能一劳永逸，这是哲学理论的不可反驳性决定的。

例如，康德发现了经验科学的悖论：我们获得了真理性的知识，可知识的基础却是非理性的归纳方法，如果不接受把理性的基础建立在非理性之上，那么就要直面这一悖论，就要思考并回答：科学是何以可能的？康德的回答是“对象符合知识”，或说理性为自然立法。虽然波普不满意康德的解决办法，但依旧认为康德为科学和哲学贡献了了不起的思想，因为康德提出了真正的哲学问题。

叔本华是康德主义者②，他认同康德的“人类知识的边界是可能经验”的思想，可叔本华所面对的问题却是，在可能经验之外，超越于可能经验的自在之物，以及作为自在之物的人之间的关系，解答注定是非理性的，因为问题本身已然超越了理性的边界。

再如，休谟选择非理性主义立场仅仅是因为，他为解决归纳问题所做的理性主义尝试遭到了失败。休谟时代的智识阶层普遍认为对感性经验的归纳总结是获取知识的方法，可是休谟却发现，归纳推理的有效性、可靠性并未得到合理论证，合乎理性地为归纳方法辩护是不可能的。休谟“正直地接受了这个非理性结论，而这种正直是真正理性主义者所特有的，他们不会在令人不快的结论面前退缩不前，如果它对他来说是不可避免的话”。③

胡塞尔现象学论及哲学立场的不可证明性，是通过区分显现的真理和证明的真

① 参见[英]卡尔·波普尔. 猜想与反驳[M]. 傅季重，等，译. 上海：上海译文出版社，2005：288.

② 参见[英]卡尔·波普尔. 猜想与反驳[M]. 傅季重，等，译. 上海：上海译文出版社，2005：289.

③ [英]卡尔·波普尔. 猜想与反驳[M]. 傅季重，等，译. 上海：上海译文出版社，2005：288.

理。证明的真理可以通过逻辑、数学或经验证明对错，可我们不能证明一切。一个逻辑、数学或经验形式体系，它的公理、公设或前提是直接给予的、自明的，体系最终结果的意义和价值也是体系自身不能给予，证明的真理以显现的真理作为根基，作为意义。

真理能够显现，是用心灵的眼睛，理智直观“看”到的“相”，显现的真理是看本身，是自明的，自己是自己的标准，它知道自己是真理，知道自己何以是真理。例如，理性神学总是试图以各种方式证明上帝存在(God is)：本体论证明——上帝是最完满的，最完满必然包括存在，所以上帝存在；宇宙论证明——在受动推动的序列中那第一推动者、因果序列中的终极原因、偶然必然中的绝对必然、完满序列中最完满的、目的论序列中的终极目的，都只能是上帝；设计论证明——上帝是最好的设计者，设计出最完美的自然之钟。

但也有神学家有不同意见，认为“理性如有限的容器，上帝是无限的海洋”，不能用理性来证明上帝存在或不存在。有人问奥古斯丁，创始之前，上帝在哪，在干什么？奥古斯丁的回答是，正在为提这种问题的人准备地狱呢。

康德更是划定，人类知识的边界是可能经验，上帝、精神、自然整体是无限性的超验对象，运用纯粹理性去考察无限性必然陷入纯粹理性的二律背反，属纯粹理性的误用，纯粹理性既不能证明上帝存在，也不能证明上帝不存在。

在真正的信仰者看来，上帝不是奥利匹斯山上的诸神，不是教堂里供奉的偶像，也不是抽象的哲学概念，上帝是显现的真理，“God is”不是上帝存在，而是上帝显现，上帝在场，上帝通过信仰显现自己。

上帝是显现的真理，是信仰者退无可退的立场选择。如同哲学理论的开端，是作为存在的存在，是存在本身，“是”本身。同样是显现的真理，只不过不是上帝，而是理性、存在、语言，是哲学家选择的立场，具有不可反驳性。

1.4　科学哲学的一个工作定义

科学和哲学一样，都是追问自然的本质和根据，但科学追问的是自然界中有生有死的有限事物变化中不变的普遍性，哲学的任务则是追根溯源，追问的是自然整体的本质和根据，是自然本身的最普遍法则和创始的力量，以及自然与精神的关系。

在思想的开端，科学和哲学都还不能明确自己的边界、目标和任务，亚里士多德所规定的哲学主题包括理论理性、实践理性和创制理性，几乎涵盖一切人类知识，其中理论理性思想地位最高，包括物理学——变动的存在者，数学——不变的存在者，神学——自身包含目的的存在者。自近代以来，哲学中最高贵的理论理性部分逐步分离，成为独立的科学学科，但也给哲学留下了科学无法回答，而哲学必须永久面对的独特问题，属于哲学的作为存在的存在，存在本身的问题。

1.4.1　数是什么？

不是问自然数、实数或虚数是什么，而是追问作为数的数，数的本质是什么？是直观、约定还是逻辑？

对数学本质的不同理解形成现代数学史上著名的三大数学流派：逻辑主义、直觉主义、形式主义。

罗素、怀特海、弗雷格的逻辑主义试图把数学建立在古典逻辑的基础上，试图证明“数学和逻辑是全等的”，可是罗素《数学原理》第一卷用了 363 页才合乎逻辑地推演出“1”的定义，原本简洁优雅的数学变得丑陋繁复，数学逻辑化的努力不能算成功，可逻辑大师们推动逻辑公理化，论证 27 种古典演绎推理的有效性并系统化，为数学和自然科学演绎推理的可靠性奠定了基础。

布劳威尔的直觉主义认为，数学客体的确定性源于对数学客体的直观，源于对可直观数学客体的重复建构，数学推理的过程是直观的相继推定，是推定的推定，而数学证明的过程，不仅创造数学客体，证明过程本身也是数学客体。

希尔伯特的形式主义强调数学客体是“理想元素”，数学中的存在有许多是不可直观的，如无穷大、无穷小、无穷集合、虚数等，所以说数学符号是纯粹的形式对象，数学真理的唯一判定是逻辑推演的无矛盾性。

直到今天，人们并不认为逻辑、直觉、形式穷尽了数学的本性。

1.4.2 时间是什么？时间有限还是无限？

不是在问日、月、年，几点、几分、几秒，这是日常测度时间，而是追问时间的本质，作为时间的时间，时间本身。

每个人都有逝者如斯的感慨，哲学家对时间的理解却各不相同。莱布尼兹的时间是“事物变化的顺序而不是事物本身”，康德的时间是属于主体的认识能力，称为“先天直观形式”；辩证理性认为，自然万物都处于永恒的产生和消逝之中，变易是其存在方式，时间则是被直观的变易，是变易本身，被辩证法大师黑格尔称为“直观的纯粹形式”，既是主体的认识框架，也是客体的运动形式；海德格尔的时间是“过去、现在、未来的同时到时”，是从无到有的生成，是属于生命的刹那永恒的时光。这些是哲学上较著名的对时间本性的规定。

自然科学时间是钟表上的读数，是对变化的度量。科学用均匀的自然循环过程——钟表来度量变化。现代宇宙学认识到，不但宇宙万物产生并消逝着，甚至宇宙本身也是有生有死的可能性的存在，有其开端和终结。时间不仅为宇宙万物而且也是宇宙本身的存在方式——产生并消逝或说变易本身。因此，在科学的视野里，时间有限或无限论便成为伪问题，科学时间本身就意味着有限性。

我们对时间本性，关于时间有限或无限，相对绝对，平直或弯曲，连续或间断的思考并未终结。

1.4.3 生命的本质是什么？

亚里士多德把研究生命的学问放在神学目的论里，认为生命高贵，是神的作品，是包含内在目的的存在，最能显现神的意志。中世纪神学更是强调上帝创造万物，创造生命，并最后模仿自己的模样创造出人，生命是上帝的作品，生命的生与死都是为了实现上帝的目的，而人的生命形态是为了实现上帝的精神。

达尔文生命演化学说把原本属于上帝的工作交给自然自己完成，使得关于生命的学问成为独立于神学目的论的科学学科。现代科学找到了全新的把握生命系统的方法，它是广义因果律和目的论的有机融合，并能够有效地运用它去制造一些能够模仿生命某些行为的机器，如各类自动机，甚至模仿人类的部分思维，如计算机、人工智能，现代生物技术，如基因编辑技术，能够在分子层面对基因进行操作，改变生命遗传性状。于是有人开始相信，也许有一天生命不再有奥秘，因为科学能够揭示出生命过程的所有机制，或至少在原则上是可能的。

正如吴国盛所说，我们会有难以言说的恐惧和不安，这来自对生命和自然的敬畏。生命是最伟大的秘密，大地是这个秘密的居所。生命不是面纱下的容颜，揭开它就可一览无余。我们可以参照海德格尔对“大地”或说对自然的理解。大地自行退隐、守护着自身的奥秘，拒绝被纯粹计算式的科学技术所穿透。海德格尔认为大地或说自然的本性是不能被科学技术对象化、不能被计算式的研究所揭示的，大地的退隐也即是大地自行涌现的敞开，正是在退隐中大地不断涌现出质朴又无限丰富的本性。大地涌动、生成，让生成生成。大地呵护、保藏，守护奥秘中的奥秘。生命的本性也正如自然和大地一样。科学自认为能够穿透生命的奥秘，可是生命自行退隐，守护着自身的奥秘，那是奥秘中的奥秘，生命的退隐也即是自行敞开，是在退隐中展开着无限丰富的本性。生命的机体虽然被操控，但生命本身不会。

追问生命的本性，依旧是哲学的主题。

1.4.4　从科学与哲学历史性关系的维度，可以给哲学一个工作定义①

哲学处理两类问题：科学现在不能，也许永远不能回答的问题。为什么科学不能回答第一类问题？

也有观点认为，原则上不存在科学现在不能，永远不能回答的问题，如果有，那就只能是无意义的伪问题。例如，维特根斯坦早期思想依据罗素类型论把命题区分为真假和伪命题，能够依据经验、数学或逻辑判定真假的命题才有意义，否则就是无意义的伪命题，通常形而上学的命题便是这类不可判定真假的伪命题，哲学的工作就是把哲学的胡说八道从科学中清除掉。

的确，如果相信科学总有一天能回答诸如“时间的本性”“生命的本质”“数自身”的问题，留给哲学的就只能是无意义的伪问题了，这种信念所依据的是对科学本性的理解，而科学本性却是科学自身不能给予的，“这便涉及认识论问题，它研究知识的本性、范围和辩护。这意味着，哲学是不可回避的，即使在论证现在、最终，或者也许只是‘原则上’没有科学不能回答的问题时”②。把哲学的伪问题从科学中清除掉也必然是哲学的工作。

---

① 参见[美]亚历克斯·罗森堡. 科学哲学[M]. 刘华杰，译. 上海：上海科学教育出版社，2006：4.

② [美]亚历克斯·罗森堡. 科学哲学[M]. 刘华杰，译. 上海：上海科学教育出版社，2006：7.

2. 科学建构自然图景

考察科学和哲学的历史进程不难发现，古希腊自然哲学是自然科学的母体，自然科学的各个学科不断从哲学中分离出来，最先是欧氏几何，成为独立的空间的学问(当然也是属于哲学的宇宙论，柏拉图学园依然会讲授几何学)；自哥白尼开始，经过伽利略、开普勒，最后由牛顿完成“伟大的综合”的近代科学革命，使物理学(physics)从哲学形而上学(metaphysics)中独立出来(牛顿并不自知，以为自己从事的依旧是哲学研究，那部标志着经典物理最高成就的伟大著作名字是《自然哲学之数学原理》)；达尔文的《物种起源》使生命科学从神学目的论独立出来；而哲学对逻辑始终如一的关注，终于在20世纪催生出计算机科学。

今天，科学思想灿若星辰，建构起从基本粒子到浩瀚宇宙，从生命图谱到思维意识的自然图景，追根溯源，都可在古希腊哲学中找到思想的雏形，我们称为科学研究纲领，主要有算数、几何及目的论研究纲领。

2.1 科学研究纲领

源于古希腊的科学和哲学活动是追问变化中不变的普遍性和确定性，追求关于原则、原理的知识，这种普遍性原理的知识反过来要能说明变化。毕达哥拉斯及其学派找到的普遍性原则是数的和谐性。

2.1.1 算术研究纲领

毕达哥拉斯学派认为，数学和谐性是万物要遵循的法则，体现在诸多层面，例如，每一个数都可以写成自然数之比；宇宙万物千变万化的形态都可以用自然数的比例关系表达；建筑和人体雕塑各部分的比例关系符合黄金分割时最美；音乐的音程和和弦也是由琴弦的比例关系确定；甚至天体间的距离也遵循和谐的比例关系，天体会演奏出天体的乐章。

在辩证法大师赫拉克里特，变化中不变的法则叫逻格斯。

在他看来，世界是“一团永恒的活火，在一定的分寸上燃烧，在一定的分寸上熄灭”，这燃烧的“分寸”(ratio)演变为逻格斯(logos)，理性(ration)，所以，“不要听从我本人而要听从真理的声音，明智的是要承认，一切事物都是一个东西”①，要听“真理的声音”，真理是逻格斯，真理是理性。

可是色诺芬却否认变化。他认为变化只是凡人的幻象，在神看来实在世界是一，是不可分割的整体，没有部分没有区分也没有运动，“在这样的世界上运动是不可能的。事实上不存在变化。变化的世界是一种幻觉”。②

他的学生巴门尼德进一步把这个哲学问题变成逻辑问题。巴门尼德认为，“变化”

① [英]卡尔·波普尔. 猜想与反驳[M]. 傅季重，等，译. 上海：上海译文出版社，2006：206.
② [英]卡尔·波普尔. 猜想与反驳[M]. 傅季重，等，译. 上海：上海译文出版社，2006：20.

这个概念本身即是悖谬，变化是不可能的，“如果事物 x 变化了，那么很清楚它不再是同样的事物 x 了。另一方面，我们不能说 x 变化而不含有 x 在变化时仍在持续的意思；即同一事物 x 在贯彻变化的始终”。① 又进一步演绎出运动不可能：

存在者存在；不在者就不存在；非存在即虚空，不存在；世界是满的；运动是不可能的。

只是由于“运动”和“变化”在语言上无法合乎逻辑地表达，就不承认有运动和变化，就把变化看成是幻象加以否认，这在常识看来极为荒谬的思考方法却开辟了西方哲学极重要的语言分析传统，即认为只有可以思想的、可以言说的道路才是真理之路，对不可思不可说的，就尽力找到一种语言说出来，否则就当做是幻象。所谓眼见为虚，思想为实。

可是在感性经验世界运动和变化是事实，那么“运动不可能”的推论结果就有错，德谟克里特从结果的错倒推到前提的错：

运动是可能的；世界有部分，有区分；世界不是满的；虚空(非存在)是存在的。

据此，德谟克里特提出了对现代科学影响深远的原子说：世界是由虚空和在其中运动的微小原子构成。原子是满的，不可再分。一切变化都是运动，都可用原子在空间中的运动加以说明。

波普认为，这个理论的了不起还在于它建立了一种方法论原则②：首先，一个演绎的理论必须要“说明现象”；其次，理论可以是“思辨”的，可以用不可见的抽象理论说明可见的经验世界。反过来，可见的经验有权鉴别理论，有权决定对不可见理论的取舍。

2.1.2　几何研究纲领

无理数的发现对毕达哥拉斯“数的和谐”及德谟克里特原子说都是致命的。无理数无论如何都写不成自然数之比，不可入的原子意味着不能以任意尺度分割空间，即存在最小空间尺度，也就不可能容纳无理数。这都意味着单纯以算数说明自然，进而建构起来的算数宇宙论是不完整的。于是无理数成为“难以形容的”“说不出口的”(arrhetos)秘密，甚至还有人因为泄露了这个秘密而被丢进大海。

柏拉图认识到无理数给科学带来的威胁，提出“柏拉图立体”的构想，对毕达哥拉斯“数的和谐”及原子说加以修正。如图 2.1 所示，柏拉图认为“数”或“原子”有抽象的几何结构，而这些几何结构的每一面都包含当时已发现的无理数$\sqrt{2}$、$\sqrt{3}$。

柏拉图还倡导建立解释世界的几何图景。几何的世界图景或说几何结构的宇宙论呈现为欧几里得的“几何原本”，这是一个假说演绎体系，是自然科学理论结构的典范。

《几何原本》全书共分 13 卷，书中包含了 5 条“公理”、5 条“公设”、23 个定义和 467 个命题，整个体系是个演绎系统化的整体，每个概念和命题逻辑相关，不相互矛

① ［英］卡尔·波普尔. 猜想与反驳［M］. 傅季重，等，译. 上海：上海译文出版社，2006：112.

② 参见［英］卡尔·波普尔. 猜想与反驳［M］. 傅季重，等，译. 上海：上海译文出版社，2006：115.

盾，是自洽的演绎体系。

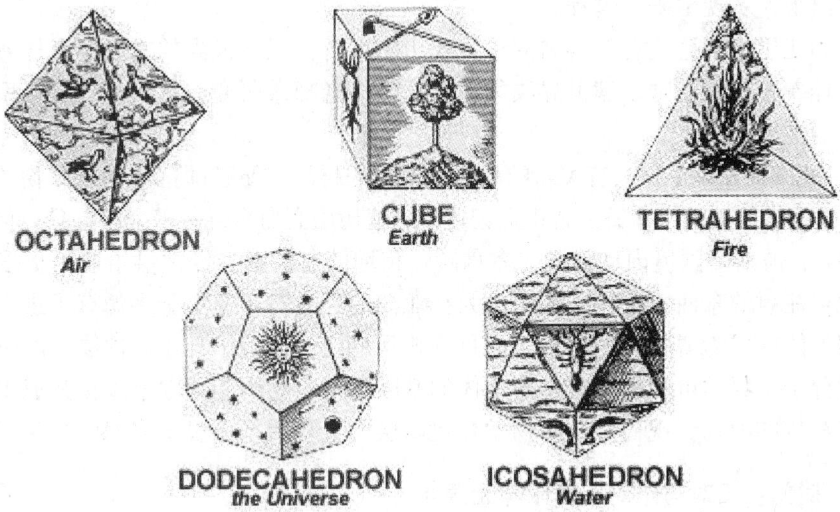

图 2.1　柏拉图立体①

近代科学革命之后，几何的世界图景和假说演绎的理论结构，成为牛顿、麦克斯韦、爱因斯坦、霍金建构科学理论的规范。

2.1.3　内在目的论研究纲领

亚里士多德说："吾爱吾师，吾更爱真理。"诚如其言。

作为柏拉图的学生，亚里士多德不认同用原子论说明变化，也没有关注到柏拉图立体的用意。他认为一切变化是本质上不变的实体所固有的潜在可能性的实现。

在亚里士多德，宇宙是和谐而统一的整体，是潜在的可能性存在，有内在目的。同样，自然的一切创造都是潜在的可能性存在，都趋向于这种潜在可能性，即内在目的的实现。例如，一棵植物的种子，就包含着这个生命所有潜在的可能性，当它发芽生长，枝繁叶茂，开花结果，展现出生命的所有的风华，生命的本质或者说"目的"就实现了，潜在性就成为现实性了。

亚里士多德提出著名的四因说：形式因——事物本质；质料因——事物基质；始动因——运动变化的始因；目的因——变化趋向的目的。"显然我们必须寻求原初的原因的知识，因为只有在我们认为我们认识了事物的第一原因时，我们才说我们认识了该事物。原因在四种意义上被述说，其一是指实体，亦即本质；另一个意义是指质料或基质；第三个意义是变化的来源；第四个意义是与此相对立的原因，即目的与善(因为这是所有生成和变化的目的)。"②

---

① http://enwikipedia.org/wiki/platonic_solid.

② ［古希腊］亚里士多德. 形而上学［M］. 李真，译. 上海：上海人民出版社，2005：21.

例如，一个动物胎儿的形成：雌性动物提供基质；雄性的精子蕴含形式因和目的因；雄性本身给予始动因。动物成长的过程，就是把生命潜在的所有可能的生命形式和目的展现出来，实现出来的过程。

考虑到亚里士多德还有个著名的学生亚历山大，在征服世界的时候还牵挂着科学和艺术，牵挂着自己的老师，满世界收集动植物交给老师做研究，就不难理解亚里士多德对内在目的性的关注了。

“凡在亚细亚发现了什么有关新的动物和植物的材料，便必须把原物或该物的绘图或详细的描述寄送给亚里士多德。普里尼记述说：亚历山大命令近一千个以打猎、捕鱼、捕鸟为生的人，波斯帝国境内动物园、禽鸟园、鱼塘的监督者，经常供给亚里士多德以每个地方值得注意的东西。这样，亚历山大在亚洲的征战对于亚里士多德有了进一步的作用，使得他能够成为博物学的始祖，而且据普里尼说，他著了五十部博物学的书。”①

现代分子生物学可测出所有生命个体的基因图谱，这个基因图谱不正是亚里士多德的形式因和目的因吗？现代分子生物学在更高层次上复活了亚里士多德的内在目的论。

2.2　时间：相对与绝对，有限与无限②

时间是什么？

时间有限还是无限？

时间相对还是绝对？

时间，是人类思想永恒的主题。

思考时间可以有诸如常识、艺术、宗教、科学理性、哲学思辨等不同的思想纬度，不同纬度对时间的规定虽有相通之处，但也存在着巨大的差异，其中科学理性对时间的理解往往决定了以其他方式思考时间的基调，因此，我们的思考要从自然科学的时间规定开始。

2.2.1　时间的定义

莱布尼兹的“事物变化的顺序而不是事物本身”、康德的“先天直观形式”、黑格尔的“直观的纯粹形式”、海德格尔的“过去、现在、未来的同时到时”、恩格斯的“物质运动的存在方式”，这些虽然是哲学上较著名的对时间的界定，但无一能成为自然科学的时间定义。自然科学定义一个概念要符合科学认识的规范，即引入科学的概念必须是直接或间接可度量的，因此，自然科学将时间定义为：可测度的、可在钟表上读到的量（读数）。

“绝对、真正和数学的时间是自在的、与任何外在东西无关，它均一地流逝着”③，这常常被认为是牛顿对科学时间的定义，这是极大的误解。牛顿马上接着又说“相对

---

① ［德］黑格尔. 哲学史演讲录第二卷［M］. 贺麟，等，译. 北京：商务印书馆，1997：277.

② 参见周祝红. 思辨的宇宙［M］. 北京：科学出版社，2006：145-157.

③ Isaac Newton. Mathematical Principles of Natural Philosophy［M］. trans. A. Motte. New York：Prometheus Books，1995：18.

的，表面的和通常的时间，是可感知的和外在的对运动之延续的度量，它常常用来代替真正的时间"①，这才是属于牛顿自然科学体系的时间，是相对的、运动之度量，绝对的真正的时间是思辨的时间，或说时间的"理念"。牛顿科学时间的危机并不是出现在对时间本身的理解上，而是出现在对"同时"的定义上，因为牛顿以光的瞬时传播为前提来定义"同时"，然而，即便在牛顿时代，这个前提已然受到了实验科学家的质疑，更不要说相对论出现后的情形了。

爱因斯坦相对论首先定义了时间，"一个事件的时间，就是这事件发生地点静止的一只钟同该事件同时的一种指示……"②这毫无疑问是钟表的读数，相对论还定义了同时、固有时间、坐标时间。

量子学说的时间同样是可测度的、可以在钟表上读到的时间。量子力学证明，原则上，我们不可能造出一个钟或尺来测度普朗克常数尺度以内的时间和空间，这意味着普朗克尺度之内，不能给出符合科学理性原则的可操作时间定义，因此小于普朗克尺度的时间没有意义，或说不存在。

现代宇宙学是在广义相对论和量子学说结合的基础上产生的，其时间规定同样是钟表上的读数。

区分科学时间自身的细微差异，区分科学时间与哲学思辨时间，这对思想的清晰和深入都极为重要。

2.2.2 科学时间的有限和无限

牛顿时空框架是平直的，很容易想象时间的无限延伸，但若要从牛顿体系中推演出无限时间却是不可能的，因为牛顿力学的核心方程是微分方程，时间有限无限的问题属于宇宙整体的性质，从牛顿微分方程根本无法对宇宙整体积分，因此时间整体的属性是牛顿理论体系自身在原则上无法回答的；爱因斯坦相对论并没有直接论及时间有限还是无限，但却开辟了新的视角，相对论时空框架是弯曲的，弯曲就有可能交汇于一点，时间就有可能有限；霍金量子宇宙论依据广义相对论宇宙方程和现代微分几何证明：时间终结于大爆炸和宇宙坍缩的奇点。可以说至少在现在，自然科学认为时间有限。

2.2.3 辩证理性的时间是变易本身

时间不但是自然科学的核心概念，而且在辩证法学说中也占据着极为重要的位置。从赫拉克利特开始，辩证法大师眼中的自然和精神都是"永恒的活火"，是生生不息的变化和发展，辩证理性的任务是要找到一种普遍的哲学语言把握变化本身。在黑格尔的辩证学说中，时间正是变易本身，是产生和消逝本身，在精神现象学中，黑格尔把生命称为"时间的单纯本质"，时间则是"被直观的概念"。那么科学理性的时间和辩证理性

① Isaac Newton. Mathematical Principles of Natural Philosophy [M]. trans. A. Motte. New York: Prometheus Books, 1995: 18.

② Albert Einstein. Relativity: The Special and General Theory; a popular exposition [M]. trans. Robert W L. London: London Methuen, 1954: 23.

的时间如何彼此沟通、相互理解？

自然科学给时间下了一个简单清晰却又深奥无比的定义：时间是钟表上的读数。时间是钟表上读到的量，那么钟表又是什么？均匀的自然循环过程作为钟表是时间均匀属性的物化。时间要由钟表定义，而钟表又反过来由时间属性来规定——一个循环论证。超越这个循环圈的办法是去追溯钟表和科学时间概念形成的历史。从年、月、日到原子钟和普朗克时间，清晰可见人类是在用越来越均匀的自然循环过程来度量变化，均匀的自然循环过程抽象出单纯而无差别的量——钟表上的读数，即科学时间。由此可见，科学时间是对变化的度量。

那么时间的本质，或者说时间的概念、作为时间的时间是什么？从这里我们可以追溯到黑格尔的辨证时间。黑格尔认为，时间是被直观的变易，或说变易本身。他解释说，“据说一切事物都在时间中产生和消逝；如果人们抽去一切事物，就是说，抽去充实空间和时间的内容，那么剩下的就是空洞的空间和时间，就是说，外在性的这些抽象被设定和被想象为似乎是独立存在的。但是，一切事物并不是在时间中产生和消逝的。反之，时间本身就是这种变易，即产生和消逝，就是现实存在着的抽象，就是产生一切并摧毁自己的产物的克洛诺斯……时间并不像一个容器，它犹如流逝的江河，一切东西都被置于其中，席卷而去。时间仅仅是这种毁灭活动的抽象。事物之所以存在于时间中，是因为它们是有限的；它们之所以消逝，并不是因为它们存在于时间中。反之，事物本身就是时间性的东西，这样的存在就是它们的客观规定性。所以，正是现实事物本身的历程构成时间；如果可称时间为无所不能的，那么，也可以称它为一无所能的”①。那么作为时间的时间或说反思时间的时间、理性的时间，就是变化本身。

时间是变易本身，又如何规定变易呢？在黑格尔逻辑学中，“变易是第一个具体思想，因而也是第一个概念”②。真正具体的思想，真正的概念(具体的、充实的)必须是经过否定做中介的肯定，或说否定之否定才能建立起来。变易正是从存在(肯定)和虚无(否定)两个范畴的过渡中规定自己的。存在(sein)没有任何规定性，因此是虚无，是什么都不是，“有(存在)是纯粹的抽象，因此是绝对的否定。这种否定，直接地说来，也就是无”③，有即是无。虚无同样是没有任何规定的自身等同的直接性，反过来看存在正是同样的自身等同，因此无也即是有。这样从无到有(产生)，从有到无(消逝)，两者的同一就是变易(Das Werden)。变作为有与无的统一不是外在于有无的力量，而是有的自身回归，是无对自身的再否定，因此变是“反思的”，是自身否定、否定之否定，而否定则是其内在的“能动原则”。既然变易本身即是时间，那么对变易的理解同样适合于时间，所以不难理解为什么说“时间是否定的否定，或自我相关的否定”，是

① ［德］黑格尔. 自然哲学［M］. 梁志学，等，译. 北京：商务印书馆，1997：49. G. W. F. Hegel, Hegel's Philosophy of Nature［M］. trans. A. V. Miller. Oxford：Oxford University Press, 2004：36.

② ［德］黑格尔. 小逻辑［M］. 贺麟，译. 北京：商务印书馆，1997：198. Hegel G W F. The Logic of Hegel［M］. trans. William Wallace. Oxford：Oxford University Press，1892：167.

③ ［德］黑格尔. 小逻辑［M］. 贺麟，译. 北京：商务印书馆，1997：192.

"纯粹的已内存在，简直是一种从自身产生出来的活动"①。

变易作为第一个具体的思想范畴，作为概念，"在其自由自为地存在着的自相同一性中，作为我=我，却自在自为地是绝对的否定性和自由"②。我=我，意味着自己规定自己，自己给自己定形，是"自律"，也即是自由。从康德到黑格尔，德国古典哲学都是把真正的自由归于自律，"火"是自由的喻象，给他者定形也给自己定形，是能动的自我规定。变易的自我规定是有结果的，结果成为第一个可以确切把握的规定性——实有(dasein)，即质的规定性。"变本身虽是一种'不安定的动荡'，但却'沉没在静止的结果中'，即包含着产生和消灭的有无均衡，就是被规定了的'某物'，即'限有'(dasein，又译为'实有')，它就是变中之不变，是变的沉没和消逝"③，"在变易中，与无为一的有及与有为一的无，都只是消逝着的东西。变易由于自身的矛盾而过渡到有与无皆被扬弃于其中的统一。由此所得的结果就是定在(或限有)"④。

时间和变易一样，是绝对的否定性和自我规定。"时间同纯粹自我意识的我=我是同一个原则。"⑤可是时间和变易毕竟不同，只有作为时间的时间，或说时间的概念才是变易，时间自身则是对变易的直观，是感性或直观的纯粹形式，是非感性(概念)中的感性因素，因此，时间的否定性和自我规定是外在的，其结果是时间的量度单位，即科学时间，钟表上的读数(日、月、年……秒)。"只有知性(科学)使时间的原则(不能图形化)失效，把时间的否定性归结为单位，时间的原则才能这样加以表示。这种僵死的单位，思维的最高外在性，能用外在的组合加以表示，而这些组合，这些算术图形，又能按照知性的范畴，用相等与不相等，同一与差别加以表示。"⑥时间是算术的基础，我们知道整个数学大厦的根基是实数理论，实数理论源自算术。数学是量的理论，是度量的科学，它最内在的根据是时间，也因此可以理解为什么说时间是纯粹形式，数学是关于形式的科学，是关于时间的科学。

描写空间的数学是几何，几何通过解析理论可归结为实数理论，归结为关于时间的理论。知性科学自身的思想演进揭示出空间可以转化为时间，时间比空间更基本。这也正是辩证理性对时间空间关系的理解。"空间的真理性是时间，……并不是我们很主观地过渡到时间，而是空间本身过渡到时间。一般的表象以为空间与时间是完全分离的，说我们有空间而且也有时间；哲学就是要向这个'也'字作斗争。"⑦

那么，为什么时间单位是均匀的？因为时间在其自身内没有差别。"正像空间一样，时间也是连续的，因为时间是抽象的自身相关的否定性，在这样的抽象性中尚没有

① [德]黑格尔. 自然哲学[M]. 梁志学，等，译. 北京：商务印书馆，1997：48.

② Hegel G W F. Hegel's Philosophy of Nature[M]. trans. A. V. Miller. Oxford：Oxford University Press，2004：35.

③ 邓晓芒. 思辨的张力[M]. 长沙：湖南教育出版社，1992：87.

④ [德]黑格尔. 小逻辑[M]. 贺麟，译. 北京：商务印书馆，1997：200.

⑤ [德]黑格尔. 自然哲学[M]. 梁志学，等，译. 北京：商务印书馆，1997：74.

⑥ [德]黑格尔. 自然哲学[M]. 梁志学，等，译. 北京：商务印书馆，1997：52.

⑦ [德]黑格尔. 自然哲学[M]. 梁志学，等，译. 北京：商务印书馆，1997：47. Hegel G W F. Hegel's Philosophy of Nature[M]. trans. A. V. Miller. Oxford：Oxford University Press，2004：35.

出现实在的区分。”①这里的连续性可认为是抽象的均匀性。

变易规定为质，规定为某物；时间规定为量，规定为物的形式，变易是时间的概念，是作为时间的时间，时间是被直观的变易，是变易之度量。由此可以很容易从逻辑上推知黑格尔关于时间和物质运动之间关系的见解，即时间是物质运动的存在方式，是物质运动的形式。

黑格尔的思辨哲学深刻揭示出时间本性，以及时间与空间、时空与物质运动相互规定的关系，可是仅仅依靠哲学思辨却不能告诉我们它们具体是如何相互规定的，这个工作需要自然科学来完成。

2.2.4　哲学思辨时间的局限

我们说，牛顿那种与物质运动无关、自在的均一流逝的绝对时间只是牛顿对时间本性的“思辨”，属于牛顿经典力学体系中的时间却是相对的，是运动之度量。时间和物质运动是有关系的，只是这种关系还是外在的，好像是人主观地要用时间去测量运动，因此牛顿科学体系本身并没有揭示出时间和物质运动之间不可分割的内在联系。这正是相对论最革命的地方，即在相对论中，时间和物质运动内在的就是统一整体。狭义相对论认为，时间、空间是一个整体(四维时空)，能量、动量是一个整体(四维动量)，但没有指出时间↔空间与能量↔动量之间的关系，广义相对论则进一步揭示出能量↔动量的存在(有物质存在)会使四维时空发生弯曲，万有引力并不是真正的力，而是时空弯曲的表现。霍金量子宇宙学进一步认为，引力只是时空弯曲的经典效应，在两种不同时空拓扑结构转换的地方会有热辐射(排斥)产生，这是时空结构的量子效应。

单纯的引力作用会使星体彻底塌缩形成一个死寂的无底深渊——黑洞。霍金证明，由于时空拓扑的量子效应，黑洞不黑，它会有温度，会有辐射，在一定条件下还可能在最后的爆炸中消失掉。恩格斯曾坦承，“但是，当这样一个太阳系完成了自己的生命行程并且遭遇到一切有限物的命运，即遭遇到死亡的时候，以后又怎样呢？是不是太阳的残骸会作为残骸永久地在无限的空间里继续运转，是不是一切以前无限多样地分化出来的自然力都会永远地变成一个唯一的运动形态，变成吸引呢？……‘自然界中是否存在着力量能把死了的星系恢复到最初的炽热的星云状态，并使它再获得新的生命呢？我们不知道’”②。现在我们知道，吸引的极至是排斥，死亡之星会真正消失，再以新的方式获得生命。吸引与排斥，是一对矛盾，在现代科学中却如此奇妙地统一在一起，统一于时空本性。如此具体而深刻的统一显示出科学理性强大的穿透力量，这是思辨哲学仅仅依靠概念的认识活动所不能企及的。

黑格尔把科学考察自然的方式归结为对自然的理论态度，它的片面性在于抽象普遍性和纯粹经验论；又把对自然的实践态度归结为将自然看成是满足人类需要的手段，即征服自然；而辩证理性认识自然的方式是概念的认识活动，是理论和实践这两种方式的

---

① ［德］黑格尔. 自然哲学［M］. 梁志学，等，译. 北京：商务印书馆，1997：48.

② 恩格斯. 自然辩证法［M］. 曹葆华，等，译. 北京：人民出版社，1961：17. Friedrich Engels. Dialektik der Natur［M］. Berlin：Dietz Verlag，1955：24.

结合，也是对这两种方式的超越。当代科学哲学已经认识到，科学理性的认识原则绝不仅是理论思维的原则，同时也是科学实验的原则。它要求理论框架和实验方法同构，使得理论和实验相互规定，循环推动，并通过实验向技术的转化成为现实的物质力量。科学的实践态度本身有两个指向，一是指向对理论的鉴别；二是指向应用，指向满足人类的需要。正是因为科学理性是理论、实验、技术三者紧密结合、互相拉动的有生命的整体，才使得它拥有了单纯哲学思辨无法企及的探求未知的力量。科学从来都不仅仅是单纯的理论活动或急功近利的征服态度，它的生命和力量源自整体，正是来自思想和感性活动结合的整体的力量使科学超越了黑格尔的概念活动、思维活动，成为自然概念不断深入、不断演进的生命之源。这是黑格尔失误的地方，也是马克思实践唯物论在自然观方面超越黑格尔客观理念的地方。

科学理性对时间定义的深刻之处在于，它既满足科学认识原则对科学概念的要求，又潜在包含着科学的实验原则。科学认识原则要求进入自然科学的概念必须直接或间接可测度，有可操作定义，以钟表定义时间即可满足这一要求；另外，真正能被自然科学接纳的实验一定是受控的可重复的，实验可以重复的前提是时间内在的无差别，即时间是均匀的。

需要特别说明的是，无论是科学理性还是哲学思辨都认为时间的均匀性是时间的本质属性，这一点常被人们所忽视，主要表现在对相对论时间的误解上。

2.2.5 相对论时间的均匀、相对和绝对

通常人们认为，相对论揭示了时间的相对性，广义相对论中时间还是“弯曲”的，可见时间不均匀。这便是望文生义了。其实，时间的“相对性”和“弯曲”与“均匀性”是不可通约的概念。狭义相对论的核心内容是证明：相对于任何惯性参照系物理规律保持不变(绝对)。① 的确相对论也证明时间会因参照系的不同而发生改变，其物理意义是，同样的钟跟随不同参照系或静止或运动，钟的读数不一样，可是钟作为均匀循环的自然过程这一事实却没有改变，因此每个惯性参照系各自的时间依旧是均匀的；广义相对论认为物理规律相对于任何参照系(包括惯性系、非惯性系)都保持不变②，只是时空由于物质能量的存在而发生弯曲(真实的时空都是如此)。在这里，弯曲时间是“算术”时间的几何抽象，抽象的前提是不破坏“算术”时间的基本规定——内在无差别性即均匀性。广义相对论时间同样是钟表上的读数。当然广义相对论研究宇观尺度发生的事情，钟的选择也就颇费心思。例如，广义相对论认为，由于太阳表面处时空弯曲得很厉害，因此太阳表面的钟要比地球上的钟走得慢。如何检验这一效应？不可能把一个钟放到太阳表面上去，即便放上去了，我们在地球上也看不见。爱因斯坦建议，用太阳表面某种原子为钟，与地球上同种“原子钟”做比较。原子内部的固有振动是均匀循环的自然过

---

① If, relative to K, K’ is a uniformly moving co-ordinate system devoid of rotation, then natural phenomena run their course with respect to K’ according to exactly the same general laws as with respect to K.

② All Gaussian co-ordinate systems are essentially equivalent for the formulation of the general laws of nature.

程，振动发射的光谱线能反映振动的次数(频率)，可据此规定原子钟的度量单位。地球观测者可以接收到太阳原子钟发射的光谱线，再与地球上测得的同种原子的同一谱线比较，就可推知太阳钟是否走得慢。

对相对论的另一误解是认为“同时”的相对性会破坏逻辑，特别是辩证逻辑。例如，形式逻辑同一律是说 A 不能既是 A 同时又不是 A；辩证逻辑所理解的机械运动是某物既在某处同时又不在某处，如果同时是相对的，必然引起逻辑思维的混乱。其实，相对论以钟表是否能彼此校准来定义同时。的确，同时是相对的，在一个时空坐标看来是同时发生的位于不同空间点的两件事，在另一个时空坐标看就有可能不同时了，但是这不要紧，相对论已证明，同时的相对性不会破坏因果结构，不会破坏因果结构也就意味着不会破坏逻辑。更何况，逻辑中的同时针对同一事件，同一空间，相对论同时针对两个不同事件，并位于不同空间点，它们之间本来说的就不是一回事。

相对论中最有意义的时间是“固有时间”。① 固有时间是粒子(或任何事物)运动所经历的“真实”时间。描述一个质点运动过程所经历的时间，若选取不同的参照系，时间“历程”会不同，但这个运动过程的固有时间却是唯一确定的，不会因参照系的选择而改变，它只依赖于质点自身描出的“世界线”②长度。运用固有时间可以很容易解决一个有趣的疑难问题——双生子佯谬。一对双生子 A 与 B，A 生活在地球上，B 随太空船做星际绕行，多年后返回地球，A 与 B 重新在一起，还像双生子吗？依照相对论，动钟变慢，B 经历的时间短，所以应更年轻，可是 A 看 B 在运动，B 看 A 也在相对自己运动，在 B 的参照系看来，A 钟也应变慢。问题看来颇为复杂，其实不然，只要比较 A 与 B 的世界线长度，即固有时间就可以得出确切的结论：A 的世界线比 B 长，即 A 所真实经历的时间比 B 长，所以 B 会显得更年轻。由于人们忽视了相对论中绝对的固有时间，这个爱因斯坦早就弄清楚的问题被许多人当作未弄清楚的疑难讨论了许多年，成为著名的双生子佯谬。固有时间是物质运动真实经历的时间，是唯一的、绝对的，不因观测者和参照系的选择而改变。相对论又多了一条应该称为“绝对论”的理由：既有绝对不变的科学规律，又有绝对不变的时间。

有了固有时间就可以进入关于科学时间有限还是无限的思考了。

2.2.6　科学时间有限还是无限是伪问题

科学理性至少现在认为，时间有限。霍金量子宇宙学论述时间有限所指的正是固有时间。霍金奇性定理证明，星体和宇宙本身的世界线(代表固有时间)在时空奇性处必然中断，那是星体坍缩成黑洞和宇宙创生的地方，因此时间有限。

科学理性得出时间有限的结论首先在于，它认为真正有意义的时间是物质运动变化真实经历的时间，是与物质运动相互规定不可剥离的时间——固有时间，而不是随观测

---

① In terms of four-dimensional spacetime, proper time is analogous to arc length in three-dimensional Euclidean space.

② The world line of an object is the unique path of that object as it travels through 4-dimensional spacetime. world lines are a general way of representing the course of events.

者和参照系改变的相对时间，这与辩证理性理解的时间与物质运动的关系颇为一致。黑格尔就认为，“事物本身就是时间性的东西”，“是现实事物本身的历程构成时间”，时间可以定义为直观的纯粹形式，但这只是时间的抽象，不能成为时间的真理，因为相对时间是某种更高的东西，它是任何一个物体的特定时间，我们宁可说抽象时间的真理在于作为事物运动变化真实历程的时间。

再则，科学理性认为，自然事物都是有限的，都要经历产生和消逝的过程，因此，每个特定自然事物经历的时间当然是有限的。现代宇宙学的最新发现更让科学理性把自然事物的整体——宇宙本身也看成是有生有死的存在，也要经历产生和消灭的历程。据此推出时间(宇宙时间)有限实属当然。科学曾经将时空看成是独立于物质运动的背景或舞台，一切事物在其中产生和消逝，时空本身却是永恒的、无限的，而一旦把时间看成是与事物运动和变化不可分离的、事物真实经历的产生和消逝本身，并且一切自然事物，甚至自然事物的整体——宇宙本身都要经历产生和消逝的历程，那么，在科学中时间有限还是无限的问题就变成了伪问题，因为时间性本身就意味着有限。

2.2.7 不能理解时间有限的原因

其一，在于直观外推式的追问。人们不能理解时间的有限首先在于这样的疑问：就算宇宙有自己的起始和终结，那么在起始之前、终结之后呢？是否还有宇宙，还有时间？

霍金对此的回答是，宇宙之外是纯粹的虚无。科学作为观测者是“看”不到宇宙整体的。如果真有一个直观知性(如上帝)能够在宇宙之外“看”到宇宙整体，他看到的宇宙并非如我们所观测到的大地、星空，而是宇宙波函数，是宇宙所有的可能性。

黑格尔则将这种直观外推的追问称为“坏的无限”。“当我们谈到空间和时间的无限性时，我们最初所想到的总是那时间的无限延长，空间的无限扩展。譬如我们说，此时——现在——，于是我们便进而超出此时的限度，不断地向前或向后延长。……我们必须放弃这种无穷地向前进展的思考……人们先立定一个限度，于是超出了这限度。然后人们又立一限度，从而又一次超出这限度，如此递进，以至无穷。凡此种种，除了表面上的变换外，没有别的了。这种变换从来没有离开有限事物的范围。”①这种从有限直观外推到的无限，其实也只是有限。这就涉及了人们不能理解时间有限的另一原因，即将无限降低为有限。

其二，将无限降低为有限。

黑格尔认为，以有限的无穷递进来达到无限，是将“有限”和“无限”并列起来，以有限规定无限。这样一来，“无限只是对立的双方之一方，因而无限也成为一个特殊之物，而有限就是和它相对的另一特殊之物。像这样的无限，只是一特殊之物，与有限并立，而且以有限为其限制或限度，并不是应有的无限，并不是真正的无限，而只是有限”，这样“有限就与无限一样都被赋予同等的永久性和独立性的尊严”，也因此“两者

① ［德］黑格尔. 小逻辑［M］. 贺麟，译. 北京：商务印书馆，1997：207.

之间有一深渊，有一无法渡越的鸿沟，无限坚持在那边，有限坚持在这边”①。

2.2.8　辩证理性所理解的无限

而辩证理性所理解的无限，是对有限的扬弃，是有限的自否定。“无限是‘非有限’，那么就可算得真正道出真理了，因为有限本身既是第一个否定，则‘非有限’便是否定之否定，亦即自己与自己同一的否定，因而同时即是真正的肯定。”②有限事物是定在、某物，因其质的规定性得以存在。规定性本身则要理解为否定性，因为它划定了某物存在的边界。所以说有限是否定，有限之物由于其自身的矛盾要不断超出自己成为“他物”，又从他物返回自己(否定之否定)，这才是真正的无限。“真正的无限毋宁是‘在别物中即是在自己中’，或者从过程方面来表述，就是：‘在别物中返回自己’”③，“当某物过渡到别物时，只是和它自身在一起罢了，而这种在过渡中，在别物中达到的自我联系，就是真正的无限”④。可见，在黑格尔看来，真正的无限是有限的自我否定。当有限之物能够经过自我否定产生出他物，又从他物中回到自身，它就达到了无限性，体现出概念和精神的特质。例如生命，自然生命是有限的，生与死是其边界，但生命的生长却是一个自我规定、自我保存、自否定的过程，因此又是无限的。所以说生命作为自然存在是大自然所能达到的最高的东西，它已经不仅仅是自然的存在，而且展现出精神性。自己规定自己的概念在生命中找到了自己，也因此“生命”有资格成为逻辑的“理念”。谈到有限，我们会说某物有限，存在者有限(所有自然存在都是有限的)，但却不能找到无限的存在者。无限根本上只能是无限性，只能是属于哲学思维的“概念”，而黑格尔的无限性正是辩证思维的本质，即反思和自否定。

2.2.9　辩证理性时间的有限与无限

不知不觉中，我们已经从讨论自然科学时间的有限无限转换到辩证理性关于有限和无限本身的辩证关系。再回头去理解时间有限还是无限，问题就更明晰了。

首先，就辩证理性对科学时间的本质规定而言，时间是有限还是无限在科学范围内是伪问题。如果将科学时间的本质理解为产生和消逝本身，那么科学时间概念就内在包含着有限性，时间性就意味着有限性，要以时间来度量的事物必定是有限的。“有限的东西是时间性的，有在先和在后，当我们以有限的东西为对象时，我们就是在时间之内，有限的东西有一开端，但无绝对的开端，它的时间以它为开端，而时间也只是它的时间(固有时间)。”

其次，辩证理性依旧可以在哲学思辨层面讨论“无限”时间，即属于理性(广义)的时间概念。“时间按其概念来说，本身是永恒的，因为时间既不是现时，也不是某个时间，反之，作为时间的时间是时间的概念，而时间的概念同任何一般概念一样，本身是

① ［德］黑格尔. 小逻辑［M］. 贺麟，译. 北京：商务印书馆，1997：209.

② ［德］黑格尔. 小逻辑［M］. 贺麟，译. 北京：商务印书馆，1997：208.

③ ［德］黑格尔. 小逻辑［M］. 贺麟，译. 北京：商务印书馆，1997：207.

④ ［德］黑格尔. 小逻辑［M］. 贺麟，译. 北京：商务印书馆，1997：209.

永恒的东西，因而也就是绝对的现在。”①时间的概念是变易，是否定之否定，是否定性的统一。具体到过去、现在、将来时间维度的关系，就会有：现在是过去和将来否定性的统一(如海德格尔，时间是过去、现在、未来同时到时，是时间性，是刹那永恒的时光)。“只有现在存在，这之前和这之后都不存在；但是，具体的现在是过去的结果，并且孕育着将来。所以，真正的现在是永恒性”②，真正的现在是无限性。

反过来，真正的无限性、真正的永恒性一定会在“现在”中呈现自己。黑格尔举例说，上帝是无限的精神，那么上帝何以可能创造世界？人们可以设想上帝是一个高高在上、世界之外的主体，但这样的上帝只是一个“抽象的无限性”，“抽象的无限性”自身只是一种特殊的东西、有限的东西。上帝真正的无限性是现实的活生生的自然和精神。“上帝的这两个形态是他的庙堂，他充满两者，他呈现在两者之中。上帝作为一种抽象物，并不是真正的上帝，相反地，只有作为设定自己的地方、设定世界的活生生的过程，他才是真正的上帝。”③所以，真正的永恒性，“并不是存在于时间之前或时间之后，既不是存在于世界创造之前，也不是存在于世界毁灭之时；反之，永恒性是绝对的现在，是既无‘在前’也无‘在后’的‘现时’。世界是被创造的，是现在被创造的，是永远被创造出来的；这表现在保存世界的形式中，创造是绝对理念的活动；自然界的理念如同理念本身一样，是永恒的”。④ 因为自然呈现着无限的精神。

恩格斯曾摘引黑格尔关于时间空间是物质运动的存在形式、时间空间与物质运动相互规定的论述⑤，明确表达了对黑格尔有关时空辩证本性思想的认同，后来这一思想作为马克思主义对时空本性的经典诠释写进了哲学教科书，通过上述思想的追溯，我们对此有了更深入的理解。

科学时间是钟表上的读数，钟表是时间均匀属性的物化，这是一个相互规定的循环论证。超越的办法是反思时间概念形成的历史，通过对历史的追溯揭示出：科学时间是对变化的度量，其均匀性由时间自身内在的无差异性所决定；辩证理性时间，作为时间的时间、时间的概念，则是变易本身。变易是从无到有、从有到无，是产生和消逝的同一，是有的自身回归，是无对自身的否定，也即是否定之否定，其结果是定在。因此变易又是建立的否定，是自我规定。时间的本质和变易一样，是绝对的否定性和自我规定。

科学时间另一个本质规定是有限性，或说时间性。这是由科学时间的定义，由变易的规定所规定。辩证理性时间则意味着永恒，意味着永恒的现在，意味着呈现于现在的永恒的变化、创造、自我否定、自我规定的理性精神。

2.3 空间：宇宙论

宇宙，通常意指日月星辰、山川河流、植物动物的总和，与“自然”“世界”的日常

---

① [德]黑格尔. 自然哲学[M]. 梁志学，等，译. 北京：商务印书馆，1997：49.

② [德]黑格尔. 自然哲学[M]. 梁志学，等，译. 北京：商务印书馆，1997：54.

③ [德]黑格尔. 自然哲学[M]. 梁志学，等，译. 北京：商务印书馆，1997：18.

④ [德]黑格尔. 自然哲学[M]. 梁志学，等，译. 北京：商务印书馆，1997：22.

⑤ 恩格斯. 自然辩证法[M]. 曹葆华，等，译. 北京：人民出版社，1961：205. Friedrich Engels. Dialektik der Natur[M]. Berlin：Dietz Verlag，1955：261.

语义相当。

在古希腊哲人那里，“宇宙”却是一个哲学的形而上学概念，是看待世界的一种独特眼光。

2.3.1　古典宇宙论

亚里士多德的“宇宙”是 cosmos，意指和谐而统一的整体。宇宙作为整体是有内在目的的，正是对宇宙终极目的的叩问，才有了“第一哲学”，也称作“形而上学”。

虽然几何学源于测量，但欧几里得写作《几何原本》却是为了建立关于宇宙整体的理论，《几何原本》是关于宇宙结构的学说，不是形而下的测量之学，而是形而上的宇宙论。

柏拉图倡导构建关于宇宙和行星运行的几何模型。宇宙是和谐而统一的整体，天体应当做完美的圆周运动，可那些四处漫游的行星怎么办？特别是金星，还会逆行。柏拉图提出著名的“柏拉图问题”，即认为行星漫游一定是幻象，背后应当是完美圆周运动的叠加。宇宙学的任务就是要想办法“拯救行星运行”。后来，托勒密用 80 多个做完美圆周运动的本轮均轮的叠加，准确描写了天体的视运动，拯救了漫游的行星。

毕达哥拉斯更进一步认为，和谐而统一的宇宙，天体会演奏出“天体的乐章”，乐句由天体之间距离的和谐比例关系呈现，那是天籁之音，虽然我们听不见。

开普勒，相信天体会演奏出和谐的乐章，终其一生倾听上天的音乐，终于发现行星运动三定律。

作为哲学中的形而上学，宇宙论关心的是宇宙整体的属性，会追问：宇宙的整体结构、宇宙整体如何起始、宇宙遵循怎样的普遍法则。

而自然科学关心的是宇宙之内的有限事物，要求理论与实验对证，可人类却不可能到宇宙之外去观测宇宙整体以验证理论是否正确，所以长久以来“宇宙学”是哲学的论域。

20 世纪的科学革命却催生了以整个宇宙为自己研究对象的一门学科——现代宇宙学。自诞生之日起，现代宇宙学就在运用科学实证的方法去探索诸如“宇宙是如何起源的”“宇宙空间有限还是无限”“宇宙未来的命运将会怎样”等这样一些本属于哲学思辨的主题。

2.3.2　现代宇宙学的创立

现代宇宙学的建立有理论和实验两个基础，前者是爱因斯坦的广义相对论，后者是大尺度星云红移现象的发现。

(1)第一个宇宙动力学模型。

1917 年，爱因斯坦(A. Einstein)发表了论文《根据广义相对论对宇宙学所作的考查》，这是现代宇宙学的先声。这篇论文第一次从动力学角度考察了整个宇宙，并建立了一个自恰的宇宙模型。

广义相对论是有关引力和大尺度时空结构的学问，因此，广义相对论刚刚确立，爱因斯坦就马上转向运用广义相对论场方程来考查宇宙整体属性的工作了。

爱因斯坦工作的起点是分析牛顿(I. Newton)无限时空内在的悖论。

建立在牛顿力学基础之上的古典宇宙模型是平直而无限延伸的宇宙，这样的宇宙图景直到20世纪初依然被科学界所默认。

当然，也有人指出这样的宇宙有其内在的矛盾，这就是著名的“黑夜佯谬”和“引力佯谬”。“黑夜佯谬”是说，如果宇宙空间无限并且所有恒星都发光，那么就不应该有黑夜，因为无限多恒星汇聚的光亮会让黑夜也如同白昼那样明亮；“引力佯谬”则指出，万有引力定律默认无穷远处的引力势为零，实际上，如果宇宙无限且充满恒星，那么宇宙中任何一点的引力势都会是无穷大。

爱因斯坦注意到了引力悖论，进而放弃了宇宙空间的无限性。他假设，宇宙是个闭合的连续区，其体积是有限的，但它又是弯曲而没有边界的。

求解广义相对论场方程需要知道边界条件，既然宇宙有限而无边，那么宇宙的边界条件就是没有边界。求解场方程还需要知道初始条件，爱因斯坦又假设，在宇观尺度上看宇宙是静态的，过去、现在和未来都一样，因此也就不需要初始条件了。为了得到一个静态宇宙，爱因斯坦又给场方程加了一个平衡引力的“排斥项”，后称为宇宙项。在这些前提下，爱因斯坦求解出了一个静态、各向均匀同性、有限无边的宇宙。

这里最难理解的可能是“有限无边”概念。可以想象一个两维蚂蚁在三维球上爬行，三维球体积是有限的，但相对于两维的蚂蚁来说又是没有边缘的。因此，“无边”和“无限”有区别，无边也可以有限。

爱因斯坦以这项工作开创了相对论宇宙学的历史，为现代宇宙学奠定了理论基础。

也是在1917年，荷兰天文学家德西特(W. de Sitter)根据爱因斯坦引力论提出了另外一个宇宙模型，它是非静态并不断膨胀着。

1922年，俄国物理学家费里德曼(A. A. Friedmann)应用不加宇宙项的广义相对论场方程得到一个或膨胀或脉动的宇宙模型。

1927年，比利时天文学家勒梅特(G. Lemaitre)再次独立得到费里德曼宇宙模型。

后继的宇宙模型有个共同特点：它们都是动态的。原因很简单，一个只有引力作用没有斥力因素的场方程是不可能得出静态解的。

其实，即便是爱因斯坦的宇宙模型同样不是静态的。勒梅特和爱丁顿先后证明，爱因斯坦的静态解极不稳定，只要有微扰就会由静态变为动态。

总之，根据广义相对论，我们的宇宙或者在膨胀或者在收缩。

(2)河外星系的观测和哈勃定律。

在太空中，除了单个的星体外，还有弥散状的星云星团。20世纪初，人类观测到的星云星团有近八千个。

这些星云星团究竟是什么？是我们银河系内的星际物质，还是银河系外的恒星集团，只是因为距离我们非常遥远而看起来像“云”呢？

要做出判断，关键是测定星系的距离。这个任务是由美国天文学家哈勃(E. Hubble)首先完成的。1924年，他用当时最新的威尔逊山100英寸望远镜观测仙女座星云，第一次发现它是由许多恒星组成，他还测定出仙女座星云位于90万光年之外，这远远超出了已知的银河系范围。这就证明，仙女座星云是遥远的星系。哈勃一鼓作气，在此后的十年间致力于观测河外星云，在证明它们大多是遥远星系的同时，也将人类的视野扩展到了 5 亿光年的范围。

稍早一些，1910 至 1920 年间，美国天文学家斯里弗(V. M. Slipher)致力于星云光谱的研究，他发现不同方位几乎所有河外星系的光谱都有相当大的红移。依据多普勒效应解释红移的起因就意味着，各个方向上的河外星系都在远离我们而去。这不正是一幅宇宙膨胀的图景吗?

1929 年，哈勃考察了斯里弗的工作，依据已有的观测数据提出了著名的哈勃定律：河外星系的逃离速度与它们离我们的距离成正比。依据哈勃定律，所有的河外星系都在远离我们而去，而且离我们越远，逃离得越快。

哈勃定律直接支持了宇宙膨胀模型，这也意味着，真正实证科学意义上的，既有理论研究又有观测检验的现代宇宙学诞生了。

2.3.3　现代宇宙学的发展

现代宇宙学诞生以后，很快迎来了自己发展史上的一次高潮，这次高潮是由微波背景辐射对大爆炸宇宙模型的证实所带来的。之后，大批物理学家从各个分支学科，带着不同学科的研究视角转入了宇宙学领域。目前，这一领域已成为现代物理学的交叉点，同时也是一个引人注目的生长点。

(1)大爆炸宇宙模型和微波背景辐射。

1948 年，美国物理学家加莫夫(G. Gamov)和同事阿尔费尔(R. A. Alpher)等人提出了宇宙起源的热爆炸理论。该理论认为，宇宙起源于一次大爆炸，其能量源于核反应，爆炸生成的宇宙的“种子”不断膨胀同时不断冷却，逐渐形成了今天的膨胀宇宙。

加莫夫是一位幽默而有文学天才的科学家，他写过多部优秀的科普作品，如《物理世界奇遇记》《从一到无穷大》等。加莫夫觉得自己的姓和希腊字母 γ 同音，阿尔费尔与 α 同音，正好研究所里还有一位叫贝塔的核物理学家，贝塔和 β 同音，加莫夫就拉他一起研究，最后，以 α、β、γ 的名义联名发表了有关大爆炸宇宙模型的论文。

大爆炸宇宙模型做出了两项可检验的预言：

其一，宇宙早期核反应生成的氦原素应该保留到今天，其丰度约为 25%，这和已有的观测事实是符合的。

其二，会有“冰冷”的大爆炸余热保留下来，那是宇宙创生的回声，后称为微波背景辐射。

1964 年，美国贝尔实验室的两位射电天文学家彭齐斯(A. A. Penzias)和威尔逊(R. W. Wilson)在调试他们的卫星天线时，遇到了一些想尽办法都无法消除的噪音，这些噪音各个方向都有，属于热噪声。得知此消息，普林斯顿的相对论物理学家迪克(R. H. Dicke)马上意识到，这正是他在寻找的大爆炸余热——微波背景辐射。进一步的测量证实，它的温度约为绝对温度 3 度，有相当好的各向同性，这一切都与大爆炸模型的预言很好吻合了。

威尔逊和彭齐斯因此而获得了 1978 年度的诺贝尔物理学奖。

大爆炸模型第一次把元素的形成和演化与宇宙整体的形成和演化联系起来，把核物理的成果与广义相对论结合起来，扩展了宇宙学的理论基础，它的两个预言又被观测成功证实了。因此，大爆炸宇宙模型很快被科学界接受了。

(2)宇宙观测的新发现。

微波背景辐射之后，宇宙观测又取得了许多新成果，其中较重要的是类星体和脉冲星的发现以及对暗物质的间接观测。

①类星体。

广义相对论方程告诉我们，质量超过大约三个太阳的星体在它"生命"终结的时候会向内"坍缩"形成所谓黑洞。20世纪60年代，天文观察家吃惊地发现来自3C273光源的红移达16%，而典型的星系红移要比这小得多，约为1%。接着又发现了许多更大红移的辐射"星"。在宇宙学中红移用来测量距离，所以这些星体不可能是星，而是前所不知的非常遥远的看起来像星星的客体，是类星的对象或说"类星体"。这样大的红移意味着"类星体"距离我们非常遥远，能被观察就说明它产生的能量非常惊人，现有的理论都不能很好地解释其产生能量的机制，天文学家想到，这也许就是黑洞。

②脉冲星。

1967年夏天，英国剑桥大学的天文学家发现了一个奇特的电波源，它发射的短脉冲是严格周期性的。经过半年多的反复观测，他们在《自然》杂志上公布了这一发现，他们猜想这是外星人发来的联络信号，因此给这个电波源起名"小绿人"，不久又发现了其他几个小绿人。后来知道，这是一种未知星体发射来的电磁波，人们称其为脉冲星。脉冲星是一类特殊的中子星，有发射脉冲的窗口，发射的脉冲就像探照灯的光一样，中子星高速旋转，这些"探照灯"扫过地球，我们就收到了脉冲。脉冲星对研究宇宙中星体的演化历史和验证广义相对论有关引力波的预见有很高价值。

③暗物质。

暗物质是指原则上不会发光，也不能反射、折射或散射光的物质，这类物质不能被直接"看"到。1978年，科学家们发现，由观测所得螺旋星系(例如我们的银河系)的转动曲线与理论预见的转动曲线有很大偏差，这表明在螺旋星系的外部必定存在着我们不能直接观测到的大量暗物质。进一步的研究使多数科学家相信，暗物质占宇宙物质总量的95%以上。暗物质可能是由某类奇异的粒子，例如WIMP"弱相互作用重质量粒子"构成。对暗物质的探测和理论研究对说明星系形成及宇宙整体结构极有价值，目前是宇宙学的热点话题。

(3)第一个宇宙自足解。

大爆炸宇宙学预见了宇宙极早期时的情景，但对大爆炸本身是如何开始的却无法给予合理的说明。后来的理论研究表明，大爆炸的开端是因果性和科学规律都失效的"奇点"，这意味着科学无法回答宇宙是如何创生的，也许人们不得不寻求异在与人类理性的力量或是上帝去点燃大爆炸的引线。

科学家们相信，科学规律应该处处成立，包括宇宙创生的时刻，因此宇宙中的奇点是应该被清除掉的。在解决奇点困境的努力中，英国理论物理学家霍金(S. Hawking)的工作极为出色。1984年初，他发展出一个宇宙自足理论，又叫量子宇宙学。该理论创造性地将广义相对论和量子学说结合起来，清除了奇点，用科学理性回答了宇宙是如何创生的，将如何运行。

霍金生前是剑桥大学卢卡逊教席教授，这个命名教席是牛顿传下来的。霍金不但在科学界享有世界声誉，也是当代最著名的科学明星，他的科普著作《时间简史》《果壳中的宇宙》在全球发行数百万册，创造了图书出版的奇迹，被称为“迷人而清晰”“光芒四射”的巨著。

霍金量子宇宙学中有一些创造性的思想，如“虚时间”假设、“宇宙创生于无”、“宇宙拥有一切可能的历史”等。它描写了一个有生有死的宇宙，在时间开端处，宇宙创生的时刻，宇宙如同一个“果壳”，这是宇宙的种子，它包含着宇宙未来演化的所有信息，接下来宇宙指数膨胀，如一个飞速膨大的“泡泡”，我们人类和星星在泡泡的边界——膜上，并随泡泡一起扩展，因此我们观察到的宇宙星体飞速远离我们而去，这样的泡泡宇宙是找不到中心的，因为在任何一个星球上看出去宇宙的情况都一样。

霍金量子宇宙学在现代宇宙学中处于核心位置，但争议颇大，至今没有得到科学界的普遍确认。其他科学家也提出了他们各自不同的宇宙模型。现在最为热门的是“膜世界”模型，即认为生存在泡泡膜上的我们和星球也许不过是泡泡内高维东西在膜上的投影，整个宇宙如同沸腾的水，许多泡泡形成并膨胀，如果有其他的泡泡和我们生活其上的泡泡碰撞合并，当然是大事不好。如图 2.2 所示。甚至已经有科学家提出宇宙创生的大爆炸本身也许正是由膜之间的碰撞产生的，即大爆裂模型（Big Rip）。

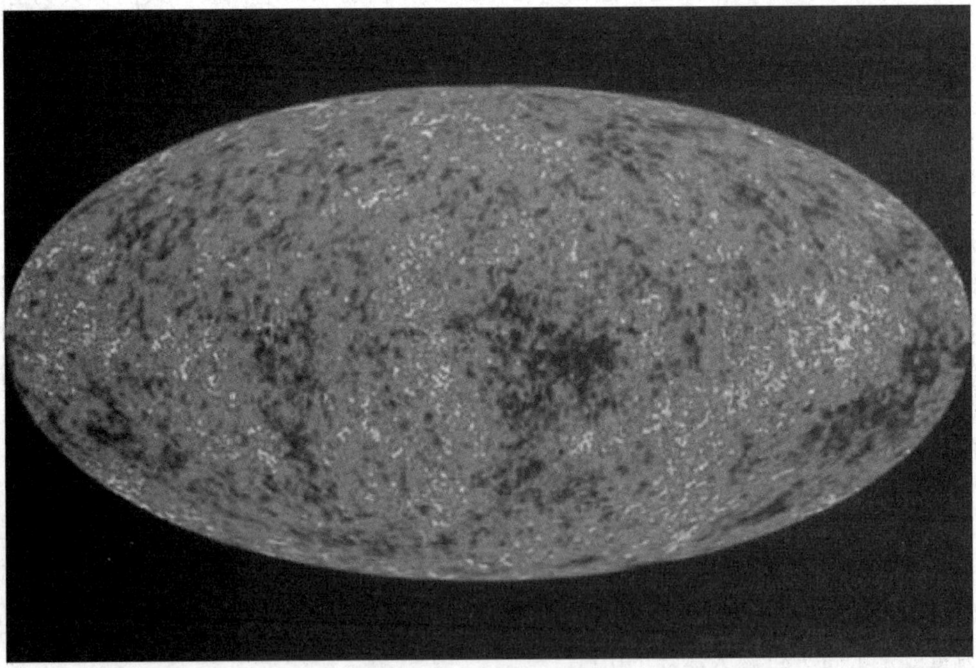

图 2.2　这是利用美国宇航局威尔金森各向异性探测器（WMAP）长达 9 年时间内积累的数据构建的详尽的宇宙初期全天地图。这张图像中可以看出宇宙微波背景辐射在空间上分布的微小不均一性

2.3.4 宇宙加速膨胀

2011年诺贝尔物理学奖授予三位美国实验物理学家索尔·佩尔穆特(Saul Perlmutter)、布莱恩·P. 施密特(Brian P. Schmidt)、亚当·G. 里斯(Adam G. Riess),他们对超新星距离的观测为宇宙的加速膨胀提供了关键证据("for the discovery of the accelerating expansion of the Universe through observations of distant supernovae")。①

这三位实验物理学家用超新星爆炸所具有的稳定亮度作为测度空间大尺度距离的"标准烛光",他们原来设想宇宙的膨胀速度会减慢,可结果事与愿违,他们观测了50个超新星爆炸的光源,结果是这些光源都在加速远离我们,这意味着宇宙正在加速膨胀。

依据大爆炸宇宙学说和霍金量子宇宙论,宇宙诞生于约140亿年前,从虚无中创生,经过大爆炸开始膨胀,最初宇宙膨胀的速度越来越慢,后来才开始加速扩张。超新星距离的观测结果证明——宇宙的确在加速膨胀。如图2.3所示。

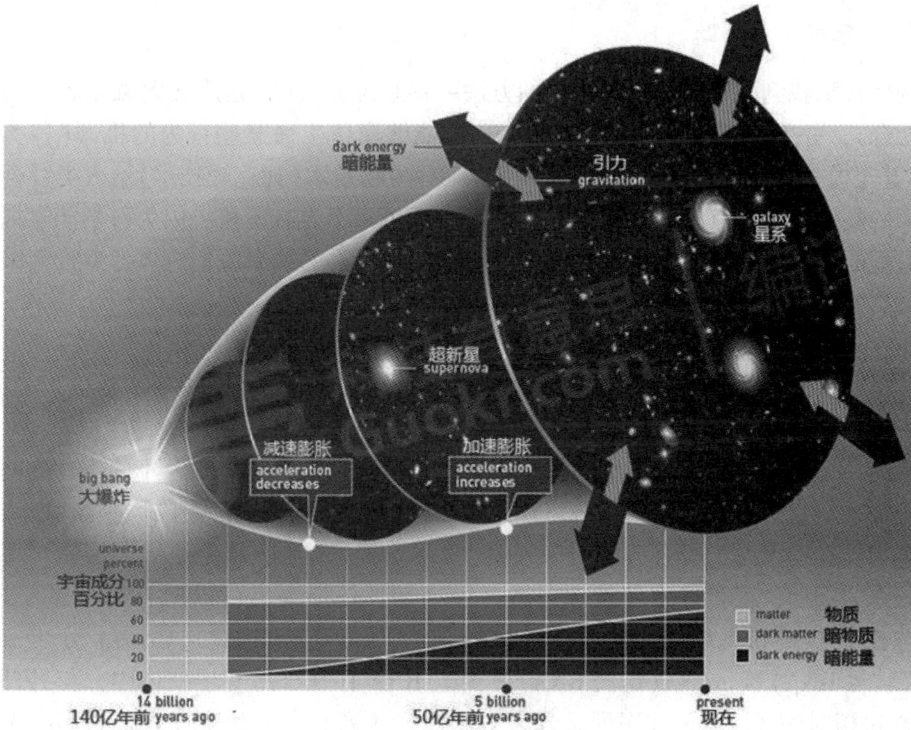

图2.3 宇宙膨胀②

① The Nobel Prize in Physics 2011. Nobelprize. org. Nobel Media AB 2014. Web. 24 Mar 2018. http://www.nobelprize.org/nobel_prizes/physics/laureates/2011/.

② https://www.nobelprize.org/uploads/2018/06/popular-physicsprize2011.pdf.

当爱因斯坦写出第一个宇宙动力学方程时，为了得出一个有限无边，过去现在未来都一样的静态宇宙，特别在广义相对论方程中加入了一个宇宙学项，以平衡引力：

$$G_{\mu\nu} = 8\pi GT_{\mu\nu} + \Lambda g_{\mu\nu}$$

式中 $G_{\mu\nu}$是时空张量，描写时空的几何性质，$T_{\mu\nu}$是能量动量张量，最后一项 $\Lambda g_{\mu\nu}$就是新增的宇宙学项，其中的常数 Λ 被称为宇宙学常数。

很快，随着哈勃定理和大爆炸宇宙论的确立，爱因斯坦很后悔引入宇宙学项，认为这是他一生中犯的最大错误，特别写论文加以清除。可是宇宙学项就如同潘多拉盒子释放出的魔鬼，再也收不回去了。后来的许多宇宙学家们不理睬爱因斯坦的意见，继续讨论着宇宙学项的意义。例如，有一种假设认为，驱动宇宙加速膨胀的神秘力量是暗能量，但随着物质在宇宙膨胀过程中逐渐稀释，暗能量变得越来越显著，这也许可以由宇宙学常数来描写。

总之，现代宇宙学是当今自然科学的生长点，无论是理论还是观测都呈现出百家争鸣、生气勃勃的局面。它也是强大的聚合力量，将广义相对论、量子学说、粒子物理等聚合在一起，以探求浩瀚宇宙的奥秘。

2.4　生命：人文性

现代科学找到了全新的把握生命的方法——系统方法(它是广义因果律和目的论的有机融合)，并能够有效地运用它去制造一些能够模仿生命某些行为的机器(各类自动机)，甚至模仿人类的部分思维(计算机)，某些生物技术(如克隆技术)给人类社会带来了巨大的震撼。于是有人开始相信，也许有一天生命不再有奥秘，因为科学能够揭示出生命过程的所有机制，或至少在原则上是可能的。可是，如果我们具体考察近年来生命科学最新的思想成果，回答将是否定的。

2.4.1　伍斯①(Carl R Woese)三域理论及进化树的提出

一位进化生物学家评介伍斯的工作是“从海洋中托起了一块沉睡的大陆”。生物进化学说的一个重要工作是绘制生命进化树，以描绘生命演化的进程及不同生物之间的亲疏远近关系。自达尔文创立生物进化学说到 20 世纪 70 年代，绘制生命进化树所依据的都是生物外在的形态，没有一个明确尺度，“乱点鸳鸯”在所难免，特别是面对那些模样都很像的细菌，很难确定其亲源关系。1977 年，伍斯提出可以用 rRNA(原核的 16s 核糖体核糖核酸和真核的 18s 核糖体核糖核酸)作为分子进化尺。RNA 分为 rRNA、tRNA(转运 RNA)与 mRNA(信使 RNA)三类。rRNA 存在于所有生物体内，与另外两类 RNA 相比相对保守。其保守序列又分为中度保守序列和高度保守序列，它们在生命进化的长河中变化速度极慢，犹如造物主于每一生命个体中埋下的一把尺，借助这把尺子比较不同生物 rRNA 的异同，就可以理清生命树各分枝间的关系了。多年来，地球上的生命一直分为原核和真核两大类，伍斯用他发现的分子进化尺“度量”一种微生物时发

① Watson JD, Crick FHC. Molecularstructure of nucleic acids: astructure for deoxyribose nucleic acid[J]. Nature, 1953(171): 737-738.

现了一种新的生命形式，命名为古生菌，进而提出了生命的“三域”(Kingdom 或 Domain)说，即认为生命是由细菌(Bacteria)域、古生菌(Archaea)域和真核生物(Eukarya)域所构成，并由此构建了一个新的生命进化树。在这个进化树中，细菌首先分支出来，古生菌和真核生物(包括动植物、人类)形成“姊妹”分支。古生菌模样长得像细菌，可是在亲源关系上却与真核生物更亲近。古生菌往往栖息在极端环境中，包括在 90~150℃高温下繁殖的超嗜热古生菌和绝对厌氧的甲烷菌，这给探索真核生物的起源提供了一个新视点。从伍斯的有限进化树可以看出，真核生物的细胞核和细胞质是从与古细菌近缘的生物进化而来。

取得如此重大生物学理论成就的伍斯却非科班出身，他大学的专业是物理学，正是物理学的传统使他相信，世界应遵循简单而深刻的统一原理，生命也不例外。所以当其他生物学家满足于外在形态的定性描述时，伍斯却下决心寻找内在的统一尺度。正是在这一“美”的或说“形而上学”的原则的范导下，伍斯才取得了今天的成功。若没有对这一原则的坚信，要在普遍的反对和怀疑中坚持自己，历经 20 多年顽强追求自己的目标是不可能的。

2.4.2 生命遗传“中心法则”遭遇挑战

被生命科学奉为圭臬的“中心法则”是说：核酸是生命的遗传物质，遗传信息体现为核酸的核苷酸序列，核苷酸序列首先决定了蛋白质的组成，进而决定了蛋白质的结构和功能；遗传信息由 DNA 传递给 RNA，再由 RNA 转录和翻译给蛋白质，以及通过自我复制由母代 DNA 传递给子代 DNA。因此只要知道了编码蛋白质的 DNA 核苷酸序列，就能推算出 RNA 的核苷酸序列，再通过遗传密码子的翻译即可轻松地得到蛋白质的氨基酸序列，反过来也一样。

可是事实并非如此。中心法则确立以后的数十年间，特别是近几十年来，经过了几次重大修正，它提醒人们，生命遗传的奥秘并非如最初想象的那样，可以一览无余。现举例试述一二。

内含子与外显子中心法则表明：RNA 以 DNA 为模板合成，DNA、RNA 碱基序列和相应蛋白质氨基酸序列严格对应，因此 RNA 转录合成后不容改变，否则 DNA 序列就不能与蛋白质氨基酸序列匹配。

1977 年，美国病毒学家 R. J. Roberts① 和 P. A. Sharp② 同时发现病毒基因的 DNA 序列并非连续的，而是存在许多“废话片段”或说“插入序列”(intervening sequence)。这个序列在转录成前 RNA 后，经特异性剪切加工为成熟的 RNA 的过程中被切除。其携带的信息也就被当作“废话”删除掉了，不能表达为蛋白质。当然，目前科学家并不能确定“废话片段”是否有的毫无意义，因此取名内含子(intron)，相应能够表达自身信息的

① Chow L T, Gelinas R E, Broker T R, Roberts R J. An amazing sequence arrangementat the 5' ends of adenovirus 2 messenger RNA[J]. Cell, 1977(12): 1-8.

② Berget S M, Moore C, Sharp P A. Spliced segments at the 5' terminus of adenovirus 2late mRNA[J]. Proceedings of the National Academy of Sciences, 1977(74): 3171-3175.

为外显子(exon)。后来的研究表明，不仅是病毒，几乎所有生命的基因在转录为成熟RNA 的过程中都有上述现象。近年来又发现，RNA 成熟过程中还可能有碱基的添加、删除和更换等状况，而且绝不是个别现象，而是广泛出现在各种生命形态中，有时变更竟达一半以上，这意味着即便知道了 DNA 的核苷酸序列也无法正确推出它的蛋白质氨基酸表达序列，逆推就更复杂了。现代分子生物学有个常用的术语 cDNA，它是指由成熟的 mRNA 序列或蛋白质序列逆推得到的 DNA 序列。cDNA 不含内含子，不是完整的 DNA 模板，但建立一个丰富的 cDNA 库可以帮助科学家们大体确定某特定遗传性状大致根源于染色体 DNA 长链上的哪一段。例如，知道了表达黑眼睛的蛋白质序列，逆推得到相应的 cDNA，从 cDNA 库检索就可大致知道决定眼睛颜色的基因在染色体上的位置，但该基因真正的 DNA 序列却不能准确知道。

两位发现基因内含子的科学家分享了 1997 年度的诺贝尔奖。

2.4.3　奇特的朊蛋白

依据中心法则，传染性疾病的传播者必需要有遗传物质 DNA 或 RNA，即便是最简单的生命形式——病毒引起的疾病也不例外，而且病毒的生存和扩增也依赖于自身核酸的复制。而一位神经生物学家斯坦利·普鲁西纳(Stanly Prusiner)①教授却发现，人和动物所患的一系列中枢神经系统退行性疾病仅仅由一种蛋白质引起，他称其为朊蛋白(prion)。后来证明，20 世纪末欧洲爆发的疯牛病，其致病因子正是朊蛋白。朊蛋白是健康的人和动物脑组织的重要组成，一般情况下空间结构是 α 螺旋，在化学和生物组成结构都不改变，仅空间结构变为 β 折叠时，就会导致致命的疾病。

依据中心法则，遗传信息的流向一直被确定为“DNA→RNA→蛋白质”。可是普鲁西纳的发现却表明，遗传信息也可以通过蛋白质传递。该发现的重要意义自不待言。普鲁西纳也因此获得 1997 年的诺贝尔奖。

2.4.4　人类基因组序列测定的完成及进入后基因组时代

如果要问 20 世纪甚至 21 世纪有哪些最伟大的科学成就，人类基因组计划的主要目标人类基因组全序列测序工作的完成无疑是其中一个。

出于对自身生命的关爱，对人类基因的研究始终是现代生命科学的中心，特别是基因与疾病的关系。科学家们发现，任何疾病的发生都涉及多个基因的协同作用，因此必须从基因组甚至整个基因序列的层面才能揭示疾病产生的机制，而不是研究单个基因。正是这一“整体”思想孕育出人类基因组计划(Human Genomic Project，HGP)这一伟大科学工程。该计划于 1990 年最先在美国启动，后有德、日、英、法、中等国的科学家先后正式加入，经过八年的努力，最终完成了对人类基因的全部测序工作(工作草图)，并向全世界公布了其成果。

基因图谱告诉我们，人类共有 3 万~4 万个基因，是果蝇的两倍，比老鼠仅多 300

① Prusiner S B. Novel proteinaceous infectious particlescause scrapie[J]. Science, 1982(216): 136-144.

个，这比科学家以前预测的人类基因有10万多个要少得多。它说明在人类的进化中，基因之外的环境也起着关键作用。此外，人类和许多低等生物，如果蝇、线虫、酵母等也“共享”许多基因。在人类进化的某一阶段，人体内数百种基因曾与细菌的遗传物质交换过，这表明生命起源的一致性和人类进化中与其他物种的密切关系。研究表明，人类拥有一种其他生物所没有的“控制基因”，用以对其他基因的调控。另外，地球上的每个人都共享99.9%的相同基因，各个体之间仅1250个“字母”不同。

“我们正在学习上帝创造生命的语言”，这是骄傲的宣示，同时也是清醒的意识。科学家们知道，现在呈现在我们面前的人类基因图谱还只是一部潜含生命奥秘的“天书”，科学仅能读懂其中一点点内容，这是破解人类生命奥秘的历史性开始，而不是结束，接下来的任务更加艰巨。主要目标应是读懂人类基因组的“工作语言”即“遗传语言”。测序得到了人类基因图谱仅仅意味着我们完成了生命这部“天书”的认字母的工作，接下来是断句、分节、组篇的理解释义等工作。读懂每句、每段直至整部书，这远比认字母难多了。因此，破译“遗传语言”是“后基因组时代”面临的最大挑战；另外，要与数学家、逻辑学家、计算机科学家和非线性物理学家合作，对浩如烟海的天书序列进行研读，最终目的是要发现某种简明的数学形式用以描述记载在基因组DNA一维结构上的遗传信息如何控制生命的三维形态发育，以及生命复杂性不断增加的动态过程。这不但是给生命科学提出的也无疑是给整个自然科学提出的大难题，因此是“后基因组时代”生命科学的重头戏。

2.4.5 现代生命科学思想所包含的人文性

反思现代生命科学的最新知识，感慨于科学理性的巨大力量的同时也会发现，今天的科学对生命本质的认识恰恰是：生命的真理不可穷尽。

(1)生命以自身为目的。

“生命以自身为目的，是包含内在目的性的存在”，这一思想早已被亚里士多德所掌握。亚里士多德以他著名的“四因说”解释动物的生长：动物的成长是在实现其内在目的(成其所是)，而这内在目的早以潜在的方式蕴含在雄性动物的精子中了，目的既是原因也是结果，原因是潜在的结果，结果是实现的原因。黑格尔也常以植物和种子为例说明目的性：“目的概念，作为内在于自然事物的概念，是这些事物的单纯规定性，例如植物的种子，就现实可能性来讲，包含着会在树上长出的一切，因此作为合目的的活动，也只是趋向自我保存。”①对生命的内在日的论理解在近代科学中几乎被人遗忘，现代生命科学则在更高的层次上重新恢复了它。今天我们知道，生命中“潜在”的东西正是每个生命个体都内在蕴含的“生命蓝图”——遗传基因图谱，它包含着生命成其所是的所有信息，生命的生长便是对它的解读和实现的过程。

(2)美的原则是探索生命奥秘的范导原则。

在哲学传统中，美既是人内心所感受的自由，又是普遍可传达的愉快情感，美的原则通常运用于艺术审美活动。康德以其三个判断力学说系统而深刻地揭示出，美

① [德]黑格尔. 自然哲学[M]. 梁志学，等，译. 北京：商务印书馆，1997：8.

的原则同样有权运用于科学认识活动。当然，在对自然的研究中，美的原则并不是用来直接获取有关自然的真理性知识，而是提出了一些“范导”性的“形而上学”准则，如“自然是一个和谐统一的整体”“自然万物是依据美的理念创造出的”等，引导人们对那些仅仅运用逻辑思维和因果规律无法理解的自然事物(如宇宙整体、生命)进行可能的把握。

同时，美的原则一直是科学理性探索自然不可或缺的范导原则，它最先体现在数学和物理学领域，现在又延伸到了生命科学领域。如前所述，找到了度量生命演化的分子尺(钟)的伍斯是在普遍的反对和怀疑声中从事研究工作的，如果没有对“自然应遵循简单而深刻的统一原理，生命也不例外”这一美的原则的坚信，他就不可能取得今天的成就。伍斯的成功使得生命科学界看到了美的原则的价值，开始关注并接受它，这体现在“后基因组时代”的生命科学把自己的理想设定为：把所有生命的生长动态过程在分子水平上表达为一个简单而深刻的数学形式。科学永远相信，真正深刻的真理总会是简洁而优美的，生命的真理同样如此。

(3)生命是潜在的可能性存在。

中心法则所遭遇的挑战及人类基因组图谱这部天书的艰难，似乎在暗示着，要想揭示出生命过程的所有细节，或说读懂生命天书的所有内涵，是知性科学所不可能完成的。生命不是面纱下的容颜，揭开它就可一览无余。中心法则的不断修正告诉我们，生命信息的传递过程，存在着诸多不确定性，即便是组成和空间结构的微小改变也会导致表达的意义完全不同。还有那些“内含子”，它们的“沉默”意味着什么？也许有一天，科学能够理解生命“天书”的基本语词和语法规则，但是却不可能穷尽“文字”背后的无穷意谓，因为生命对自己的理解和表达是不可穷尽的。我们也有可能找到能够描写生命生长的简单而优美的数学方程，但这方程的核心将会是：生命是潜在的可能性存在，生命的真理不可穷尽。① 这样的理解已经包含人文性了。我们可以参照海德格尔对“大地”或说对自然的理解。大地自行退隐、守护着自身的奥秘，拒绝被纯粹计算式的科学技术所穿透。海德格尔认为大地或说自然的本性是不能被科学技术对象化、不能被计算式的研究所揭示的，大地的退隐也即是大地自行涌现的敞开，正是在退隐中大地不断涌现出质朴又无限丰富的本性。大地涌动、生成，让生成生成。大地呵护、保藏，守护奥秘中的奥秘。生命的本性也正如自然和大地一样。科学自认为能够穿透生命的奥秘，可是生命自行退隐，守护着自身的奥秘，那是奥秘中的奥秘，生命的退隐也即是自行敞开，是在退隐中展开着无限丰富的本性。

黑格尔认为，自然是精神的异在，“自然是作为他在形式中的理念产生出来的”②，“自然是自我异化的精神”③，考察自然的目的是要使精神认识到自己在自然内的本质。因此黑格尔总以一种颠倒的眼光看待自然，即依据人普遍的内在体验反观自然，将人的

---

① 就如同我们对描写宇宙创生及命运的“宇宙波函数”方程的理解，也是对描写微观粒子运动规律的量子方程的理解(薛定谔波动方程、海森堡矩阵、费曼历史求和)。

② ［德］黑格尔. 自然哲学［M］. 梁志学，等，译. 北京：商务印书馆，1997：19.

③ ［德］黑格尔. 自然哲学［M］. 梁志学，等，译. 北京：商务印书馆，1997：21.

人格性、精神性附会到一切自然事物上去。例如，用人的目的性活动以及在活动中所具有的前后一贯的人格来理解生命的内在目的，而不去关心具体的“潜在”的东西和潜在的实现过程是怎样的；又如，生命如何从化学过程中起源，至今仍是生命科学的大难题，可在黑格尔这些却根本不是问题，他只需说明，“有生命的概念在其低级阶段是如何屈尊体现为化学性和机械性的”①。

以精神反观自然，这样一种颠倒的对自然的理解，作为哲学的出发点当然已被马克思、恩格斯所超越。问题是在对自然的考察中，我们是否因此就可以把人的内在体验从客观事物上完全“剥离”下来，是否应该完全拒绝对科学思想的人性化说明，特别是给那些本来就涉及哲学的关于宇宙、生命、人本身的科学理论以切近人类心灵的理解，我们的回答是否定的。

如上所述，现代生命科学的最新成就告诉我们，生命包含内在目的性；生命遵从美的原则；生命是潜在的可能性存在，生命的奥秘是不可穷尽的。这些思想是单纯的科学思维所难以把握的，还需要我们把自己内心对生命的体验，通过拟人化的类比，反过来指导对生命的理解。“美”本是人内心所感受的自由的愉快情感；“目的性”本是能体现人类意志的实现目的的活动；“潜在的可能性”本是人的本质规定，这些人自身的生命的体验却可以帮助我们完成对自然生命的认识，给予科学思想的人性化说明，可见真正深刻的科学思想往往需要用“心”去“体验”和“感悟”。

2.5 意识：人工智能的边界

尤瓦尔·赫拉利(Yuval Noah Harari)，以《人类简史》一举成名的新锐历史学家，他近期演讲“人类未来”的主题便是人工智能。

2.5.1 人工智能

赫拉利明确预见，在可见的未来，“人工智能”能够超越和替代“人类智能”的诸多领域，警示因此给人类社会带来的可能风险。如：

(1)人类把手中的决策权力越来越多地交给计算机。

(2)人类和人工智能融合在一起，成为有机部分和无机的组合。

(3)人工智能将终结物竞天择、适者生存的生命演化过程，自我演进为新的无机生命形态，无机生命形态有可能突破地球的限制，可以进入到其他星系。

(4)人工智能会在越来越多的领域替代人类个体做出决策，甚至替代人类工作，“人类社会也将分成两大阶层，一个是非常少的精英阶层，就像上帝一样，他们在创造大量的人工智能；而绝大部分人将变成没有任何经济价值的无用阶层”。这当然会带来巨大的社会风险。

那么，有哪些领域是人工智能不可超越和替代的？

赫拉利并没有明确回答，但他特别区分了智能和意识，他认为智能是解决问题的能力，意识则是一种感受外界的能力。意识和智能完全不一样。对人类来说，智能、情

① 邓晓芒. 思辨的张力[M]. 长沙：湖南教育出版社，1992：485.

感、意识是融合的，当需要解决问题时，人类会同时运用感情、意识和智能一起去解决。到目前为止，人工智能的智能水平在不断提高，但是人工智能的意识还是零。

香港科技大学计算机科学与工程学系系主任，人工智能学术界的领军人物杨强教授，也持有类似观点。他认为，现在的人工智能只能叫弱人工智能，就是就事论事，在这个领域你给它很多数据，它就能学会做这个事。一个例子就是阿尔法狗，阿尔法狗就会下围棋，你要让它去教化学，它就不会了。

人工智能发展了60年到现在，最有效最成功的模式就是机器学习，就是我们准备很多数据，叫大数据，然后给它做训练，很快计算机能做出一个模型来操纵它。比如我们训练阿尔法狗下围棋，积累了近10年三千万个棋局的数据，阿尔法狗学成了，打败了人类顶尖棋手柯洁。

可是，阿尔法狗没有自主意识，不能够自己决定学什么，不能够举一反三，也没有情感，它只是依据算法计算出获胜概率超过百分之五十的路径、落子，它下赢了，设计它的那个人类团队会很高兴。不仅是阿尔法狗，现有的人工智能都只能解决问题，却不具备提出问题的能力，并且所有的目的、意义、价值、情感都在算法之外，人工智能还只是个工具。

自主意识是如何产生的？如何才能发展出目的、意义、价值、情感？人工智能在这方面的研究几乎没有。

杨强先生特别提到，那些人工智能领域的超级专家一旦有了养育孩子的经验，就会感叹自己对智能的理解被颠覆了。因为人类孩子认知世界的方式和人工智能完全不同，人工智能依据算法，孩子凭借的却是想象力。

在依靠大数据的机器学习模式之后，人工智能又发展出了依据规则的自我学习模式。

阿尔法狗战胜人类顶尖围棋高手柯洁之后，宣布不再和人下棋，可是设计它的Deepmind团队又在《自然》上发表论文，介绍阿尔法狗又长本领了，不是战胜柯洁的那个最强的Master，而是学习路径不同的AlphaGo Zero。我们前面说过，AlphaGo Master学习过3000万个棋局，它是依据人类以往的经验来计算如何落子胜算几何，可是AlphaGo Zero完全从零开始，不需要任何人类经验，以自我学习模式仅仅学习了21天，算力就超过了打败柯洁的AlphaGo Master，自学40天之后就超过了所有其他的AlphaGo版本，天下无敌。

Deepmind在《自然》上介绍了AlphaGo Zero自我学习的模式。

> “A long-standing goal of artificial intelligence is an algorithm that learns, tabula rasa, superhuman proficiency in challenging domains. Recently, AlphaGo became the first program to defeat a world champion in the game of Go. The tree search in AlphaGo evaluated positions and selected moves using deep neural networks. These neural networks were trained by supervised learning from human expert moves, and by reinforcement learning from self-play. Here we introduce an algorithm based solely on reinforcement learning, without human data, guidance or domain knowledge beyond game rules.

AlphaGo becomes its own teacher: a neural network is trained to predict AlphaGo's own move selections and also the winner of AlphaGo's games. This neural network improves the strength of the tree search, resulting in higher quality move selection and stronger self-play in the next iteration. Starting tabula rasa, our new program AlphaGo Zero achieved superhuman performance, winning 100-0 against the previously published, champion-defeating AlphaGo."①

先澄清几个关键概念：白板理论(tabula rasa)。洛克知识论认为人类认识从白板开始，所有知识都是后天习得的。监督学习(supervised learning)，是人要把自己的经验教给机器；无监督学习(unsupervised learning)，是让机器要去自己摸索发现规律；强化学习(reinforcement learning)，机器得到了好的结果就能得到奖励，要是得到差的结果就得到惩罚。

AlphaGo Zero 没有像之前的版本那样，被教给人类已有的围棋棋谱，海量大数据，而是从一个白板 AI 产生不同版本的自己，自己和自己对弈，然后用胜者的思路来训练新的版本，如此不断重复，仅数十天就自我学习成了超越所有人类棋手的围棋高手。

且慢，AlphaGo Zero 真的是从零开始的吗？看看 Deepmind 是如何表达的："Here we introduce an algorithm based solely on reinforcement learning, without human data, guidance or domain knowledge beyond game rules."

这里是说，AlphaGo Zero 的算法不依赖超过游戏规则(game rules)的人类经验，也就是说，AlphaGo Zero 并不是真正的白板，而是有先验(逻辑上在先)法则的。AlphaGo Zero 依据预先给予的法则，产生不同版本的自己，自我博弈，胜出者再依据胜出的逻辑重复这个过程。

可见，AlphaGo Zero 和 AlphaGoMaster 一样，还是工具，还是机器，不过从归纳机器演变为演绎机器了。

总之，人工智能与人类意识至少还存在如下差异：其一，人工智能是运用归纳或者演绎算法解决问题的能力，人类解决问题却不仅仅运用智能，而是意志、情感、逻辑相互融合在一起的协同作用；其二，人工智能不会提出问题，所有的意义、目的、价值、情感都在智能之外，都是人类给予的，也就是说，人工智能没有自主意识，自我意识，没有自己的主张；其三，人工智能的学习过程和人类孩子的认知过程截然不同，人工智能可以通过演绎或者归纳学习，孩子却是通过"想象力的自由变更"。

人的意识、自我意识、想象力如何起源？神经网络、心理、生理、生物学上的基础是什么？这在科学上还是个谜。

可是，意识、自我意识、想象力一旦产生，作为人类独有的精神属性有着怎样的特质，却是哲学思想必须面对的主题。特别是现象学对意识结构的考察最为深刻。

① David Silver, Julian Schrittwieser, Karen Simonyan, et al. Mastering the game of Go without human knowledge. doi: 10. 1038/nature24270.

2.5.2　意识

“意识”是人类精神的第一件成品，一切真正意义上属于“人”的活动都是“有意识”的。

一切意识都包含“自我意识”和“对象意识”，这是人类意识的二重性。其中，“对象意识”更基本，“一切意识都是指向对象的意识”，而自我意识无非是把自己的生命活动看成对象，把对象世界看成自我的能力，其中最原初的是想象力和情感能力。

意识的产生带来巨大的精神成果。

(1)使动物也有的直观“表象”上升为“概念”。①

例如，教孩子认识“狗”，只要看几个个别的狗，甚至只是狗的图像，孩子就可建立“狗”的概念，就可去识别不曾见过的狗。孩子建立一般的狗的“概念”，是运用“想象力的自由变更”的能力，而人工智能却几乎要看遍所有的狗，才能识别不曾见过的。它只能通过“大数据”归纳学习，没有想象力。

最简单的概念也包含着想象和幻想。“一般”的“狗”的概念，被看作脱离具体狗的一个“对象”，借助语词似乎获得了独立的、“客观的”实体性存在。

这错觉源于对象意识本身的“普遍性”，无论是感性“个体”还是普遍“共相”，作为与“自我”不同的“对象”被意识到，是一样的。尽管会产生幻相，但正是有了想象力才会发展出理性和科学。我们知道，纯粹理性由“概念”开始，概念-判断-推理，没有想象力就不可能建构起概念，就不可能进入理性思维。

所以，理性的秘密在想象力。

(2)使得动物也有的“欲望”上升为“意志”。②

意志使以“目的”支配的行为表现为自由意志和始终如一的人格。“目的”的选择会与别人发生是否“应当”的社会性关系，进而发展出善、道德、价值观。

自由意志是人最为高贵的神性，是在善恶生死间做出选择并且承担责任的能力，自由意志是一个事实，也可以表达为“人其实总有可能不做自己已经做过的事”，或者“在别无选择时依旧可以选择”，哪怕是连死亡的方式都不能选择，却依旧可以选择面对死亡的态度。这是仅仅属于人的，不被欲望左右，不受自然法则规定的自由的能力。

而当你纵情恣意张扬自己意志的时候，你会意识到别人也是人，也有自己的意志，所谓己所不欲勿施于人，这是道德感的开始。而一切道德的最终指向都是善，最高的善是把别人都当人看，是把每个人都看成目的。

(3)使动物也有的“情绪”上升为“情感”。③

动物也有喜怒哀乐，但那只是情绪，转瞬即逝，并不指向对象。

情感是指向对象的，是要传达，也可以传达的，情感期待对象化，也能够对象化，所谓对象化意味着情感得到了“共鸣”，情感完成了。比如说，当你爱上一个人，你当

① 邓晓芒. 实践唯物论新解：开出现象学之维[M]. 武汉：武汉大学出版社，2007：48.

② 邓晓芒. 实践唯物论新解：开出现象学之维[M]. 武汉：武汉大学出版社，2007：49.

③ 邓晓芒. 实践唯物论新解：开出现象学之维[M]. 武汉：武汉大学出版社，2007：49.

然期待对方以“同质”的爱(不是同情或悲悯)来回应，如果不是，情感就会失落为情绪。

而如果你是艺术家，就可以把自己的情感对象化为艺术作品，使有对象的情感成为“对象化了的情感”，并且在欣赏者那儿得到共鸣，这也是情感的对象化。

2.5.3 自我意识①

自我意识也有自己的结构，有一种表达是自我、本我和超我。

经验自我，是世界中的一员，是时空的、物质的、心理的、生理的，原子分子夸克的，是自然因果链中的一环，遵从自然法则。

先验自我，以自我为中心展开一个世界，是真理执行者，以感性的认识和感性的需要两种形式的感性拥有世界，能够走进理性、情感和道德生活，这些属于精神生活的领域遵从自由的法则。

超验自我，既是先验的也是经验的，作为世界的一部分又拥有世界，人就是这样悖论性的存在。

当然，对意识和自我意识的本性的探究，以科学还原论方法最为强势。

例如生物主义，把知识、理性、情感、自由意志、灵魂等，都还原成大脑神经网路所呈现出的化学或物理状态，最后还原为原子分子夸克所遵循的量子规律，以量子纠缠和量子叠加态最为著名。

另有心理主义，把理性、真理、情感看成心灵的经验性活动，比如实验心理学、精神分析方法，把人的精神活动都还原为由自然欲望支配的动物性行为，是最阴险的还原。

人的生命活动总是在人自身、人与自然、人与人的关系中展开。人当然是欲望的、身体性的存在，食色性也，会依据工具理性的原则去争取利益最大化，尽可能施展自己的意志，满足自然欲望；但人同时也是神性的存在，能够进入真理的游戏，建构理性的世界。在伸展自己意志的时候，将他人看成和自己同等的拥有自由意志的个体，进而依据“道德律令”在善恶间做出抉择，能够领悟到另一个个体的真情挚爱并用爱去回报。

人也有可能遵循自由的原则。人也可能与必然拉开距离，让自由的风吹过。

3. 哲学思考自然本性

哲学由追问“自然是什么”开始，但最终要回答的是“人是什么”。

追问“自然是什么”是哲学内在逻辑的要求，因为只有回答了“自然是什么”，才能回答“人是什么”，以及自然与人的关系。这就是为什么现代之前，所有大哲学家都要有自己的“自然哲学”。

进一步的问题是“自然是什么如何知道”，现代的回答是“科学会告诉我们”；科学又是何以可能的？——这便是现代科学哲学的主题。

---

① 参见[美]罗伯特·索科拉夫斯基. 现象学导论[M]. 高秉江，等，译. 武汉：武汉大学出版社，2009：110-116.

除了科学，追问自然还可以有常识、宗教、艺术、哲学诸维度。

科学将自然看成认识和征服的对象，建构起关于自然本质的世界图景，但这绝非自然唯一的模样。

朴素的意识中，自然是日月星辰、山川河流、动物植物这些自然物的总和，即“自然界”“大自然”；信仰者眼中，自然是神的创造，是上天的恩惠；自然还是美的“显现”，是艺术创造不竭的灵感之源，所谓“巧夺天工”便是美的极致了。

自然的含义区分为“本性”和“自然界”，前者更为本源。现代欧洲语言的“自然”(英语 Nature)以及拉丁文 Natura、希腊文 Φυσις 都具有本性和自然界两种意思；现代汉语的“自然”同样有自然性和自然界双重含义。自然是“自己所是的那个样子”，是“自自然然”“自然而然”，这个意思在古汉语最早使用“自然”一词的“道德经”中就有了。

哲学和科学一样，追问自然的本质、根据，但科学追问的是自然界中的有限事物，即自然物存在的根据；自然哲学则是追问自然作为整体的内在原则及自然与人类精神的关系，因此，哲学或隐或显要以科学的自然图景为参照，但这仅仅是出发点，而不是归宿。

接下来，我们在古希腊自然哲学及德国古典哲学的传统中思考自然本性、自然与精神关系，即运用辩证理性的“进路”诠释人与自然的关系。辩证理性所理解的自然，是由人类的认识和实践活动展开的自然，是人的自然。

这里，我们先要澄清两个概念。

3.1　形而上学和辩证法①

在我们的哲学教科书中，辩证法意指用普遍联系的、发展的、整体的眼光看世界，与之相对立的是形而上学，是孤立的、静止的、片面的思维方法。但西方哲学传统中形而上学的含义并不是如此。我们来看看黑格尔是如何诠释形而上学的。

3.1.1　形而上学

西方哲学传统中形而上学最本原的意思是 metaphysic，物理学之后，“自然之学”之后，是事物背后的根据，根据的根据，原因的原因，最后的原因和根据，也就是亚里士多德的“第一哲学”。形而上学所追溯的那个终极的本质往往是无限的存在，最为抽象，是感性和经验所不能达致的，所以在西方哲学传统中，与形而上学相对立的不是辩证法，而是“形而下学”，或是“经验科学”。

黑格尔对形而上学有自己独特的诠释。

首先，形而上学是普遍思维规定的范畴系统。如同认识之网，所有材料纳入其中，变得井井有条，可以理解。在这个意义上，每一个有理性的人都有自己的形而上学。

其次，意指知性思维、形式思维，体现在形式逻辑和自然科学中。黑格尔盛赞知性思维，认为它是对感性不确定性的超越，非常了不起。或者说，形而上学非常了不起，它从个别事物中寻求普遍性和永久性，从变化中寻求不变的思维规定。但同时，黑格尔

① 参见周祝红. 自然辩证法的源流[J]. 德国哲学(2010 年卷)，北京：中国社会科学出版社.

又认为这还不够，知性思维达到了确定的思维规定就满足了，忘记了这确定的思维规定其实具有不确定性，是可能变化的，并且不同的思维规定之间有着内在的逻辑关联，这种关联可以通过“范畴自己运动”来实现。辩证思维正是要揭示确定思维规定内在的不确定性、差异、矛盾，以及产生的原因，并最终超越矛盾达到和解。可见知性思维和辩证思维、形而上学和辩证法不是截然对立的两种思维方式，而是同一思维过程的不同层次、不同阶段。

再次，黑格尔认为，传统形而上学追求关于自然、精神、上帝以及他们之间的关系的终极真理，这是第一哲学理应从事的事业，但是思考的方式不对。形式思维能够运用于有限的存在者，自然、精神、上帝却是无限的存在，将形式思维运用于无限的存在必然会使无限事物有限化，并使思想陷入自相矛盾。

黑格尔在《小逻辑》中曾开宗明义地规定了形式逻辑与辩证逻辑、形而上学与辩证法的关系，它们是同一个逻辑、同一个思想形式的不同阶段，“思辨的逻辑，包含有以前的逻辑与形而上学，保存有同样的思想形式、规律和对象，但同时又用较深广的范畴去发挥和改造它们”①。可见，那种形而上学与辩证法僵硬对立、你死我活的认识是对形而上学极大的误解。

与之相应的误解是认为不需要经过知性思维、形式思维的磨砺，就可以直奔辩证法。“自然辩证法”曾以“辩证法”的名义侵入了几乎所有科学与人文领域，我们急着发现和印证无处不在的“辩证法”，却忽视了“确定的思维规定”的建设，结果虽然经过了近30年的“发展”，与其他学科相比自然辩证法(科技哲学)依然理不直、气不壮，“辩证法”沦落为“变戏法”，成事不足，败事有余。

3.1.2 辩证法

西方哲学传统中，辩证法最早的意思是论辩的技艺，到柏拉图那儿辩证法成为一种探讨纯粹理念之间的内在联系和相互转换的学问；辩证法的现代意义通常与精神和自然领域的对立统一、矛盾运动相关；自然辩证法学说所理解的辩证法则是由黑格尔完成、马克思推崇的“作为创造原则与推动原则的否定性的辩证法”。我们认同邓晓芒先生对这种辩证法的诠释，即辩证法拥有否定的灵魂，反思的结构。②

(1)否定的灵魂。

“否定”一词源自形式逻辑对判断的区分、肯定或否定。西方哲学传统对否定的基本规定有两个：一是没有、缺乏、不存在，彻底的不存在是虚无；另一个意指能动的活动，是否定的意志、决心，是说不。最彻底的“意志”是对“虚无”说不，让虚无虚无化。

黑格尔则将“否定”的能动含义升华为辩证法的“否定原则”，使其成为自然和精神的创造和推动力量。

辩证否定原则作为逻辑原则可表达成：任何规定都是否定，任何否定都是否定之否定。

---

① [德]黑格尔. 小逻辑[M]. 贺麟，译. 北京：商务印书馆，1997：49.

② 参见邓晓芒. 黑格尔辩证法讲演录[M]. 北京：北京大学出版社，2005.

形式逻辑同一律 A=A，可改写成 A=(-A)，通常的理解是，先有一个否定，再有否定之否定，从而两个否定构成一个肯定。

辩证逻辑却这样理解，一切规定都是否定。否定什么？否定无规定，否定对自身规定的否定。这样的理解不违反形式逻辑的同一律、不矛盾律，却已将其改造成辩证法的原则了。

辩证否定原则作为本体论，是事物自己否定自己，自己超越自己。

作为辩证唯物主义的自然观可表达成：世界普遍联系，永恒发展，发展的动力来自事物自身。

黑格尔、恩格斯都曾用过“种子”的喻象。植物的种子可能被碾碎，也可能腐烂掉，这也是否定，但这种否定是外在的；真正内在的否定是种子发芽、生长、开花、结果，展现了生命所有的丰华之后复归于新的种子，这个生命进程正是通过生命自身的自我否定、自我超越完成的。

不但万物“自己运动”，自然界作为整体也必然经历机械的、物理的、化学的、生物的等一系列自我否定阶段，最后在生命中完成自己，成就能思维的精神。

否定推动自然和精神生成并展开其本性，否定自身却是绝对的，是最后的无根据者，也即是最后的根据，是生成的力量本身。否定之否定是自然辩证法的根。

(2)反思的形式。

自否定、否定之否定将否定的锋芒指向自己，这种反身性、自返性、返回自身的特质注定了辩证法具有反思的结构。

反思，德文 Nachdenken，日常语意是沉思、深思熟虑、反复思索。

哲学意义的反思有明确的方向，是追溯事物来源、本质的思索，是思想的追溯，也即追溯性的思想。“反思作用总是去寻求那固定的、长住的、自身规定的、统摄特殊的普遍原则，这种普遍原则就是事物的本质和真理”,① 这里的“普遍原则”无疑是思想性的，所以思想的追溯也是追溯到思想。

哲学反思不会就此停留，会进一步追问“普遍原则真的就是事物的本质和真理吗”，事物的客观性、个体性与思想的主观性、普遍性是完全一致的，如何一致？一句话，真理是何以可能的？可见，反思又是对思想的思想——思辨。

上述过程体现了黑格尔所说的反思的三个层次：知性的反思，追溯到普遍原则、知性概念；否定的反思，揭示知性概念的自身否定性；思辨，扬弃思想对自身的否定。

反思的结构也是自我意识的结构。自我意识是把自我看成对象，同时把对象看成自我的意识。

反思的结构则可表达为：“在自身中反思”“在他物中反思”“思辨-对反思的反思”。

在自身中反思：我要开始反思了，反思什么呢？就反思我罢，我不是别的，只是我的思想。我的思想成为我思想的对象。

在他物中反思：世界万物呈现在我的思想中，被我的思想所把握，是属于我的，是我的世界。对象世界成为我的思想。

---

① [德]黑格尔. 小逻辑[M]. 贺麟，译. 北京：商务印书馆，1997：76.

思辨-对反思的反思：我思想中的世界和世界万物本来的样子是同一的吗？黑格尔的回答是肯定的。只要反思的进程不断深入，世界非人的面具就会打破，成为人的世界，我的世界和世界本身的固定边界完全是虚幻。随便说一句，在黑格尔，要把“我”换成“绝对精神”。

我与世界融会贯通，这就是自由的境界。

3.1.3 误读

对辩证法较严肃的批判是认为辩证法不要逻辑，违背形式逻辑的矛盾律，这几乎成了辩证法的原罪，但也是对辩证法最大的误解。

首先，辩证逻辑和形式逻辑是同一个逻辑，只是层次有所不同。辩证逻辑是对形式逻辑的深入理解；而形式逻辑一旦开始，自我意识就会展现出辩证本性。例如，形式逻辑的同一律要求“A=A”，或是不矛盾律“A 不能既是 A 又非 A”。但即便是朴素的理智也不会据此说话，任何一个有内容的判断都说出这样的命题：“个体是普遍”“主词是谓词”。个体与普遍、主词与谓词是有差异的，但在判断中都表达为同一。①

其次，逻辑通常仅被看成是思维规律，是形式的科学，相关于推理的有效性，而不涉及内容的真理性。但是黑格尔却认为：“逻辑形式作为概念的形式乃是现实事物的活生生的精神。现实的事物之所以真，只是凭借这些形式，通过这些形式，而且在这些形式之内才是真的。但这些形式本身的真理性，以及它们之间的必然联系，直至现在还没有受到考察和研究。”②

黑格尔的逻辑学正是要考察形式逻辑本身的真理性，以及诸范畴之间的必然联系。

对辩证法最荒谬的理解是将其诠释为中国特色的斗争哲学。

由于中国数千年的官本位和缺乏反思的文化传统，辩证法的“对立统一”被理解成对立双方你死我活的斗争，一方消灭了另一方就统一了。而“矛盾运动”则是有“矛”另外还有“盾”，矛盾之后同时毁灭，归于零。数千年王朝兴衰和社会发展所走的弯路告诉我们，无“反思”和“自否定”的“对立统一”“矛盾运动”只能带来破坏，而不是真正的进步。

3.2 由自然追溯到精神的反思传统

前述“反思的结构”也体现了“从自然追溯到精神，用精神关照自然”的西方思想的反思传统。反思传统源远流长，古希腊的哲人们就已经以这种方式思考自然和精神的关系，在他们眼中，客观对象世界如同镜子，能映现出人的本性模样（以颠倒的方式）。人要认识自己，要先从认识对象开始，再从对象上回过头来思索自己的本性；同样，人要认识自然整体和生命，也要把我们对自身生命的感悟作为范导原则去指导对自然的认识。这是从外向内、从内向外不断深入的探索过程。反思（反射）需要光（镜中的形象是光的反射汇聚成的），它贯通于自然和精神。光的反射层次不同，反思所能达到的认识

---

① ［德］黑格尔. 小逻辑［M］. 贺麟，译. 北京：商务印书馆，1997：338.

② ［德］黑格尔. 小逻辑［M］. 贺麟，译. 北京：商务印书馆，1997：331.

层次也有深浅之分，达到对自然的科学知识只是“看见”对象，最高层次的反思是达到关于自然和精神内在本性的纯粹理性知识(哲学思想)，即看见“光”。

3.2.1 康德的“光”是理性之光

在康德，照亮自然和精神的光是理性。理性是人的神性，是原则的能力、建立根据的能力，人拥有理性意味着人能够规定对象和规定自己，并因此拥有自由。

康德反思的主体和对象都是同一个理性，是纯粹理性的自我意识，反思的结果是众所周知的，即人为自然立法、人为自由立法。

人为自然立法。自然律何以可能？我们的理性并没有在自然中发现普遍规律，也没有被动地接受自然给予我们感官的感性材料，而是能动地运用我们理性的先天范畴和先天原理整理和吸收感性材料，把它们形成和组织成一个有序合规律的宇宙，即自然界。理性规定自己的规律并把它们强加于自然，所以自然和理性相似，自然和精神相似。

人为自由立法。道德律的前提条件是自由意志，人拥有自由意志，能够建立定言命令的自律，所以每个人的自由不只是因为人生来自由，而且是因为他生来为自由负责。人是否遵从一个命令，都由自己来批判地决定，并承担随之而来的命运，哪怕这个命令来自上帝。

自然和自由、真与善又如何关联起来？通过反思判断力的原理。

美本是人内心所感受的自由的愉快情感，目的性本是能体现人类意志的实现目的的活动，但自然的美和合目的性却无处不在，启发我们“反思”到：“好象”有一个更高的意志设计、创造了自然，引导人类从事科学和艺术，进而追求道德生活。美是沟通真与善的“桥梁”。反思之光使自然界具有了目的。

3.2.2 黑格尔的“光”是绝对精神

黑格尔反思的基本涵义是“思想的追溯”，是思维从事物的直接性里(感觉、直观、表象)追溯到事物的本质和真理，即事物的普遍原则，而思想所追溯到的普遍原则又无非是“思想规定”或说“思想范畴”，这是属于精神的，因此反思又是“追溯到精神”。那么，对自然的反思就是要在自然中发现精神，同时也是将人自身的精神性用于对自然事物特别是对自然整体的把握。

在黑格尔，反思的主体并非“人”而是“绝对精神”，也称作“理念”“客观精神”“上帝”。上帝不是抽象的存在，也不是感性的存在者，上帝是无限的精神，贯穿于现实的活生生的自然和精神。“上帝的这两个形态是他的庙堂，他充满两者，他呈现在两者之中。上帝作为一种抽象物，并不是真正的上帝，相反地，只有作为设定自己的地方、设定世界的活生生的过程，他才是真正的上帝。”①在自然中发现精神，以精神关照自然，是上帝的自我意识，是绝对精神的反思结构。

---

① [德]黑格尔. 自然哲学[M]. 梁志学，等，译. 北京：商务印书馆，1997：18. Hegel G W F. Hegel’s Philosophy of Nature[M]. trans. A. V. Miller. Oxford：Oxford University Press，2004：13.

3.2.3 马克思的“光”是实践

在马克思，那贯穿于自然与精神、照亮世界的“光”是人类现实的感性实践活动。马克思将反思的结构理解成实践的结构，可表达为自然的人化，人的自然化。

说到底，反思就是要在对象上确认自己，即在自己所创造的对象上确认自己。这个“创造”在康德仅仅是理性能动地把握世界、认识世界；在黑格尔是绝对精神的外化和自我意识，实践仅是其中的一个环节。但马克思却认为，实践活动比认识活动更为根本，因为人类是在改造世界的过程中认识世界的。在改造自然的过程中，人类捕获自然力量为己所用，把握自然规律使其成为人的思想，这是自然人化的过程；同时，人类又在自然身上打上人类精神的烙印，在自然身上确证精神的创造本性，这是人类本性的对象化、自然化的过程。

实践是人有意识的、普遍的、主客合一的自由生命活动，这意味着人能“使自己的生命活动本身变成自己意志和自己意识的对象”①，即不但从理论上，而且从实践上把自身对象化。同时，生命活动的自由本性不但能够被精神所认识，而且可以在自己所创造的对象世界中得到确认，“人不仅像在意识中那样在精神上使自己二重化，而且能动地、现实地使自己二重化，从而在他所创造的世界中直观自身”②。人在自己创造的世界中确证了自己的自由本性。

3.3 内在目的论：自然和精神的统一

内在目的论源自古希腊，是一种将自然与人看成是有生命的统一整体，其内在目的指向人类精神的哲学思想。

3.3.1 康德：自由意志、道德存在是自然的终极目的

近代，康德在知性的水平上恢复了这一主张自然和精神和谐统一的思想。康德首先将整个自然理解为一个有生命的有机整体，有其内在目的，再通过考察同样作为生命的我们，作为自然整体中的一员在自然中的位置及与其他自然事物的关系进而相信——人是目的，人类的幸福、科学与艺术是自然作为巨大目的系统的最后目的，而绝对的无条件者——人的自由意志、道德存在则是自然真正的终极目的。

此外，康德还特别阐述了目的论原则在科学认识中的地位、作用及其合法性。目的论原则作为反思判断力的原理，在对自然的考察中不是规定性的，而是启发性的或说范导性的。我们不能指望据此获得具体的科学知识，只是当我们遇到一些仅仅运用纯粹知性的因果规律无法说明的事物时，目的因果可以引导我们做出合乎人类理性的把握。这其实已经不自觉地表达了自然的(超越知性之上的)辩证法。

3.3.2 黑格尔：精神是自然的家园

黑格尔的自然“自在地是一个活生生的整体”，自然作为整体演进的最终目的，是把

① 马克思. 1844年经济学哲学手稿[M]. 北京：人民出版社，2000：57.
② 马克思. 1844年经济学哲学手稿[M]. 北京：人民出版社，2000：57.

“自己创造成精神的现实存在”，自然只有打破自己非精神的外壳达到精神才能展现自己的本性。精神和自然，有着本性的相同模样，它们必然相互结合，并由精神所规定。

自然与精神的统一不是开端，而是目标；不是直接的统一，而是被创造的统一，“人必须从善恶认识之树取食，历经劳动和思维活动，以便仅仅作为他同自然的这种分离的克服者，成为他所是的东西”①。自然必将通过自我否定而展现出自身所潜藏着的精神，这就是自然中的辩证法。

3.3.3　马克思、恩格斯：自然向人生成

马克思、恩格斯认同自然和精神统一的内在目的论思想，同时进一步揭示出，自然和精神统一的内在力量是人类现实的感性活动——劳动(包括科学实践活动)。这也成就了自然辩证法的主题：自然向人生成。

(1)自然与人是同一个主体。

自然是精神的潜在，精神是自然最高的花朵(德文 höchste Blüte)、最高的创造(英文 highest creation)，自然以“铁的必然性”发展出思维着的精神(德文 Den denkenden Geist，英文 the thing mind)。

(2)自然是人的身体，人是自然的自我意识。

这里的“人”是指人的普遍人性、人的精神，人通过劳动、科学、艺术等实践活动“意识”自然，同时扩展自身的精神空间；而自然则向着人、向着人的存在、人的认知，甚至人的精神、人的自由发展而生成，并展开其本性。

人的精神、人格的自由发展是自然的最终目的。

一旦失落或遗忘了这个目的，自然和精神都会受到伤害。

恩格斯曾敏感地觉察到了近代科学技术飞速发展以来人与自然的紧张关系，警告人们，“我们统治自然界不像征服者统治异民族一样，决不像站在自然界以外的人一样，相反，我们连同我们的肉、血和头脑都是属于自然界、存在于自然界的，我们对自然界的整个统治，是在于我们比其他动物强，能够正确运用自然规律”。② 自然辩证法中的人和自然的关系不是外在统治的关系，而是内在生成的关系。

3.4　辩证理性的思想“进路”

依据上述，我们可以更深入理解辩证理性的思想“进路”：它“不是单纯的客观规律，也不是单纯的主观方法，而是一种主客观统一的学说，是自然主义和人本主义统一的学说”③。

思想来源：古希腊哲学、德国古典哲学(辩证法)。

逻辑主线：自然的人化，人的自然化(由自然追溯到精神的反思传统)。

---

① 黑格尔. 自然哲学[M]. 梁志学，等，译. 北京：商务印书馆，1997：12.

② 恩格斯. 自然辩证法[M]. 曹葆华，等，译. 北京：人民出版社，1961：146. Friedrich Engels. Dialektik der Natur[M]. Berlin，1955：191.

③ 邓晓芒. 黑格尔辩证法讲演录[M]. 北京：北京大学出版社，2005：96.

主题：自然与人相互规定，自然向着人生成（内在目的论：自然和精神的统一）。

基本规律：从客观性向主观性转化，发展观，在改造世界的过程中认识世界。

近年来，辩证理性的思想进路在科技哲学界渐渐受到冷落甚至暗中拒斥，其中的潜台词大致如下：

(1)思辨方法不能用来理解自然。

追问“科学是什么”“科学建构了怎样的自然图景”，英、美分析哲学或说经典科学哲学占据主导地位。在思想倾向上，科学哲学主张逻辑分析，注重实证，反对黑格尔式的思辨。如波普就公开表态，说黑格尔辩证法是所有荒谬哲学中最为荒谬的一个，自然界遵循辩证规律完全是胡说八道。

(2)哲学也不能给科学以方法论指导。

科学家的态度更明确：自然是怎样的，科学会告诉我们，哲学无权说三道四。

就现代西方经典科学哲学而言，那些科学哲学大师往往是喝自然科学乳汁长大，热爱科学，亲近科学，然而对他们总结出的科学方法，科学家也只是勉强容忍，接受指导是谈不上的；而对于后现代的科学的人文批判、科学的社会研究，科学家们就忍无可忍，甚至奋起反击。这就导致了 20 世纪 90 年代著名的“科学大战”，科学家起来揭露哲学家的无知。

(3)应淡化对前沿科学思想的哲学诠释。

科技哲学界甚至认为现代科学哲学已搞不出什么新花样了，现在是直奔后现代科学哲学的时候了。

科技哲学界已分化为哲学和社会学两大学者群体，年轻一辈的学人则多青睐科学社会学研究。社会学研究看上去门槛相对较低，容易出成果，又是西方学界的热点，可以直接与国际接轨；而要想进入真正的自然哲学或科学哲学研究，所需要的科学背景、哲学素养非“十年磨一剑”的功夫不可，这导致了哲学群体的萎缩和社会学群体的膨胀。

然而，通过对辩证理性的思想源流、核心理念、学说“范式”的重新审视，可以对“学界的潜台词”做出如下判断：

(1)自然自身区分。

朴素意识将自然看成现成的存在，与人区分并对立，这样的“自然”当然无所谓辩证法，这样的意识还未进入哲学的庙堂。

“非人”的自然、自在的自然只是自然的“面具”“外壳”，自然作为整体辩证演进，最终必定打破自己非精神的外壳达到精神，达到自我意识，成为人的自然。

(2)辩证法不是外在的工具而是内在的范导原则。

辩证法不能形式化，不是可以随意取用的工具。它不能告诉我们一个实验该如何做，一个方程该如何写，或是充当事后诸葛亮，在具体的科学成果上附会出辩证规律，就如同把形而上学简单化为“孤立的、静止的、片面的”，这是让辩证法和形而上学一起犯傻。

但是，辩证法也有自己的规范，有如音乐般的内在节奏，可以学习和传授。辩证法具有反思的形式、自否定的内在灵魂。思维活动首先是知性的形式思维，是要达到普遍必然的知识，实现确定的思维规定；这很了不起，但还不够，接下来辩证思维活动进一步揭示出思维规定自身的差异、限度、矛盾、矛盾的根源；最后超越矛盾达到和解。

(3)科学对自然的理解是哲学反思的出发点。

科学对自然的理解同样依据理性，但层次不同。每门自然科学学科都给哲学留下了独特的问题，他们不能解决，但哲学必须永久面对或至少暂时面对。例如，

数是什么？虽然我们有宏伟的数学大厦。

时间的本性？虽然我们有精确无比的原子钟。

生命的本性？虽然我们画出了人类基因图谱。

……

给科学前提以根据，给科学方程以意义，最终使科学成为“人学”的一部分，这是哲学不可逃避的责任。遗憾的是，常常是科学家最先意识到这一点。

4. 作为哲学的前沿科学

如前所述，哲学是科学的母体，随着几何、物理学、生命科学……不断从哲学中分离，独立生长，也给哲学留下了诸如“数是什么”“生命是什么”“什么是时间”等科学不能回答，但哲学却不得不思考的问题。与此同时，科学的前沿进展也会反馈哲学，为永恒的哲学问题，特别是有关“意识和自我意识”“自由意志与决定论的关系”“身与心”等问题的深入理解做出贡献。

4.1　量子世界特异的行为

2012 年诺贝尔物理学奖授予了两位实验物理学家，因为他们开拓性的实验方法使得操纵和测量单个量子系统成为可能(“for ground-breaking experimental methods that enable measuring and manipulation of individual quantum systems”)。①

如图 2.4 所示，戴维·瓦兰的实验是用光子操纵单个离子，使它能够停留在量子叠加态；塞尔什·阿罗什的实验是控制单个光子，再用发胖的原子与它作用形成纠缠态，并且这种操作还可以在不破坏单个量子态的前提下重复做。

单个量子系统纠缠态和叠加态的实现，是对量子学说基本原理进一步的证实，同时，也将量子学说自诞生之日起就给人类思想带来的困扰又一次凸显出来。量子力学所描写的，是不能在直观中呈现的微观世界，许多行为与我们的宏观经验相背离，例如量子叠加态，一个量子可以同时处在多重状态，描写叠加态的量子方程只能告诉我们出现每一种状态的可能性。就日常经验而言，我们难以想象一个经典客体，例如一块石头，同一时刻既“这样”又“那样”，既“在这”又“在那”。早在 1935 年，薛定谔就构想了一个理想实验——著名的薛定谔猫，用来说明量子世界的非定域性和不确定性如果延伸至宏观世界将会如何荒谬。一只猫和一个开关由放射性原子装置控制的毒药瓶一起放置在笼子里，当原子处于激发态，瓶子关闭，猫是活的；当原子跃迁到基态，伴随光子释

① The Nobel Prize in Physics 2012. Nobelprize. org. Nobel Media AB 2014. Web. 13 Apr 2018. http://www.nobelprize.org/nobel_prizes/physics/laureates/2012/.

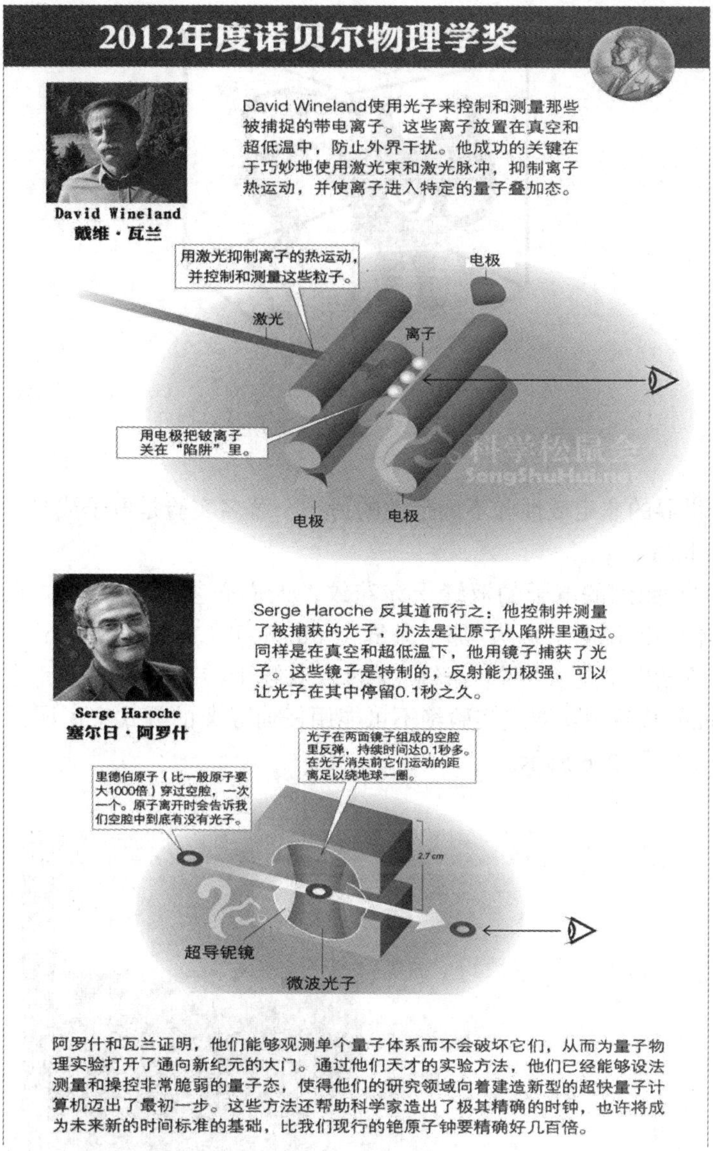

图 2.4　资料来源：Nobel Prize Committee 翻译 & 制图：科学松鼠会

放，瓶子打开，猫就被毒死，用波函数描写猫和放射性原子组成的复合体系，依据正统波函数统计诠释，就只能知道猫死的概率和猫活的概率，换言之，我们只能知道猫不死不活，半死半活。①

戴维·瓦兰的实验可以看成是介观尺度上实现了薛定谔猫态。② 如图 2.5 所示。

① 参见曾谨言. 量子力学卷二[M]. 北京：科学出版社，2000：53.

② 详见 Monroe C, Meekhof D M, King B E, Wineland D J. A “Schrödinger Cat” Superposition State of an Atom[J]. Science, 1996(272): 1131-1136.

图 2.5　薛定谔猫①

体现量子世界的非定域性和不确定性的另一个著名实验是电子或光子的双缝干涉与“判断路径”(which way)。

“为了说明观测到的电子的双缝干涉花纹，人们必须放弃经典粒子轨道运动的概念，特别是人们不能说电子是从‘那一条缝’(which slit)穿过而到达干涉屏上的，而一旦人们能确切判断电子是从‘那一条缝’穿过，双缝干涉花纹将随之完全消失。”②费曼(R. P. Feynman)接着说：双缝实验绝不可能用任何经典的方式来说明，这里蕴含着量子学说的核心。如图 2.6 所示。

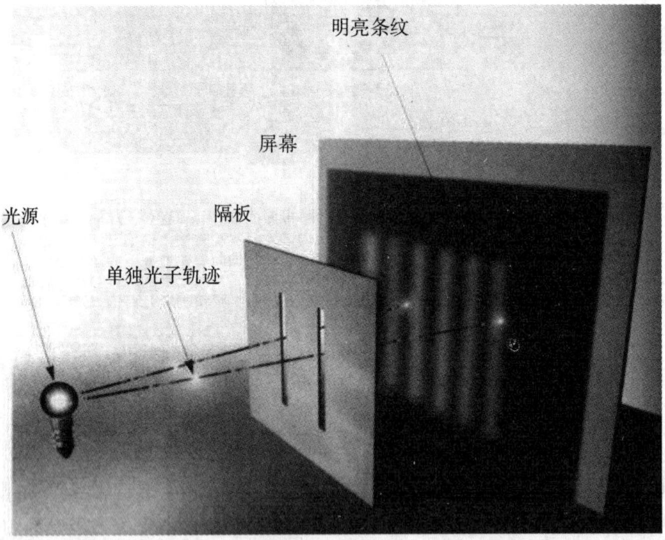

图 2.6　光的双缝实验(图片来源：百度百科)

① https://hughmcdonaldmusic.bandcamp.com/track/schr-dingers-cat.

② 详见 Feynman R P, Leighton R, Sands M, The Feynman Lectures on Physics[J]. Addision-Wesley, Reading, 1965(3).

"A phenomenon which is impossible, absolutely impossible, to explain in any classical way, and which has in the heart of quantum mechanics. We can not make the mystery go away by explaining' how it works, we will just tell you how it works."

如果说，薛定谔猫思想实验和电子双缝干涉实验带来的思想困扰还限于哲学和科学思想领域，“墨子号”量子实验卫星的华丽表演则将量子世界的神奇概念，诸如纠缠态、叠加态、非定域性、不确定性等呈现在普罗大众面前。

2016 年 8 月，中国发射的“墨子号”量子科学实验卫星经过近一年的运行完成了预定的三个任务，包括在 1200 公里距离测量贝尔不等式，首次成功实现星地量子密钥分发，地星量子隐态传输(quantum teleportation)。如图 2.7 所示。

图 2.7 Chinese scientists 'teleported' a quantum state from a photo on the ground up to a satellite 1,400 kilometres away (composite photo)(图片来源：网络)

这些任务都是在远距离上实现了量子叠加和纠缠态，再一次用实验确证量子世界和经典世界遵循不同的法则。可是对量子理论的科学思想和哲学意义的巨大争议并未平息。

Richard Haughton 在《自然》杂志撰文，就中国墨子号实现远距离星地量子态的传输(量子隐态传输)理清事实，援引 Philip Ball 的说法，“不要让这个吸人眼球的名字分散你的注意力，隐形传态在某种程度上也许被错误地命名了，但它所引发的问题直指量子理论的核心”。①

① Richard Haughton. Quantum teleportation is even weirder than you think. Nature, COLUMN: MUSE, doi:10.1038/nature.2017.22321.

Richard Haughton 用简洁平实的例子来说明，量子隐形传输真正传送的是什么？如何实现？困扰在哪？

"Whatever it's called, the process transfers the quantum state of one particle onto another, identical particle, and at the same time erases the state in the original. This situation can't be meaningfully distinguished from one in which the original particle itself has been moved to the target location: that transport has not really happened, but to all appearances it might as well have.

（不论管它叫什么，这个过程将一个粒子的量子态转移到另一个相同的粒子上，同时擦除原始粒子中的量子态。这种情况不能与原始粒子本身被移动到目标位置的情况有意义地区别：传输并没有真正发生，但表面上好像发生了。）

Crucially, however, this works even if you do not know what 'information' you are sending—that is, what the quantum state of the original particle actually is. That's important because making a measurement on an unknown quantum signal can disturb and alter it.

（然而，至关重要的是，即使你不知道你发送的是什么"信息"，即原始粒子的量子态，传输也是有效的。这很重要，因为对未知的量子信号进行测量会干扰和改变它。）

Teleportation of a quantum state uses the phenomenon of quantum entanglement as a means of transmission. When two or more particles are entangled, their quantum states are interdependent, no matter how far apart they are. In effect, they act as a single quantum object, described by a single wavefunction—the mathematical construct that encodes all the quantum properties of the object.

（量子隐态传输利用量子纠缠现象作为传输手段。当两个或更多粒子被纠缠时，它们的量子态是相互依存的，不管它们之间的距离有多远。实际上，它们就像一个单一的量子体，由一个波函数来描述——包含对象（无论两个或多个）所有量子属性的数学结构，这是描写了对象物体的所有量子特性。）

The procedure begins by entangling a pair of particles to set up the quantum transmission channel. Particle A is held by the sender—call her Alice—and B is sent to the receiver, Bob. Because the particles are entangled and thus interdependent, if Alice performs a physical operation on hers, that can be instantaneously reflected in the state of Bob's. Alice also has another particle C: one whose quantum state she does not know, but wants to teleport onto B.

（该过程从制备一对纠缠粒子，建立量子传输通道开始。粒子 *A* 由发送者 Alice 持有，粒子 *B* 被发送给接收者 Bob。因为两粒子是纠缠在一起的，相互依存，如果 Alice 对她的粒子进行某种物理操作，那就可以立即反映在 Bob 粒子的状态中。Alice 还有另一个粒子 *C*：一个她不知道的量子态，但想把它传送到 *B* 上。）

To perform the teleportation, Alice makes a special kind of measurement, called aBell measurement on particles A and C together. Crucially, this doesn't tell her what state C is in. But because of the entanglement between A and B, it places B in a state that can be turned into whatever state C originally had, if Bob applies the right operation. By making her measurement, however, Alice has erased that state from C itself.

(为了实现隐形传态，Alice 在 *A* 和 *C* 粒子上同时进行了一种特殊的测量，叫做贝尔测量。重要的是，她并不知道 *C* 状态是什么。但是，由于 *A* 和 *B* 之间的纠缠，如果 Bob 操作正确能使 *B* 转化为 *C* 的初始状态。然而，通过测量，Alice 已经从 *C* 中抹去了这个初始状态。)

But what is the operation Bob needs to apply to complete the teleportation? He can deduce that from the outcome of Alice's Bell measurement. She has to communicate that outcome to him by some classical means—e-mail, phone, carrier pigeon, whatever works. Once he gets it, Bob knows what to do to turn B into a form identical to the original C.

(但是 Bob 需要申请什么操作才能完成传送呢？他可以从 Alice 贝尔测量的结果中推断出这一点。她必须用一些经典的方式向他传达这个结果——电子邮件、电话、信鸽等。一旦他得到了它，Bob 就知道该怎么做才能把 *B* 变成一个与原来的 *C* 完全相同形式。"①)

在这样的背景下，一篇据称"中科院院士朱清时"的"客观世界很有可能并不存在"(以下简称"朱文")的文章②，试图依据量子纠缠和量子隐态传输来说明意识与存在、信仰与知识、灵魂与身体的关系，产生了广泛社会影响。他的观点可以简洁的表达为：(1)意识是量子力学现象。(2)灵魂是量子信息，会脱离身体存在。(3)佛学与量子学说殊途同归。(4)主观意识决定客观世界。

我们以朱先生的视角为契机，尝试说明量子世界特异的行为方式对哲学思考意识与存在、实在论与反实在论关系的启示。

4.2 意识自身区分

先看第一个观点，意识是量子力学现象。

朱先生认为，大脑中有海量电子处于复杂的纠缠状态，意识就从大脑中这些处于纠缠状态的电子在周期性的坍缩中间产生出来。

他援引彭罗斯和哈梅罗夫的观点，认为人的大脑神经元由一种以蛋白质细胞做骨架的微管组成，这些微管有很多聚合单元，控制细胞生长和神经细胞传输，每个微管里都含有海量处于量子纠缠的电子。在进行观测的时候，大脑神经里海量纠缠态电子就会坍缩，产生了念头，也就是产生了意识。

---

① Richard Haughton. Quantum teleportation is even weirder than you think. Nature, COLUMN: MUSE, doi:10.1038/nature.2017.22321.

② 朱清时. 客观世界很有可能并不存在. http://360doc. om/content/16/1104/15/37667221-603904193.shtml.

这里，首先要明确是在什么维度讨论意识，因为意识是自身区分的。

其一，是意指大脑神经系统所呈现的主体状态。这里涉及的是意识如何产生，意识的产生需要怎样的客观物质条件。在这个意义上，朱先生所说意识产生于大脑神经里海量电子纠缠态的坍缩，“意识是种量子力学现象”的可能性是存在的，但却只是一个接近于纯粹存在陈述的自然科学假说。如前所述，纯粹存在陈述初看是经验陈述，实则属于形而上学，无法证明为假，但也很难相信这个陈述是真实的，只有当给出了有可能实现的限制性条件和可操作定义，才可称之为真正的自然科学假说，科学假说才有被证实或证伪的可能。“意识是种量子力学现象”没有具体的可操作定义，是假装成经验陈述的形而上学陈述，距离真正的自然科学假说还很遥远。

其二，意识也可以意指表达为语言和思想的客观知识。这里就需要考察意识作为人类精神现象这一事实本身的内容和结构，这是哲学知识论的主题。

在哲学领域，特别值得一提的是现象学对作为人类意识结构的研究。

现象学首先显明意识的结构①，即“凡是意识都指向对象”。强调意识在本质上是“关于”某事物的意识。作为意象对象的某事物，不仅仅指在时空中存在的看得见摸得着的感性事物，也可以是人类精神通过艺术或宗教建构的超验对象，意向对象是一切可想象的存在，显现的存在，可能世界的存在。

意识有二重性。一切意识都包括自我意识和对象意识，自我意识其实首先是对象意识，是把自我看成对象的意识，作为意识对象的自我，可以是“我”的意识、思想，也可以是“我”的感性生命活动，对象意识是在先的。

意识使得一切人类活动成为真正属“人”的活动，与动物的活动相区别。

4.3　身与心的关系

第二个观点，灵魂是量子信息，会脱离身体存在。

朱先生同样援引彭罗斯和哈梅罗夫的理论，认为意识是由我们大脑海量的纠缠态电子坍缩而产生，那么意识就不仅存在于我们的大脑神经系统中，也可能存在于宇宙某个不确定的地方，因为宇宙中的电子和大脑中的电子都来源于宇宙起源时的“大爆炸”，大爆炸时会有海量电子处于量子纠缠态，那就不可避免地有量子隐性传输存在，信息传输就能不受时间空间限制了。

朱清时认为，人的意识不仅存在于大脑之中，也存在于宇宙之中，在宇宙的哪个地方不确定。量子纠缠告诉我们，一定有个地方存在着人的意识，这是量子纠缠的结论。如果人的意识不光存在于大脑之中，也通过纠缠而存在于宇宙某处，那么在人死亡的时候，意识就可能离开你的身体，完全进入到宇宙中。

从宇宙起源时的量子纠缠，经由量子隐性传输推演到意识不仅存在于大脑也可能存在于宇宙某个不确定的地方。这样的假设逻辑漏洞太多，可以说又是一个假扮成经验陈

① 参见[美]罗伯特. 索科拉夫斯基. 现象学导论[M]. 高秉江，等，译. 武汉：武汉大学出版社，2008：9. Sokolowski R. Introduction to Phenomenology[M]. Cambridge：Cambridge University Press，2000：9.

述的纯粹存在陈述，既不能证实也不能证伪。

朱清时进一步引申：如果意识是一种量子现象，意识也就可以看成是量子信息，那么在人死亡的时候作为量子信息的意识将会离开身体，就可以模糊地说灵魂离开了身体，“如果用量子信息的方法来解释，说人的大脑意识真是产生于量子信息状态，有量子纠缠存在的话，那么人体的信息是不会消灭的，只会回到宇宙的某处”。那不灭的人体信息，可以看成是灵魂。在这里灵魂已成为可以独立于身体的实体性存在。

问题的关键在于，如何理解身与心的关系。我们认为身与心是一个整体，可区分，但不可剥离，它们相互规定。

现象学方法特别论及如何分析部分与整体。① 整体可以被分为实体性部分和要素，实体性部分是可以从整体中分离的具体物，可以独立成为整体。例如，树的枝、叶、花、果实，是可分离的具体物，可称为树的实体性部分。

要素是不能离开它所依附的整体独立持存的部分，通常是抽象物。要素与整体可区分但不可分离，许多情况下，要素与整体互为要素，相互规定，自由游戏，例如，色调之于颜色，音色之于音乐，视觉之于眼睛，可区分但不可分离。

可是我们常常会忘记这一点，因为我们可以就要素本身思考和谈论要素，我们可以抽象地讨论抽象物，这是语言的魔力，语言可以像言说具体的感性事物那样讨论抽象物，使我们产生幻觉，以为作为要素的抽象物可以从整体中分离而独立存在。这种幻觉最常发生在对“心灵-大脑”“思维-存在”“灵魂-身体”关系探讨中，人们常常把心灵、灵魂与身体、大脑与思维分离开，好像灵魂是可以与身体及大脑分离的实体性部分，而不是奠基于身体和大脑的要素。

依据现象学，心灵-大脑、思维-存在、灵魂-身体相互规定，互为要素，灵魂不能脱离与身体和头脑的联想而得到理解。

量子理论不能支持灵魂独立存在。灵魂是量子信息，会脱离身体存在是打扮成科学命题的纯粹存在命题，虽然不可反驳但可以确信为假，灵魂与身体互为要素，相互规定，不可分离。

4.4 知识与信仰的关系

第三个论点，“佛学与量子学说殊途同归”涉及知识与信仰的关系，或者说，知识是否可以证明信仰，信仰是否需要科学的论证。

朱清时认为，佛学不是迷信，佛学研究的东西和自然科学不同，是宇宙的另一个维度，即意识。佛学的宇宙意识和起心动念类似于量子学说的测量，是念头产生了测量，测量发现了客观世界，因此客观世界是一系列复杂念头造成的。例如，面对一朵玫瑰花，没有分别心的人看花不是花，只有当他动念去看，即动念去测量，原本无分别的自由意识就“坍缩”到一个概念“玫瑰花”上。就如同量子学说对微观世界的说明，电子在不测量时处处都在又处处不在，一旦测量就坍缩为确定的状态了。

① 参见［美］罗伯特·索科拉夫斯基. 现象学导论［M］. 高秉江，等，译. 武汉：武汉大学出版社，2008：23-27.

佛学是不是迷信，在于我们如何理解信仰。

邓晓芒将宗教区分为自然宗教、实用宗教、自由宗教。

(1) 自然宗教源于人们对疾病、死亡的恐惧，对自然和人世神秘力量的敬畏，也可称为巫术、迷信。

(2) 实用宗教是要借助信仰求得现世的好处，至于信奉的神明来自何方无关紧要，灵验就好。普通百姓，信观音拜菩萨，供奉关公灶王爷，为求现世平安，贪心点的，祈求升官发财生儿子。权贵更是和“王林”大师们勾搭，只求老天保佑，别出事啊。

(3) 自由宗教是纯粹精神性的，不因恐惧、习惯、传统或强迫，也不为任何现世的好处，而是理性思考的结果。黑格尔认为，只有基督教是这样的宗教，是普世的，自由的，“作为宗教的宗教”。

近现代以来，智识阶层普遍认同，真正的信仰是纯粹精神性的，只相关内心世界，是道德良知，情感皈依，与现世的利害得失无关。所谓“恺撒的归恺撒，上帝的归上帝”。

不过这个内心世界对不同的信仰者意义不同。

在卢梭，是道德良知。“一颗真诚的心，才是上帝真正的殿堂。”

在康德，是道德律令。自然孕育了生命，又以她的丰饶给予我们幸福，以她的美引导我们从事科学和艺术，进而追求道德生活，就“好象”有一个更高的意志(上帝)，以人的自由意志和道德存在为目的设计和创造了自然。

在黑格尔，是永恒的创造精神。上帝不是教堂里供奉的偶像，也不是抽象的概念，上帝作为无限的精神贯穿于现实的活生生的自然和精神之中。

在爱因斯坦，是宇宙宗教情感。自然和精神世界显现出崇高庄严不可思议的秩序，最不可理解的是它居然可以理解，这足以激发对科学和艺术的热忱。

据此看来，朱清时对佛的信仰类似于爱因斯坦的宇宙宗教情感。佛家讲“吾心即宇宙，宇宙即吾心”，心灵如镜，可以照见宇宙本体的模样，信仰者追求的境界是心灵与宇宙相契合的顿悟瞬间，是天人相和的澄明之境。

问题是佛家对宇宙和心灵的感悟是否能够和是否需要用量子学说加以论证?

中世纪基督教神学家们曾在一千年间尝试用各种理性方法证明上帝的存在，最为著名的是神学家托马斯·阿奎那的论证。阿奎那认为神学是一门科学，可以用科学理性推出上帝的存在。为此，他吸收了古希腊许多科学思想，特别是亚里士多德的科学和哲学成就，摒弃了其中和神学不相容的部分，把相容的部分改造得每个细节几乎都与圣经一致。

随着牛顿经典力学和达尔文生命演化学说的确立，上帝的话语和科学学说对自然的理解产生巨大分歧，迫使人们重新思考科学与信仰的关系。康德认为，人类知识的边界是可能经验，科学研究的对象是在时空中存在的，有生有死的有限事物，纯粹理性(数学、逻辑)只可运用于经验事物，当用在诸如上帝、灵魂、自然整体这样无限性对象时注定会陷入纯粹理性的二律背反，这是纯粹理性的误用。我们不能运用形式思维和科学思维来论证信仰，如果这样做就注定陷入自相矛盾。

知识和信仰属于人类精神的不同维度，知识不能证实也不能证伪信仰，并且信仰也无需科学来论证。理性不能证明一切。信仰是不证自明的，信仰显现自己，上帝在信仰中显现自身。“God is”不是上帝存在，而是上帝显现，信仰让上帝显现，让上帝在场。

佛家对宇宙和心灵的领悟与量子学说完全是两种思想体系，一个求真，一个诉诸良知和情感，都是人类精神不可或缺的维度，宇宙心灵不能也无需量子纠缠来证明。

4.5 物质世界和意识的关系

朱清时以自己的方式延伸理解了薛定谔猫和电子干涉实验，并据此说明物质世界和意识的关系。他认为意识是量子力学的基础，物质世界和意识不可分开。“意识是物质世界的基础，意识才使物质世界从不确定到确定。”

同样，我们首先要区分意识自身：

其一，是大脑神经网络呈现出的属于主体的精神状态，这通常是自然科学，诸如心理学、生理学、生物学、物理化学研究的对象。

其二，是作为人类精神活动必要条件的对象意识和自我意识，是意识作为意识自身的内容和结构，是对象化的思想。作为思想的对象化意识虽然源于意识主体的认识活动，但一旦生成就具有客观性和必然性，对意识自身内容和结构的反思是属于哲学的超越性工作。

其三，是有意识的行动。在科学活动中特指依据科学原则所进行的观察或测量，这里的意识特指测量所依据的科学思想以及测量所要实现的目标。

所以我们就要具体分析，朱清时先生关于物质世界和意识关系的论断是在何种意义上作出的，以及合理与不合理的地方。

依据薛定谔猫和电子干涉实验，朱认为意识是量子力学的基础，因为一定要有意识参与，量子体系才从不确定变成确定状态；同理，意识也是物质世界的基础，因为意识使物质世界从不确定坍缩为确定状态。

要追问的是，在薛定谔猫和电子干涉实验中使得量子叠加态或电子可能路径由不确定状态坍缩至确定状态的，是大脑所呈现的属于主体的精神状态，还是依据科学思想有目的的测量(哪怕这种测量行为仅仅是用眼睛观察)？显然是后者。

朱自己的理解倾向于前者，即意识是属于主体的精神状态。他将意识等同于佛家的起心动念，说一个没有分别心的人，看花不是花，当他起了“看”的念头，也就是有了看花的意识，花就呈现出来了，因此引申出主观意识是客观世界基础的论断。如前所述，不是作为主体精神状态的起心动念，而是有意识的测量行为使得量子态由不确定坍缩到确定状态。显然，作为主体精神状态的意识不能决定客观世界样貌，更不能决定客观世界是否存在。

如果主体意识不能规定客观世界是否存在，是否意味着有意识的测量行为与客观世界所呈现出的图景无关？

并非如此。自然科学的观察和实验总是在理论框架下进行，是理论的物化，因此“有意识的测量”中的意识可以看成科学理论，意识与客观世界的关系问题就演变为理论与实在的关系问题，这触及哲学中长久的科学实在论与反实在论的论争。

朴素的科学实在论认为物理世界独立于人的思维和感知而存在，科学理论是对感性现象背后普遍必然性的揭示，是对客观世界真理性的认识。经典牛顿力学描写宏观客体运动规律，宏观运动规律是决定论的(deterministic)，即初始时刻的空间坐标和动量一经确定，则客体随时间演化的过程就随之确定了。表面上，经典的科学决定论与朴素实在论很契合，经典科学容易接受朴素实在论的信念，即存在一个真实的外部世界，其属性是确定的，与感知它们的观察者无关。

量子学说将不确定性引入自然科学，给朴素实在论信仰带来巨大困扰。微观粒子既是粒子也是波，具有波动-粒子两象性(wave-particle duality)，呈现出粒子还是波的属性取决于测度方法。

“实验观测中所展现出来的‘粒子性’，只不过是微观粒子的‘原子性’(atomicity)或‘颗粒性’(corpuscularity)，即粒子是具有确切的内禀属性(电荷、质量等)的一个客体，但并不意味着粒子在空间中的运动具有确切的轨道，后一概念乃是经典力学中粒子运动的特性，与双缝干涉实验中显示出的粒子的波动性是不相容的，近年来已有直接实验(所谓 which-way 实验)证明，当人们可以确切判断粒子是从双缝中的那一条缝穿过时，双缝干涉花纹就会完全消失。

另一方面，实验观测到的微观粒子的‘波动性’只不过是波动现象最本质的要素，即波的‘相干叠加性’(coherent superposition)，但并不意味着这种波动一定是某种实在的物理量的波动。”①

经典量子力学有三个核心方程，所表达的物理思想对素朴的决定论和实在论都是颠覆性的。

其一，薛定谔(E. Schrödinger)波函数，是量子微分方程。波函数是“概率波”，是描写微观粒子在空间出现的概率分布，这种概率分布只是对粒子测量结果的一种预期(expectation)，并非粒子已经具有了那样的分布等待人去观测。这便是经典的波函数统计诠释。

其二，海森堡(W. Heisenberg)矩阵力学，是量子代数方程。矩阵力学形式和经典力学相似，但运算规则不同，遵循乘法不对易的代数，其物理意义是微观量子共轭量不可同时确定，例如，坐标与动量是一对共轭量，测度到了位置，就测度不到确定的动量。海森堡认为物理理论只应讨论可观测的量，如“电子轨道”是一个经典概念，其实是不可测度的，因为任何对电子轨道的测量都会改变电子的运行状态，建构物理理论要从可测度的量入手，例如，原子辐射的频率和强度，是可以通过光谱分析测度到的物理量。

其三，费曼(R. P. Feynman)路径积分，是量子积分方程。微观粒子没有“轨道”也可理解成拥有所有可能的轨道，对所有可能的连续变化的轨道进行积分，就可以得到微观粒子最有可能经过的那一个。

我们相信诸如电子、夸克这样的微观粒子的存在，但这样的微观粒子是看不见的，描写微观粒子运行规律的量子方程只能告诉我们微观粒子既是粒子也是波，呈现为粒子性还是波动性取决于我们的测度方式。

---

① 曾谨言. 量子力学卷二[M]. 北京：科学出版社，2000：2.

(1)反实在论是否能容纳量子世界的不确定性?

反实在论区分经验知识和理论知识，区分经验陈述与理论陈述，认为观察和实验有实在意义，理论仅仅是有用的工具，是用来计算和预言现象的方法，不能当作是对实在世界的真实描述。科学概念是超自然的，不指称现象和感性。例如，贝克莱就认为，科学理论仅仅是工具，牛顿理论的核心概念，如“引力”，是超自然的概念，看不见摸不着，不能指称任何观察、感知或现象。

波普承认，科学概念是超自然的，认为这是贝克莱“真正伟大的发现”，但不认同据此推定科学概念和科学理论仅仅是数学工具，与实在无涉。波普认为，“的确，在贝克莱‘超自然的’意义上，所有科学概念都是超自然的：它们被用来描述一个看不见的(unseen)、不可见的(invisible)世界的看不见的、确实不可见的结构特性。但并不意味着借助这些概念形成的理论是‘超自然的’‘形而上学的’或‘非经验的’：它们的结论完全可能被检验”。① 用超自然的概念建构不可见的世界，不可见的结构，建构起具有普遍必然性的世界图景，不意味科学理论本身是形而上学的。科学理论和形而上学的区别不在于所使用概念的抽象性，是否可见可感知，而在于理论的结果和预见是否愿意以及是否可能被实验检验。

波普更进一步论证，贝克莱对理论概念的批判还不够彻底，没有明白在“看不见的(unseen)、不可见的(invisible)”意义上，日常语言的大多数谓词，大多数全称概念也是“抽象的”“结构的”“关系的”或“意向性的”，甚至被经验的、形而上学的、宗教的理论所渗透。例如，“父亲”和“儿子”，是原始母系社会不会有的经验，父与子之间的因果关系属于形而上学，是基督教的三位一体和道成肉身，比牛顿“引力”更为抽象。②

经典科学哲学有一个共识——“观察渗透理论”。有资格称为科学的观察，必须是在可控的条件下进行，可以普遍重复，通常要有理论指导，是理论的物化。科学观察和测量建构科学事实。如果把科学事实看作“实在”，那么实在是由主客体相互作用，共同建构的。

如此看来，科学理论、科学概念与观察陈述日常语言的差别就仅仅是抽象程度上的差别而已，那么反实在论对经验知识和理论知识、经验陈述与理论陈述的区分就成为不可能了。

可见，哲学传统中的实在论与反实在论都不能容纳量子世界的不确定性。

霍金则倡导“依赖模型的实在论(model-dependent realism)”。③ 霍金认为，追问“科学理论应当是决定论的还是概率论的”“微观粒子本身究竟是粒子还是波”“一个科学模型是否描写了实在”，这样仅就主体或客体、理论或事实单方面提出的问题都毫无意义，真正的问题要从科学理论与观测事实的关系入手，要追问的只有理论是否符合观

① [英]卡尔·波普尔. 实在论与科学的目标[M]. 刘国柱，译. 杭州：中国美术学院出版社，2008：103.

② 参见[英]卡尔·波普尔. 实在论与科学的目标[M]. 刘国柱，译. 杭州：中国美术学院出版社，2008：105.

③ Hawking S. The Grand design[M]. New York：Bantam Book，2010：37.

测，而不是科学理论是否真实。如果有多个理论都与观测相符，不能说哪一个更真实，而是选择一个好的模型。所谓好的模型，在数学上要尽可能简洁优雅，较少的前提和任意性，较强的预见力和说明力，加上预见与观测相符，我们就可以暂时作为好的假说接受它。

(2)不存在与理论无关的实在。

霍金如波普一样，把思想延伸到了常识，认为依赖模型的实在论不但适用于科学模型，而且适用于建构日常经验的心理模式"没办法将观察者-我们从我们对世界的认识中排除，认识是通过感觉过程以及通过思维和推理方式产生的。我们的认识——因而我们的理论以其为基础的观测不是直接的，而是由一种类似透镜之物——我们人脑的解释结构塑造的"。①

"人脑的解释结构"可以理解为康德意义上属于主体的认识结构，如同一张透亮的网把感性材料纳入其中，包括先天直观形式(时空)、先验范畴、先验原则，这是属于人类理性的认知结构，不属于外星人也不属于上帝。所以康德说人为自然立法。

(3)实在是人依据自己的感性原则和认识原则建构的世界图景，是人类与自然，以及理性人之间达成的共识。

例如，我们看不见(如同看见苹果或月球那样)亚原子粒子，看不见电子，看到的是每种元素都呈现出的特征谱线(辐射或吸收光谱)，或者电视显像管上的光点。量子理论对电子行为的描述具有不确定性：依据量子波动方程，电子波函数预言了电子出现的概率分布，这是对电子行为测量结果的一种预期，并非电子已经分布成那样等待人去测量；依据量子矩阵力学，电子的坐标和动量不可能同时确定，电子呈现为粒子性还是波动性取决于人如何测量，粒子性和波动性都是电子潜在的属性；为说明电子双缝干涉实验，费曼认为电子不像宏观客体那样遵循单独的明确路径，而是取每一条而且是同时取每一条可能的路径，观测到电子在某个给定点出现的机会依赖于对所有可能的路径求和。依据量子理论，我们不可能"仅仅"旁观如电子这样的微观客体，必须承认每一次对电子的观测都必然和待观测的电子相互作用，观测到的现象是主客体相互作用呈现出的现象，我们看不到自然状态的电子。

再比如，我们也看不见夸克。夸克是用来说明亚原子粒子结构的模型，由于在理论上分离出自由夸克需要无穷大的能量，因此自然中不可能存在自由夸克。一个原则上不可分离、永远不可能观测到的对象，却是物理学前沿理论——"标准模型"不可或缺的"实在"。

标准模型(Standard Model)认为，宇宙由 62 种不可再分的基本粒子构成，基本粒子可以分为两大类：费米子(fermion)和玻色子(boson)。费米子是构成物质"实体"的粒子，也称为物质粒子，而玻色子则传递基本相互作用，也可称为载力粒子。最初的标准模型不能说明基本粒子质量的来源。希格斯预言，在宇宙大爆炸约十几秒后，希格斯场和与之相对应的希格斯粒子同时形成，除了光子，其他的基本粒子与希格斯粒子发生碰撞后，获得了质量，速度就慢下来了，慢下来的基本粒子"夸克"通过强力、弱力及电

---

① Hawking S, The Grand design[M]. New York: Bantam Book, 2010: 38.

磁力这三种基本作用力组合成各种复合粒子，进而组成物质世界。希格斯-玻色子被称为“上帝粒子”，因为它揭示了质量起源或说物质起源的关键机制。2013 年，欧洲核子研究中心(CERN)的两个研究团队 ATLAS 和 CMS，通过分析大型强子对撞机（Large Hadron Collider)的实验数据，证实了“上帝粒子”的存在，希格斯也因“上帝粒子”的预言赢得 2013 年度诺贝尔物理奖。

“上帝粒子”我们看不见，实验观测到的是希格斯粒子衰变后产生的光子，与希格斯粒子碰撞后获得质量的基本粒子，那些同样看不见的夸克却是我们大千世界的基石。如图 2. 8 所示。

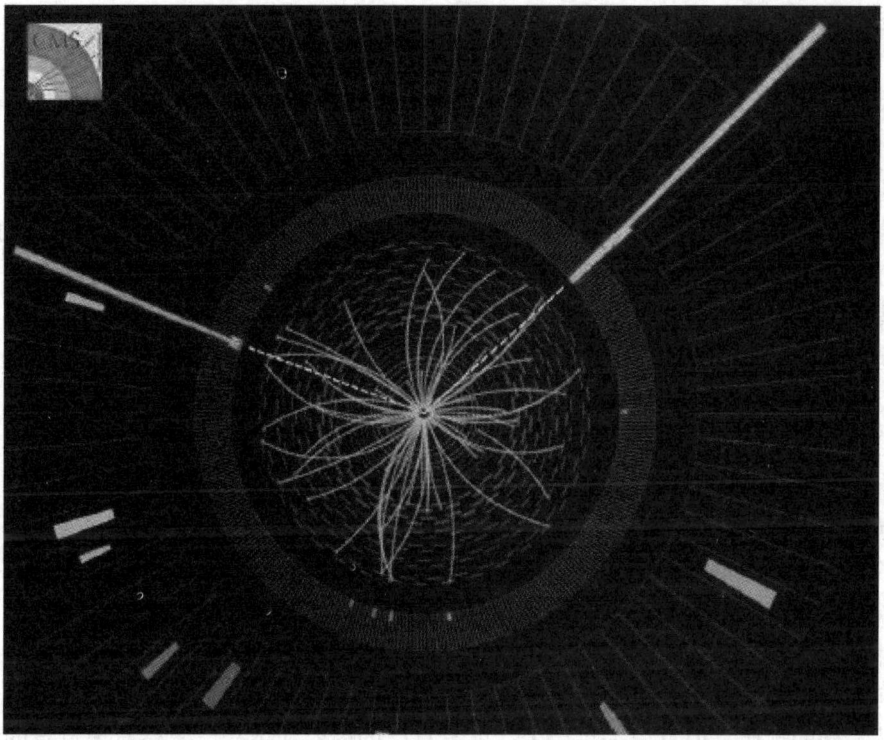

图 2. 8　希格斯粒子在产生之后几乎瞬间就会衰变成两个光子

所有的科学理论都承认电子的存在，即便看不见自然状态的电子。前沿的科学理论确认夸克是真实存在的，即便在自然中不可能存在自由夸克。在科学建构的自然图景中，看不见的夸克是世界的基石。

换言之，依赖模型的实在论认为，意识与客观世界、理论与实在可区分但不可分离。世界是人类意识指涉的对象，但世界的样貌要在人类意识中呈现，世界是人类意识到的世界。同样，实在的图景由科学理论建构，不同的科学理论都能做出与观察相一致的预见，没有哪一个更“实在”，我们只是选择一个“好”的模型，如果：

“①它是优雅的；

②它包含很少任意或者可调整的元素；

③它和全部已有的观测一致并能解释之；

④它对将来的观测做出详细预言，如果这些预言不成立，观测就能证伪这个模型。”①

不存在与人类认识和实践活动无关的实在，实在的模样在人类的认识和感性活动中，并且也只能在人类的认识和感性活动中呈现自己。

意识不能决定世界是否存在，但意识自身的结构以及有意识的感性活动却决定着世界的模样。意识与世界相互规定，可区分但不可分离。

在这个意义上，朱清时说“世界离不开意识”又是有道理的。

4.6 伸向哲学的伪足

朱清时关于“人的主观意识是客观物质世界的基础”，以及“灵魂可以在宇宙中独立存在”的论述，都受到了来自哲学界特别是科学界的批评。

比如李淼，明确指出量子力学的世界的确神奇，但还没有神奇到支持意识决定世界和灵魂存在。原则上科学可以说明一切现象，但也有许多未曾说明的，比如人类的意识和情感，就是奇迹中的奇迹，面对神秘未知世界，有人尝试用理性，也有人诉诸宗教寻求答案。可是科学与宗教属于人类心灵的不同维度，用科学支持宗教，或用宗教说明科学都是危险的，对双方都会带来伤害。

可是，为什么一个科学家要用科学思想来证明自己的宗教信仰？

笔者认为问题的关键是没有意识到思想的边界。

朱清时论及的是诸如意识、灵魂、世界这样的对象，这些对象是自身区分的，可以从不同维度来思考。如前所述，意识至少可区分为三个层面：其一，是大脑神经网络呈现出的属于主体的精神状态，可称为经验性意识。其二，是作为人类精神活动必要条件的对象意识和自我意识，是意识作为意识自身的内容和结构，是对象化的思想，可称为先验性意识。其三，是有意识的感性生命活动。我们当然可以用自然科学的方法研究意识如何在诸如原子分子夸克的、生物的、生理的、心理的层面如何产生，在这些经验层面遵从怎样的规律，但意识一旦产生，就有自己的内容和结构，考察意识自身的结构和内容更多是属于哲学的先验性原则，与自然科学有所不同。

意识既是经验的也是先验的。既是由这个世界物质的、生物的、生理的、心理的过程所产生，与自然过程存在因果互动关系，又可以与这个世界相对峙，遵循与自然法则完全不同的人类精神法则，或说自由的法则。

对先验意识的考察是现象学的主题。现象学首先明确意识的先验结构，即“凡是意识都指向对象”。

我们的每一个意识行为都是“关于某事物或别的事物的意识”②，都指向对象。意

---

① Hawking S, The Grand design[M]. New York: Bantam Book, 2010: 38.

② 参见［美］罗伯特·索科拉夫斯基. 现象学导论[M]. 高秉江，等，译. 武汉：武汉大学出版社，2008：8.

向对象不仅仅指能在时空中呈现的有限的感性事物，如日月星辰、植物动物，而且是一切可想象的存在，显现的存在，可能世界的存在。也可以是超验的对象，如上帝、灵魂、自然整体。

当然，意向性因意向对象的不同而高度差异化，即便同一个对象，也要区分不同形式结构，意向的方式也截然不同。现象学特别分析了三种形式结构：

(1)部分与整体。①

对整体我们可分为实体性部分和要素。实体性部分是具体物，可以独立成为整体，例如，树的枝叶、花朵、果实，可看作树的实体性部分。要素是抽象物，“是不能够离开它们所依属的整体而持存或者被呈现的部分；它们不能与其整体分离”。要素可与整体区分，但不可分离。

我们可以就要素本身来谈论要素，好像要素可以离开整体独立持存，这是语言的魔力。语言可以以共相以抽象物为对象，可以把要素从整体中剥离出来，单独讨论，于是我们就会产生幻觉，以为要素真的可以与整体分离。例如，身-心，灵魂-世界的关系，许多人如朱清时先生这样，认为心灵可以独立于身体和大脑而独立存在，灵魂可以从它所属的世界中剥离出来，作为实体性的部分单独存在。现象学认为，这是幻觉。心灵原本就是属于身体的心灵，灵魂原本就是以感性、知觉、认知拥有世界，拥有理性、情感、道德生活的灵魂，身-心，灵魂-世界，互为要素，可区分但不可分离，它们相互规定。

(2)多样性与统一性。②

现象学认为，事物可以多种方式表达，但事物本身不同于它的任何表达。③ 例如，常识的世界是日月星辰、山川河流、植物动物；艺术的世界是美的显现；信仰的世界是上帝的创造；科学的世界诞生于虚时间，霍金果壳中的宇宙是宇宙生命的种子，包含宇宙基因图谱，经过大爆炸演变为今天我们的宇宙。可是世界本身，或说哲学思考的世界却不同于常识、艺术、宗教和科学所表达的世界，也区别于各种表达之和，世界本身超越于表达维度。

世界上存在许多事物，以不同的显现方式被给予。存在感官可以感知的宏观事物，也存在看不见但却可以接受实验检验的亚原子粒子——夸克，存在通过信仰显现的上帝，也存在艺术家创造的传达情感的作品，可是世界本身却不是世界中事物的总和，它作为“一切”被给予。世界属于同一性，同一性区别于多样性之和，同一性不是多样性的一个成员，同一性超出显现之维。④

---

① 参见 Sokolowski R. Introduction to Phenomenology[M]. Cambridge：Cambridge University Press, 2000：23.

② 参见 Sokolowski R. Introduction to Phenomenology[M]. Cambridge：Cambridge University Press, 2000：27-32.

③ 参见 Sokolowski R. Introduction to Phenomenology[M]. Cambridge：Cambridge University Press, 2000：28.

④ 参见 Sokolowski R. Introduction to Phenomenology[M]. Cambridge：Cambridge University Press, 2000：30.

(3)在场与缺席。①

现象学认为，事物都是在缺席与在场的混合中被给予，缺席的方式各个不同。诸如太遥远，被遗忘，被遮蔽，或者超出我们的理解被给予……在场的方式也不一样。时间流逝让未来在场；理性推演让复杂的数学证明在场；信仰让上帝显现，真情挚爱让美在场。

例如，自我可区分为先验自我、经验自我与超验的我。②

经验自我是世界中的普通一员，居住在时空中，是心理的、生物的、原子分子夸克的，处在与世界的因果关系中，遵守自然规律。

先验自我通过感性的认识和感性的需要展开一个世界，能以感性生命活动和理性认知拥有世界，能够运用理性追求真理，成为真理的执行者，能够给予真情挚爱，并期待同等情感的共鸣。在纵情恣意施展自己意志的时候，能理解到他人也是人，不是工具，能够明辨善恶。

超验的我意识到我就是这样悖谬的存在，既是先验的也是经验的，既是世界的一部分又拥有世界。

我的活动首先以经验自我的方式在场。资本的时代，我的头脑和双手都异化为一般等价物，每个我都想方设法把自己卖个好价钱以满足人的本能需要。可是真正作为人的活动必然要求情感、意志和理性的参与，否则身心都会受到伤害。先验自我可能被遮蔽，被遗忘，但也是以被遮蔽被遗忘的方式被给予，并总能以去蔽的方式显现。我的活动总要指向意义、价值、真理等先验的目标，否则就可能完全退化为动物的本能。

心理主义把理性、道德、情感看成心灵的经验性活动，是最阴险的还原论，是把自我仅仅看成经验性的，只服从本能，只被自然规律所规定。

思考诸如自我、意识、灵魂、世界这样的对象，可以是常识、理性科学、宗教、艺术、哲学等维度，通常我们会不加反思地从最熟悉和最直接的常识或科学入手，可称为自然态度。自然态度中自然地存在着对哲学态度的预期，我们都拥有整体感、自我感，都会对意向性和显现的真理有所感觉，但却试图用属于自然态度的范畴处理这样的先验对象，即把自我、意识、灵魂、世界整体都看成是经验性的事物，把它们心理学化、现象化、实体化，使得“世界成为事情，现象成为障碍，自我被实体化，意向被心理化”。③ 正如朱先生所做的，把意识还原为属于主体精神状态的心理学的起心动念，再进一步还原为生命科学蛋白质微管的功能，还原为微管结构中的电子纠缠态，这样的意识仅仅呈现为经验性的自然现象，最后又从大脑中分离出来，如同其他实体一样成为独立存在的灵魂。如此还原可称为存在论的还原之路，它“迷失于实证性”，没有探索意

---

① 参见[美]罗伯特·索科拉夫斯基. 现象学导论[M]. 高秉江，等，译. 武汉：武汉大学出版社，2008：33-40. Sokolowski R. Introduction to Phenomenology [M]. Cambridge：Cambridge University Press，2000：33-40.

② 参见[美]罗伯特·索科拉夫斯基. 现象学导论[M]. 高秉江，等，译. 武汉：武汉大学出版社，2008：110.

③ Sokolowski R. Introduction to Phenomenology[M]. Cambridge：Cambridge University Press，2000：27.

向性、证实方式和主体间性。

真正的哲学态度不但要关注到意识的主体性和经验性层面，还要考察意识自身，关注到意识自身的结构。哲学的态度会考察意识的对象以及意向对象因意向方式的不同所呈现出的高度差异，以及意识一旦成为意识就具有的主体间性。

当我们用存在论的还原方法处理整体性和意向性，处理超验的无限性对象，如意识、灵魂、世界等，属于科学理性思维的误用，可称为伸向哲学的伪足。

第3章　科学与艺术

科学追求真理，艺术传达情感，属于人类精神的不同维度，如何关联？

1. 古希腊：科学与艺术同源

古希腊时代，哲学和科学是追根溯源的事业，哲学追问宇宙万物的本原，本原可以区分为三个层面：变化中不变的普遍法则、创始的力量、整体属性。不同哲学家追溯到的本原各不相同，其中毕达哥拉斯的“数学和谐性”、德谟克利特的原子说、柏拉图的理念、亚里士多德的内在目的论等孕育了理性科学思想的雏形，可称为科学研究纲领，有算数、几何及目的论研究纲领。

算数或说原子论研究纲领影响最为深远。用不可见不可入的原子在虚空中的运动说明和预见万物万千的形态和变化，演变到今天是用不可见不可分离为自由形态的夸克(费米子与玻色子)作为基本粒子宇宙之砖建构起整个世界。研究微观世界运动规律的量子学说成为整个经验科学最基础最核心的部分。

几何研究纲领用结构的眼光看世界，催生出欧氏几何，欧氏几何作为假说演绎体系成为科学建构理论的典范，为牛顿、爱因斯坦、麦克斯韦、霍金准备了工具箱。

目的论研究纲领认为宇宙的一切创造都有目的，事物的运动变化都是为了趋向自然为它规定好的位置，生命和宇宙整体是潜在的可能性存在，它们的演进是实现目的的过程。

古希腊哲学同样孕育了关于美的思想，美的思想与科学思想高度一致，或者说，美与真是统一的。

美，是毕达哥拉斯的“数学和谐性”，苏格拉底的“效用”，柏拉图的“理念”，亚里士多德的“有机整一性”。

美是数的和谐性。毕达哥拉斯学派发现，好看的形态具有特别的比例关系，即著名的“黄金分割”；好听的和谐的音乐，和弦琶音都由琴弦特定的弦长关系决定；最为神奇的是，毕达哥拉斯把数学和谐性思想外推到了对天体间关系的理解，认为天体会演奏出天体的乐章，天籁之音是由天体间距离的和谐关系决定，美感是天体运动与灵魂运动的和谐共鸣。身体如琴，心灵是宇宙弹奏的乐章。

对数学和谐性的追求在自然科学中演变为建构科学理论的重要原则，即美的原则。美的原则要求自然科学的数学表达尽可能简洁、优雅，从尽可能少的前提出发，合乎逻辑地推演出整个形式体系，对判定新理论的取舍至关重要。

在科学史上，这样的实例比比皆是。例如，哥白尼日心说取代托勒密本轮均轮说，一个最为重要的原因是哥白尼日心说的数学体系较本轮均轮说简洁许多，日心说用40多个圆周运动的整合说明行星视运行，而地心说需要80多个。因此，即便是感受到了日心说对宗教教义的挑战，教皇格列高利改革历法时也不拒绝利用它。

爱因斯坦广义相对论提出时，广义相对论思想的革命性远远超越于当时的科学界至少50年，可是并未妨碍科学界在尚未充分质疑的情况下接受它。除了广义相对论的预见被证实，另一个重要的理由是广义相对论的数学形式太漂亮了，仅仅广义相对性原理和等效原理两个前提预设，漂亮深奥的黎曼几何张量分析，一组对称方程，让追求形式美的科学界印象深刻。

科学家们甚至暗地里相信，数学形式体系若形式上是美的，就应当是真的。

天体演奏着天体的乐章，这乐章“听”不见，是无形的，但开普勒不曾怀疑过天籁之音在唱响，那是美的。正是通过倾听上天的音乐，开普勒发现了行星运动三定律。

又如当今物理学家们最为钟爱的标准模型，其中的许多假设数十年来得不到实验支持，可是标准模型的数学形式太漂亮了，科学家们舍不得放弃，只能不断修补。

在苏格拉底，人是自然的存在，又是神性的存在，人与物的关系是实用的合适，人与神的关系是精神的合适，诗人、艺术家和神的作品表达了事物和理智的意图之间的合适，就可称为美了，“美就是合适”。苏格拉底的美与真的确关系不大。

柏拉图的“美”在“理念”。美的理念或说美本身是心灵的眼睛看到的直观的形象，一切事物只是“分有”了“美的理念”才是美的，自然界的美是美的理念的影子，艺术模仿自然，是“影子的影子”。“美的理念”可以形成由低到高不断上升的目的系统：最初极的美是自然和器物之美，外貌之美；之上就是个体人的好性情，心灵的尽善尽美；社会生活以中和、正义为美；更高的是绝对美，形式之美和学问知识之美；最高的美是美的理念，美自身。

柏拉图对科学的贡献主要是提出了“柏拉图立体”和“柏拉图问题”。柏拉图立体用抽象的立体几何替代同样抽象的不可分不可入的原子；柏拉图问题为后来的宇宙学家天文学家们规定了任务，即拯救行星运行。柏拉图认为，天体运行应当是完美的圆周运动，可行星运行的轨迹并非如此，看上去是不守规矩的“漫游者”，其中金星甚至会逆行，宇宙学家的任务就是要想办法拯救这种不符合美的原则的现象。

波普认为，柏拉图倡导了新的，区别与原子论和数学和谐性的几何自然观，促成了欧氏几何作为宇宙整体结构的确立。

亚里士多德关于美的规定是“有机整一性”“内在合目的性”。亚里士多德认为合乎神的目的的行为就是善的美好的，美则是这一行为的“形式”的整一性。现代生命科学把生命理解为有着内在目的的存在，目的是潜在的，潜在地蕴含在基因图谱中，基因图谱包含着生命所有遗传信息，生命的生长过程就是展现出生命所有潜在的可能，完成自己的过程。当科学面对的对象是生命和宇宙这样整体性的存在时，目的论研究纲领是最为重要的进路。

古希腊哲学也是追求智慧、追求真理的事业，它的表达形态是思想，是思想的纯粹化、深入化和系统化，成为知识体系，谓之科学。

在古希腊时代，科学是纯粹化、系统化的知识，是知识的全体，与哲学难以区分。

依据亚里士多德，哲学的主题包括理论理性、实践理性和创制理性，理论理性研究物理学——变动的存在者、数学——不变的存在者、神学——自身包含着内在目的的存在者；实践理性相关伦理和政治生活；创制理性相关技艺，诗学。

现代意义上的自然科学属于理论理性，艺术与创制理性相关。

从词源上看，现代英语中“科学”(science)一词，源于古希腊语 episteme，意为“洞见”，吴国盛进一步将 episteme 说明为“事物的永恒的秩序”“普遍的真理”“追求普遍知识的理想本身，或说自由本身”。

我们前面论述过，起源于古希腊的理性科学有着独特的精神特质。首先，是反思的。反思是追根溯源，是追溯变化中不变的普遍法则和确定性。其次，是批判的，因为真理是彼岸的，不可能一劳永逸地达至，我们所获得的所有知识都有可能出错，或者有自己的边界，都需要经受理性批判。再有，就是追求真理的自由精神。从事科学不是为了科学之外的目的，而是因为对世界和生命自身的好奇。

在一定意义上，可以把科学规定为自由加理性。

从词源上看，现代意义上美的“艺术”(art)源于古希腊语词 techne，意为“创制”“精通”“熟知”，也可称为“技艺”，泛指一切包含有人的目的、人的尺度的人类活动，并且延伸到神的目的，包括音乐、绘画、诗歌、建筑、雕塑，也包括酿酒、农耕、烹饪等。技艺由自由加手工两部分组成，自由是人的本性、人的神性，当技艺炉火纯青，技近乎于道，自由就能完美呈现，这便达到了美的艺术了。

亚里士多德认为①，神是伟大的艺术家，万物是神的作品，人是神最伟大的作品，人的艺术是对神的艺术的模仿，神的艺术与人的艺术共同的特点是“有机的整一性”“内在合目的性”。如果一种技艺纯粹用来模仿，纯粹用来创造美的时候，就可称为“诗”(poetik，本意为“制作艺术”)了。

古希腊时代，科学是自由加理性，艺术是自由加手工，科学与艺术都体现着人的神性也即是人的自由精神，自由是科学与艺术的共同本性。

黑格尔认为，人体雕塑是希腊艺术的核心，是至今难以企及的美的典范。

因为人体雕塑最能体现科学与艺术的特质，既重理性重模仿又最大限度地展现个性，是科学精神和个体自由精神的交汇点。古希腊时代神与人“同形同性”，人的自然形象被看成美的典范，美的理想，展现的是人类的普遍神性，也只有除去一切外在标志，人体才是真正自然的对象，才能在普遍平等的前提下展现普遍人性。

依据邓晓芒②，希腊艺术的其他门类也无不展现着理性与自由精神，是在逼真精确的个体形象上表达人性的理想(如图 3.1 所示)。古希腊最为著名的“荷马史诗”，是模仿历史事件和英雄人物；音乐模仿情感，并且要以“建筑美”欣赏音乐。相传音乐之神俄耳普斯拨动琴弦，鸟兽木石都会着魔般地追随着乐音，琴声停歇，节奏旋律并不散去而是化为建筑，所以西方古典音乐起承转合，结构完整，符合建筑术；建筑自身又要从人体雕塑的角度来欣赏，建筑如同有灵魂的人体，多利亚式是“刚强的男性”，伊奥尼

---

① 参见邓晓芒. 西方美学史纲[M]. 武汉：武汉大学出版社，2008：30-32.

② 参见邓晓芒. 西方美学史纲[M]. 武汉：武汉大学出版社，2008：10.

图 3.1　掷铁饼者

亚式是“柔和的女性”，总体上“它舒展，伸张，挺立，好比一个运动家的健美的肉体，强壮正好与文雅与沉静调和”；戏剧如同“活动的雕刻”，强调人物“动作的整一性”。所有这些艺术门类都呈现着希腊艺术的总体风格：高贵的单纯，静穆的伟大。

人因自由而高贵，自由是人的神性，也是普遍人性。人自由地追问万物变化背后不变的确定性，那是变化的分寸、尺度(ratio，比例关系，是 reason、law 的词源)，这成为科学的首要任务，成就了强大的理性传统。分寸和尺度是变化中不变的法则和规范，是自由静穆的维度。

科学与艺术的同源，科学是自由的分寸，艺术是自由的形象，古希腊艺术作品是人性自由的直观形象。

2. 近代：求知与审美同一

近代被称为人本主义时代。Humanism 也译为人道主义、人文主义、唯人主义，内涵都一样，即确立人，特别是个体的人在世界中的主体性地位，确立人是这个世界的价值中心。经过大航海、文艺复兴、宗教改革、启蒙理性的洗礼，人类的目光从天国转向现世，在禁欲主义的长袍下发现了美丽的肉身，忍不住地赞美：“人是多么了不起的一件作品!”人是上帝之子，万物之灵。

欧洲中世纪开始的数百年，人们对上帝的信仰替代了对自然和人自身的好奇，就科学和艺术来说是黑暗而蒙昧的，几乎没有产生出重要的科学思想和伟大艺术作品。进入

13世纪，情况开始发生变化，神学家托马斯·阿奎那的《神学大全》不但标志着理性的觉醒，也标志着感性的觉醒。

托马斯·阿奎那试图用理性打扮信仰。在《神学大全》中他模仿欧氏几何的演绎推理方法证明上帝的存在，又吸收了古希腊哲人特别是亚里士多德的逻辑学和科学思想来塑造神学权威，这就使得科学理性在神学中占有了一席之地，尽管是卑微的俾女位置。

托马斯·阿奎那肯定人的感性，认为"凡是一眼见到就使人愉快的东西才叫做美的"，① 他还发挥了亚里士多德模仿论，认为人的艺术，不但要模仿神的作品(自然)，还要模仿神的心灵，模仿神创造自然的过程。这些思想滋养了诗人但丁，他创造出伟大作品《神曲》，以象征的方式叙述信仰者的心路历程，"在其中，但丁个人的恩怨、爱憎、热情，以及理想、痛苦、欢乐、怜悯和真诚无不跃然纸上，不加任何掩饰和标榜"。② 肯定个体的真情实感是个体意识觉醒的标志，为近代人文艺术做好了准备。

16世纪初，马丁·路德（Martin Luther)发起的宗教改革孕育出现代性思想：平等与宽容。宗教改革否定教会的等级制度，至少在教义上承认，虽然人们在现世的政治经济地位不同，但不论是王者或乞丐，圣女或妓女，在上帝面前精神是同等的，都将经过坟墓站在上帝面前接受审判。同时肯定劳作的价值，认为劳作也是接近上帝的精神生活的一部分，这一点对科学和艺术都重要：科学需要理论和实验相对证，需要工匠传统和学者传统的结合；艺术本身就是技艺，就是融入自由精神的劳作。

中世纪，信仰同一个上帝的人也会仅仅因为对圣经词句解释的微小不同而指控对方为异端，甚至诉诸火刑。经过宗教改革及随之而来的教派分裂、宗教战争，人们开始学习宽容，不仅是同一个上帝的不同教派之间，也扩展到不同信仰、不同文化甚至不同种族之间的普遍宽容，这样才使自由思想自由言说成为可能，也为科学和艺术的自由成长开辟了广阔空间。

文艺复兴(Renaissance)是人的发现，感性的解放。如恩格斯所说，意大利民族是欧洲各民族的长子。意大利人天性自由散漫，追求享乐，敢为天下先。当希腊古代伟大艺术的光芒穿透了中世纪信仰的藩篱，意大利就出现了前所未有的艺术繁荣，产生出许多艺术巨匠，如波提切利、达·芬奇、拉斐尔、米开朗基罗等，最为人们熟知。

比较波提切利《维纳斯诞生》与《米罗的维纳斯》，两幅画中维纳斯的体态几乎完全一样，只是古希腊的维纳斯忧伤、静穆，更接近神，近代的维纳斯温暖、亲切，是人世间最美的少女，散发着感性的光芒。如图3.2、图3.3所示。

文艺复兴时期大师们的作品都有着类似的特质。他们"用古代的权威代替了教会的权威，又在古代权威的外衣下填充进感觉主义和个人主义的内容。古代的权威只是一个冠冕堂皇的幌子，而人的感性权利才是真正的实质"。③

如果说古希腊艺术的精神特质是科学理性和个体自由的交汇，那么文艺复兴艺术大师们的作品无疑复兴了这种精神特质，不同的是更加彰显感性之美。

① 邓晓芒. 西方美学史纲[M]. 武汉：武汉大学出版社，2008：54.
② 邓晓芒. 西方美学史纲[M]. 武汉：武汉大学出版社，2008：61.
③ 赵林. 西方文化概论[M]. 北京：高等教育出版社，2002：248.

图 3.2　维纳斯诞生

图 3.3　米罗的维纳斯

绕不过去的是巨匠达·芬奇，他不但是艺术家也是科学家，并且非常善于在艺术创作中融入科学研究的成果。他的旷世名作《蒙娜丽莎》和《最后的晚餐》，运用光学透视原理，使得画面有了自然的纵深，《维特鲁威人》(*Homo Vitruvianus*)中男性身体比例精准完美，符合黄金分割。如图 3.4 所示。

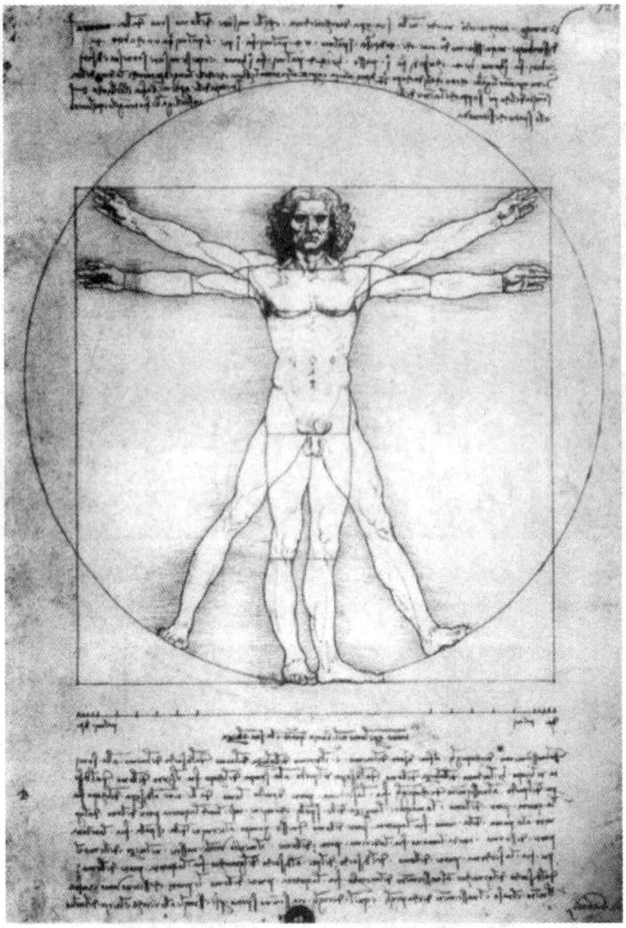

图 3.4　维特鲁威人(现被收藏于意大利威尼斯的学院美术课中)①

达·芬奇在自然科学领域，特别是科学观察和实践的能力也远远超越了那个时代，他有丰富的人体解剖知识，设计制作各种机械传动装置，认为“科学如果不是从实验中产生，并以一种清晰实验结束，便是毫无用处的，充满谬误的”。这已经非常接近科学受控实验的原则了。

西方近代人本主义时代也是理性觉醒的时代。所谓启蒙理性是鼓励人们为自己思考，借助知识获得解放。它初期的主要倡导者是古典经验主义者培根和古典理性主义者笛卡儿。他们认为，无需求助于上帝或亚里士多德，每个有理性的人都拥有获取知识的能力，每个人都具有感性知觉，有能力仔细阅读自然这本大书，也具有理智直观可以区分真理与谬误。因此，每个人都可以凭借自己的理性和感性获得真理性的知识，无需服从外在于理性的其他权威。

启蒙理性对个体理性精神的倡导推动近代科学从宗教信仰中独立出来，发展壮大。

古典经验主义和古典理性主义，经由休谟怀疑论，发展出近代哲学集大成者康德理

① http://witcombe.sbc.edu/davincicode/leonardo-vitruvian-man.html.

性批判哲学。康德批判哲学有着“建筑术”般的整体结构，从中可以直观到科学与艺术在人类精神整体结构中的位置及相互关系。

康德明确表达了批判哲学的主题：

> 我能认识什么？
> 我应当做什么？
> 我可以期望什么？
> 人是什么？

人是什么？人是理性的动物。理性是人类心灵的能力，是人的神性，是原则的能力，建构的能力，理性为自然立法也为自由立法。理性有三个维度：认知(知性)，情感(判断力)，意志(狭义理性)；其先验法则分别为合规律性、合目的性和最终目的；适用的对象为自然、艺术和自由；趋向的目标是真、美和善，而美是真与善的“拱心石”。

康德区分现象界(自然)与自在之物(物自身、物自体)。

现象界(或自然)是理性以自己的法则建构的。我们的理性，依据自己的先验范畴和先验原理整理和吸收感性材料，把它们组织成一个有序并且合规律的现象界——自然界，现象界也就成为知识的边界。我们的理性只能获得关于现象的知识，所谓现象是能够在时空中呈现的有生有死的存在，是可以运用先验范畴和先验原理作出判断的有限事物，或说可能经验。

自在之物是超验的无限性的存在，如上帝，自由意志，宇宙整体。

上帝只能通过信仰显现自己，God is 不是上帝存在，而是上帝显现。企图运用纯粹理性论证上帝是否存在必然导致理性自身的悖谬，因为同样的推演过程，既可以证明上帝存在，也可证明上帝不存在。

自由意志本身没有原因，或说自由意志自己是自己的原因，自己规定自己，纯粹理性不可能推演出自由的法则。

宇宙整体属自然本身的属性，是无限性的概念，无法运用逻辑推演判定宇宙本身有限或无限。

这意味着，如果把纯粹理性的先验范畴和原则运用于无限的属于自在之物的对象，属于纯粹理性的误用，这必然导致理性自身的二律悖反。

如邓晓芒所说，既然“人的认识只涉及客观事物的现象，而不能深入到自在之物或本体，人的实践虽出自人的本体，但又没有认识意义(不能产生关于人的灵魂的知识)，而只有道德意义(只能制定法则，告诉人应该怎么做)，那么在他这里，认识和实践(道德)，现象和本体，必然和自然就发生断裂，形成了一个巨大矛盾”。① 为弥补这个巨大裂痕，康德以《判断力批判》铸造了纯粹理性与实践理性之间的“拱心石”。

知性思维的基本规范是形式逻辑，形式逻辑的三个环节——概念、判断、推理，其中，知性建立概念，理性从事推理，判断联结概念和推理，形成原理。判断力又可自身

① 邓晓芒. 西方美学史纲[M]. 武汉：武汉大学出版社，2008：81.

区分为规定的、反思的、目的论的。

规定的判断力是把普遍概念运用于特殊事物，用“认识之网”形成知识。

反思判断力是从个别、特殊反思到主体的普遍性，通常运用于审美。审美判断与逻辑判断虽然形式一样，内在的结构却正相反。例如，

“这朵花是红色的”是逻辑判断事实陈述，属于经验科学的“共识”，具有客观的普遍性必然性，有强迫的意味，你若不同意就有可能被怀疑为色盲。

“这朵花是美的”是审美判断，不能强迫他人同意，但却可以期待他人的“共鸣”。“美”不是概念，是“个别”，要诉诸每个人真切的感受，而每个个体的感受又有普遍性，这种普遍性不是概念的普遍性，是每个人内心的共通感——共鸣。

目的论判断力运用于对自然界整体和生命的理解。自然以丰饶给人幸福，满足人的需要，又以美引导人从事科学和艺术，就好像有一个意志有意识地设计出这样的自然来实现自己的目的。

“审美不是道德，也非认识，但认识和道德都由此入门。”认识起源于“好奇”，这是一种自发的情感；道德起源于“同情心”或说“移情”，也就是把其他个体、天地万物看成和自己一样有喜怒哀乐的人，所以“己所不欲勿施于人”才可成为道德共识。

审美以象征的方式构成认识与道德的桥梁——“拱心石”。

美感是情感的自由、自由的情感，这种自由感的产生可以反思到诸认识能力，包括直观、想象力、理性和知性的自由协调活动，由于是诸认识能力的活动，所以即便不是认识，不指向获取知识，但由于是认识能力的活动，有着和认知判断类似的判断形式，也就显得好像是认识；同时，美感和美的愉悦又超越了一切尘世利害得失的盘算，是自由的活动，美感就是真切地感到了自由，是自由感，艺术创造更是以纯感性的方式，象征性地实践着自由，自由感也是创造的陶醉感。所以说，虽然审美不是道德实践，却与人的自由本体和道德相关，它以“象征”的方式肯定了自由意志，肯定了人可以超越自然法则和实践自由法则的可能。

美以象征的方式构成自然与自由，现象与本体，认识和实践的“拱心石”。

美的原则以范导原则的方式在科学认识中占有一席之地。

美的原则，诸如“自然是和谐而统一的整体”，“自然的所有创造都是有目的的”，“数学形式上简单优美的，往往更靠近真理”，等等，虽然不能告诉我们方程如何写，实验如何做，但在科学认识遭遇困境的时候可以起到范导作用。

3. 现代：科学与艺术的分离与交汇

近代发现自我、发现人性，但随之而来的现代却是人性自身分裂的时代，人性自身感性与理性、身与心的分离。

依据马克思，人性分裂的根源是劳动异化。我们在前面现代技术的章节中指出，现代技术的逻辑是对效率的极度推崇。现代技术高效率的前提是技术从人的头脑和双手中剥离出来，成为科学研究的对象。劳作者工具化，甚至是随时可以被替代的工具。技术越高超，劳作者越低微，人的丰富感性异化为简单的机械运动，人就异化为物。

异化的不仅仅是感性，理性也异化了。理性失却了自由探索的好奇心，剩下的唯一功能是操作与计算，是如何控制和征服。当理性作为计算统治一切，感性也就成为无意义的支离破碎的碎片。

近代是自然的发现，随之而来的是对自然的征服，进而引发人与自然日趋激烈的紧张关系。

正如吴国盛所说，现代性确立了人类的世界中心地位(人本主义)，崇尚征服自然的“权力”意志(工具理性)，但人本主义和科学理性的无限扩张却反过来使人类自己陷入了自我否定的怪圈。科学原本是用来彰显人的地位，最终却用来贬低人类自己。技术发达了，人却丧失了劳动的乐趣；科学昌明了，人类却越来越不知道生命和存在的意义。

理性危机导向现代和后现代的病症，所谓技术主义、享乐主义、虚无主义。

技术主义把科学仅仅看成可操作的工具，无视科学的人文精神、科学技术化。现代科学技术化的趋势愈演愈烈，已成为人的存在方式，这种存在方式符合现代技术的逻辑。现代技术追求效率，数字化生存，所谓生命不能承受之轻，这种单向度的加速进程几无制衡的力量，给人类未来带来巨大的不确定性。

虚无主义否定最高价值，所谓上帝已死，天道已绝。传统中国人以天道为最高价值，“人生天地间”“天地良心”。西方人以上帝为至善，相信每个人都会经过坟墓站在上帝面前接受审判祈求救赎。上帝死了，作为精神的上帝死了，人就必须自己决定自己精神的生死存亡。如果上帝和天道失去了对人的规定，在必死的彻底的虚无面前，什么是人可以行走的道路？什么是人可以居住的家园？

享乐主义是对欲望的欲望化，是欲望超越自己的边界。享乐主义与虚无主义一体两面，而技术的爆炸性发展又为欲望的无限扩张提供了可能，所谓物欲横流，娱乐至死。这是黑暗的必死之路。

人性堕落了，理性堕落了，人本主义哲学家开始到非理性那儿去寻求庇护，非理性主义哲学把作为存在的存在诉诸感性冲动，意志冲动，原始本能，或者干脆是虚无。

例如尼采哲学。尼采哲学的主题是“存在作为生命”。那作为存在的存在是生命内在的“创造力意志”及“永恒轮回”。创造力意志是生命内在自发的欲求，是生成、生命，最广义的去存在，是古希腊意义上的努斯精神和酒神精神。不是理性而是生命意志创造意志才是一切价值评判的依据和本源。创造力意志与生命同在，意志意愿自己，意志超越自己，进入意志与生命的永恒轮回往复。

尼采宣告“上帝死了”，成为西方虚无主义的最高箴言。虚无主义是最高价值的去值与重估，这是一个历史的进程，相关超验世界与人的规定之间的关系。

所谓最高价值的去值，在逻辑上，理想世界是彼岸的，不能在现世实现，也不能给予实现的手段，所以最高价值是自行废黜的；在历史上，超验的世界，诸如柏拉图的理念、亚里士多德的形式、基督教的上帝、康德道德律令启蒙理性都在丧失其构造力量并且成为虚无。没有亘古不变的神明和价值，上帝已死，天道已绝，虚无主义成普遍共识，人们不再为超验的真理活着，而只是活着。

重估价值是要寻求“虚无主义”的来源以及“上帝如何死去”，寻求新价值可能的源泉。尼采回到西方思想的开端，找到古希腊的酒神和日神，特别是酒神“狄俄尼索斯”

的狂欢和陶醉，以生命最真切的冲动和陶醉感反抗虚无主义。

也因此美和艺术在尼采哲学中特别重要。

在尼采思想体系中，美是生命的丰盈，是创造的陶醉，是存在者的创造和被创造。

艺术是存在自身的直接表达，是创造力意志最明显的形态，是对虚无主义最突出的反抗，艺术比认识更有价值。

“我们需要艺术，以免亡于真理。”艺术不再是柏拉图“影子的影子”，黑格尔“理念的感性显现”，而是使生命成为可能的决定力量。

> 艺术，是创造力意志的直接呈现艺术，
>
> 艺术，是使生命成为可能的壮举，
>
> 艺术，唯一最佳的抵抗力，对抗一切否定生命的意志，反虚无主义的卓越力量。
>
> 艺术，是对认识者的拯救。见到生存恐怖和可疑的悲剧式的认识者。
>
> 艺术，是对行为者的拯救。不仅看到且经验到恐怖和可疑的悲剧式的英雄。
>
> 艺术，是对受苦人的拯救。痛苦在那被期望、被神化、被圣化，痛苦是巨大兴奋的一种形式。(尼采:《创造力意志》，第 822 段)

以艺术对抗科学，以努斯对抗逻格斯，甚至把个体生命意识从理性中剥离出来，这需要强有力的个性，也是精神的绝境(尼采就疯了)。

正如邓晓芒所阐述的，尼采和叔本华摧毁了西方理性主义和科学精神的根基，使得东方神秘和虚无主义在西方畅通无阻。艺术家站在人本主义立场上，艺术创作不再遵循古典原则，诸如数的和谐、对立的和谐、有机整一性等，而是转向非理性，转向原始、童稚、梦幻、潜意识、东方情调。

表现主义大师凡·高作品可以说是对尼采哲学最好的诠释。燃烧的“星空”，欢欣的“麦田云雀”，绝望的“麦田群鸦”，无不是感性生命的澎湃、迸发。如图 3.5、图 3.6 所示。

图 3.5　凡·高“麦田群鸦”

图 3.6　凡·高“麦田云雀”

达利作品，超现实主义的“记忆的永恒”，解读梦境、潜意识。如图 3.7 所示。

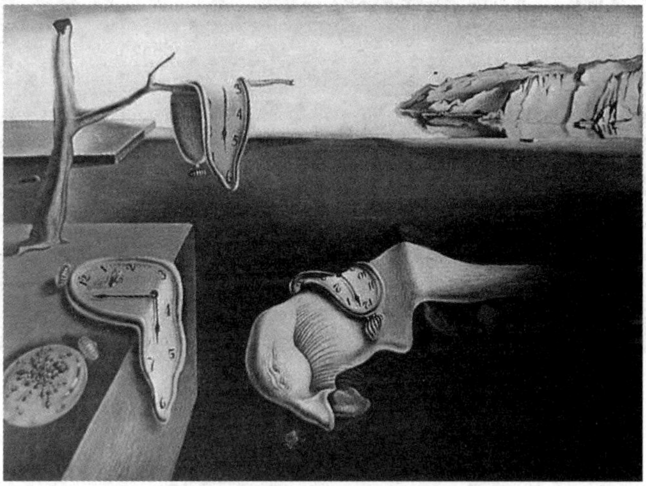

图 3.7　达利“记忆的永恒”

毕加索受非洲原始雕刻的影响创作出立体主义开山之作《亚威农少女》。毕加索回忆他前往巴黎民族志博物馆观看非洲面具藏品的感受，受到巨大神秘力量的驱迫，“我孤零零的一个人”，他说，“我想逃，但我没有。我一直，一直待下去。我知道了一些很重要的事：有些事将要发生在我身上。”“明白了自己为何是一位画家。”①如图 3.8、图 3.9、图 3.10 所示。

① ［英］威尔·贡培兹. 现代艺术 150 年［M］. 王烁，等，译. 桂林：广西师范大学出版社，2017：136.

图 3.8　毕加索《亚威农少女》

图 3.9　毕加索“格尔尼卡”

图 3.10　毕加索“和平鸽”

“格尔尼卡”是立体主义、超现实、象征主义的巨作。1937年，德国空军轰炸西班牙北部巴斯克重镇格尔尼卡，三个小时的轰炸，炸死炸伤了很多平民百姓，格尔尼卡被夷为平地，这是人类历史上第一次空军对平民的屠杀。“格尔尼卡”展现屠杀后的情景，汇聚着酷烈创痛，哀伤悲悯。

现代科学技术使人类可以飞翔，可是人类学会飞翔后的第一件事就是制造现代化武器，现代化进程最先的表象形态是两次世界大战。

现代科学技术化的趋势愈演愈烈，已经强大到开始伤害自然，伤害人自身了。艺术家总是站在人性的立场上揭示、对抗这种异化和伤害，可称为对技术的人文批判，这其中有一大类是寓言和科幻相融合的文学作品。西方的科幻作品从来都不是科学加幻想，而是对科学技术带给人类未来不确定性的警示，是对科学的人文批判。

斯蒂芬·茨威格(Stefan Zweig)的寓言故事《第三只鸽子的传奇》是较早的反思科学对自然和人类社会负面影响的作品。

> 《创世记》里讲过第一只鸽子的故事和第二只鸽子的故事，第三只鸽子命运如何?
>
> 第三只鸽子——幸福犹如一股强劲的风，托着它不停地往前飞，一个劲儿往前飞。第二天傍晚，它便落进了一片森林。和世纪之初的一切一样，这片森林也没有名字。它忘记了长空的雄风和远方的诱惑，绿色的穹宇庇护着它，不计其数的光阴从它身边流逝。
>
> 在孤寂中鸽子自己也渐渐变成了一个梦。甚至已被死神忘记。
>
> 然而，最近一些日子，鸽子从梦中惊起，发现死亡和毁灭已降临，就像当初洪水淹没了整个大地，如今世界是一片火海。
>
> 为了寻找和平，它高高地飞着，飞遍了我们的整个世界。可是，它无论飞到哪儿，都有这种人为的闪电和霹雳，都有战争。人世间又降临了第二次大洪荒，整个地球已变成一片血和火的汪洋。它急急忙忙飞过我们所有的国家，想找一个歇息的地方，然后好再飞到人类的祖先那儿去，把象征希望的橄榄叶送给他。但是在这些日子里，哪儿也找不到一片橄榄叶啊。今天，鸽子仍未找到歇息的地方，人类仍未找到和平：而在这之前，鸽子就永远回不去，永远得不到休息。(斯蒂芬·茨威格：《第三只鸽子的传奇》)

茨威格经历过两次世界大战，是著名的和平主义者，“二战”时遭纳粹驱逐，在孤独和绝望中死去。他的象征和平的“第三只和平鸽”飞遍世界也找不到橄榄枝，找不到可以休憩的家。大地被工业革命的机械轰鸣所惊醒，又被世界大战的血与火所淹没，自然千疮百孔，人类自相残杀，看不见和平的希望。

迪伦马特(Dürrenmatt Friedrich)的剧作《物理学家》，塑造了3个科学家形象，梅比乌斯、“牛顿”和“爱因斯坦”分别代表对科学价值的不同理解。

> 梅比乌斯，有史以来最伟大的物理学家，解决了引力问题，发现了基本粒子的

统一理论，并找到了普适的发现的原理。他怕具有巨大威力的发现被用于毁灭人类，焚毁了全部的手稿，决定呆在精神病院。“有一些风险是人们不可去冒的：人性的堕落就是其中之一。”因为“只有在精神病院中才是自由的”。

“牛顿”，相信求知的自由，而不管这种知识为谁所用。

“爱因斯坦”，相信物理学家可以自己作出抉择，有责任用其知识为某一特定国家的政权服务。

女院长，只想利用科学为资本服务。

现代科学可以转移为技术，成为改造世界的现实力量，力量总是与利益分配互为表里，这使得现代科学与政治经济文化紧密结合，相互渗透，循环拉动，成为生态系统，难以相互剥离。科学家同时扮演多种角色，作为国家的公民理应为国家利益服务；作为企业员工要为企业创造价值；作为科学家从事科学工作要遵守科学自身的规范，可是当不同的利益发生冲突时，科学家该当如何抉择？梅比乌斯洞察人性，了解人性的弱点，担心科学为权力所利用，情愿躲到精神病院。被派来说服他的“牛顿”则认为，科学是中立的，科学研究只应关注科学本身，不应受到限制。“爱因斯坦”的立场是科学家理当选择服务国家(就像我们的“两弹一星”元勋，不仅是科学家，更是民族英雄)。最意味深长的是，最后代表资本立场的精神病院女院长占有了科学成果。

我们知道，达尔文生命演化学说有个著名的捍卫者赫胥黎，被称为“达尔文的斗犬”，而他的孙子，另一位赫胥黎(Aldous Huxley)是著名科幻小说《美丽新世界》的作者。

“美丽新世界”中生活的人都是通过生殖技术编辑和选择出的，都健康完美，整个世界通过生殖技术来控制，稳固、安定、舒适和“幸福”，但排斥任何自由的思想。

一个这个社会之外的人闯入这个社会，他追问人在这个意义上还是不是人？他要求自由，要求不快乐的权利，甚至要求变老、变丑和性无能的权利。

这里涉及西方对人性的理解。人性自由，自由是人的本质属性，是人的神性。自由有不同的维度和层面，自由意志最为根本。自由意志不是任意性，不是想做什么就做什么，而是能够选择并承担随之而来的命运。人的高贵就在于人有可能超越自然的或社会的必然性，依据自由意志做出选择，最极端的情况是哪怕死亡的方式都无法选择，但依旧可以选择面对死亡的态度。自由意志意味着“你本可以不做你曾经做过的事情”，因此也就必须为做过的事承担责任。

现代生物技术可以在基因层面对生命进行操作，原则上可以塑造完满的生命个体，可以满足生物学意义上的所有欲求。可是问题来了。如果欲求的满足，快乐和幸福是被给予的，是技术所设定的，还能称为属于人的幸福和快乐吗？现代科学有种种方法可以使人们不需要付出艰辛的身体和精神的磨砺就可以得到快乐，但人们依旧付出了代价，这个代价就是交出了我们的自由意志。

交出自由意志的我们还是人吗？

《美丽新世界》揭示出现代科学有着潜在的否定自由意志的倾向。不限于生物技术，现代科学技术的整体趋势是单向度、傻瓜化，是让人能够越来越容易地满足欲望。如比尔·盖茨就设想过要制造一种“紧身衣”，穿上就会快乐无比，现在的3D、4D、5D及人工智能技术所追求的，类似于这种想法的延伸。

哲学家曾构想出一个思想实验：如果有个“快乐屋”，进去就会快乐无比，你可以自由地选择进去或出来，同时又告诉你，凡进去的没人选择出来。你是否愿意进去？

这是在问：你是否愿意自由地交出你的自由意志？

说到科幻作品不能不提及获得2015年度雨果奖的刘慈欣和他的《三体》系列（“地球往事”“黑暗森林”“死神永生”），有评论说，刘慈欣“单枪匹马，把中国科幻文学提升到了世界级的水平”。

“三体”是科技水平比地球文明高出许多的外星文明，“三体”文明所在的星系与我们的银河系很像，却有三个太阳，极度不稳，随时有毁灭的危险，“三体”生命在宇宙星际四处游荡，怀着乡愁寻找家园，发现了地球，两个文明交锋冲撞，在战争与和平之间喘息，达成微妙的平衡。可是当宏大宇宙徐徐展开，无论“三体”文明或人类文明都渺小脆弱，低微如尘埃，最后更高智慧的“歌者”文明，用能够降低维度的武器“二向箔”将整个太阳系二维化，人类文明就此消亡。

我们已经很难把这部作品归类为科学幻想，因为“刘慈欣看似极端的‘科学至上’和‘唯物技术主义’其实已经旧瓶装新酒，也正折射了这个时代的一个重大转折：精神、人性、道德、信仰，这些原先是哲学家、伦理学家、神学家专属的论题，正日益受到科学家的关注。而刘慈欣恰好站在一个难得的位置上，从科学的角度审视人文，用人文的形式诠释科学”。①

《三体》以宇宙创始到坍缩的整体为背景，在亿万光年和原子分子夸克尺度上探讨文明演进的过去、现在和未来，以及科学在其中扮演的角色。《三体》中的那些捍卫人类文明的英雄们，总是被推向生死攸关、文明兴亡、人性存灭的绝境，每种可能的解决方案都极其“残忍”，可是无论善恶的抉择都终将导向毁灭。

叶文洁，原本温和善良的科学家，在看透人性之恶后，发出地球坐标，将“三体”生命引向地球。原以为技术水平远远高于人类的“三体”文明会引导人类文明向善的方向发展，可是，当“三体”占领地球后，却将人类驱赶到人性泯灭“人相食”的绝境，并且教导人类：文明的第一需要是生存。生存本身就是一种幸运，并非理所当然，生存需要拼尽全力去争取。

罗辑，代表冷峻的理性和责任。他依据叶文洁宇宙社会学公理——猜疑链、技术爆炸（由于技术总是爆炸性增长，不同文明相遇时必然相互猜疑），推演出宇宙黑暗森林法则（任何文明在宇宙中的位置一旦被标记，就会即刻被躲在宇宙深处的高级文明摧毁），进而找到了威慑三体人的方法（威胁发布三体世界坐标，同归于尽），成为有权利决定人类文明生死存亡的“执剑人”。

---

① 严锋. 追寻“造物主的活儿”——刘慈欣的科幻世界[J]. 书城，2009(2)：57.

黑暗森林法则类似于社会达尔文主义的升级版。人类文明演进的历史似乎也在不断证实它。近现代以来，有太多与工业文明、资本主义相遇的文明形态被消灭，人种被灭绝，即便没有消亡，也不得不接受技术化的科学和资本的强权逻辑，正如我们正在经历的，科学和资本从来都不是真正价值中立的，它认同的是力量原则，征服原则，在与其他历史文化取向相悖的时候，牺牲掉的总是后者。

程心，人类真善美的化身，代表人类爱与信仰的力量，接替罗辑成为“执剑人”。当危机迫在眉睫，她却不忍心发出坐标毁灭三体世界，结果是三体人占领地球，人类失去了自己赖以生存的家园；同样，当自己的公司违反国际公约制造出反物质武器和曲率光速飞船，程心坚决阻止，可是这一看上去“正义”的决定却使人类失去了逃离银河系的最后希望。最终“歌者”到来，黑暗森林打击降临，人类文明覆灭。

虽然，《三体》世界文明冲撞发生的背景，是亿万光年的时空尺度，但其实并不遥远，与人类文明的过去现在未来息息相关，甚至是人类文明演进的重演。人类一次次凭借冷峻的理性、坚强的意志为保存文明作出努力，也在生死存亡的危机时刻展现出爱、信仰、责任，可是并不能改变百折千回，注定失败的命运。

这是由技术爆炸，黑暗森林法则的内在逻辑所规定。

4. 让技术成为艺术

现代是人性分裂的时代。科学与人文，理性与非理性，科学主义与人本主义，工具理性与情感意志，多元对立。理性堕落了，人性堕落了，艺术得不到理性的支持，只有到情感、意志、生命力那去寻求庇护。艺术家们在艺术创作中从非洲原始雕刻、东方神秘、童真梦幻中吸取营养，产生了各种艺术流派，如印象派、野兽派、立体主义、未来主义、结构主义等，也诞生了许多伟大艺术家和伟大作品。

后现代(当代)思想将这种分裂的趋势进一步扩大，自以为可以超越理性，抛弃理性，解构理性，甚至是解构一切规范，先是理性、存在、语言，接着是情感意志，在艺术实践上表现为不停顿地在艺术的表达形式上冒险，产生出了诸如达达、波普、极简、行为艺术等诸流派，把非艺术、反艺术的倾向推向极致。

失去精神家园的人如同在荒原上漫游的野兽，必然渴望建构新的精神家园，寻找新的艺术语言成为后现代(当代)艺术的使命，所谓后现代审美思想的主题是“怀着乡愁，寻找家园”。

可是，非理性和解构并非现代艺术的全部。正如在科学技术化、工具化的今天，“科学是自由学问，从事科学是为了追求真理”依旧为科学界主流所持守一样。古希腊古典艺术、近代浪漫艺术的内核，科学理性与个体自由的融合，逻格斯精神与努斯精神之间的张力，所有美的原则(数的和谐、对立的和谐、合适、有机的整一性、合乎目的性)依旧得到了传承，不过载体有所变化和延伸，其中最值得关注的是影视作品和注重人性感悟的技术作品。

例如，詹姆斯·卡梅隆殿堂级电影作品《泰坦尼克号》，堪称科学理性和人文关怀交融的典范。

詹姆斯·卡梅隆，这位“科幻教父”“世界电影票房第一”的导演，自己却认为“导演仅仅是他的兼职工作”，此言不虚。

卡梅隆是《美国国家地理》杂志的专业摄影师，2010 年 3 月 26 日，年已 57 岁的卡梅隆潜入世界最深的海底——马里亚纳海沟，海平面下 10898 米的地球最深处，他是第一位独自目击地球深处景象的人。他自豪地说，自己并不仅仅是个导演，甚至导演只是个兼职，在过去的 17 年间，仅拍了两部电影，却进行了 8 次深海探索。他不断创新技术，为了“让人类去探索地球最后一片未知的地方”，探索还不够，还要把画面和故事带回来和大家分享。

卡梅隆把这种好奇心和探索精神用在电影制作上。为拍摄“阿凡达”，实现真人和动画完满结合并且以 3D 形态呈现，在技术上等待准备了 12 年之久。在拍摄转制 3D《泰坦尼克号》时，卡梅隆亲自制作大船沉没受力图，亲自画素描，当一个美国宇航员告诉他说，杰克看到的星空不是那天真实的星空时，卡梅隆回信说，“好吧，你这个混蛋，那你给我 1912 年 4 月 15 日凌晨 4 点 20 分准确的星空图，我会把它放在电影里，”他确实做到了。

如此痴迷技术的科幻教父却说，“技术不是电影的灵魂，技术仅是载体”，电影的灵魂在故事里，在演员的眼睛里，那亘古不变的东西。电影所要表达的是人类亘古不变的永恒“诗意”。

卡梅隆特别解释，他为什么对泰坦尼克号的沉没念念不忘。首先，泰坦尼克号是工业文明的象征，号称永不沉没，可是自然远比我们所知道的要更加神秘而强大，人类再怎么狂妄自大，也不能背离自然规律，也无法征服自然，无法在与自然的斗争中获胜。其次，不可预知的灾难往往突如其来瞬间完成，人们只能凭借本能作出反应，泰坦尼克号的沉没耗时近 3 个小时，人们有时间思考并作出理性选择。船长和总设计师发出最后一道指令后，和自己的船一起等待死亡降临；船上的乐师们演奏到最后一刻，安抚绝望中的人们；绅士让妇女儿童先上救生艇，自己却要承受骨肉分离的伤痛……

所以卡梅隆说，英雄不是超人，英雄也害怕死亡，可即便如此依旧选择舍己救人。

科幻不是炫技，探险不是冒险，技术只是载体，所要承载的是人类亘古不变的永恒诗意。什么是这个“诗意”？是人类的神性，是真情挚爱，是生死间善恶的抉择，哪怕死亡最终降临，人的神性却不会死去，“诗意”永恒。

说到有人性温度有艺术品质的技术产品，乔布斯的苹果系列堪称传奇。他的创新工作开启并引领了一个新的科技时代，业界公认有如下方面：

(1)图形系统界面：通过苹果电脑 Apple II，开启了个人电脑时代。

(2)电脑制作动画：通过皮克斯电脑公司，改变了整个动漫产业。

(3)重塑音乐产业：通过 iPod、iTunes 音乐商店颠覆音乐产业。

(4)移动时代到来：在 iPhone 和 iPad 进入市场后，移动互联网的潜能才被爆炸般地释放出来。

所以，当乔布斯逝去的时候，人们伤感地说，苹果，失去了核①。

---

① 源于网络。

仅就技术而言，Apple、iPhone、iPad产品系列并不比同时代的如诺基亚、三星、戴尔要高，苹果的独步天下恰恰在于让人忘掉技术。

首先，是唯美理念。苹果产品苛求细节，极度简洁，东方神秘的禅意和留白与西方清晰的理性和规范完美交融。

其次，是体验创新。通常对创新的理解是技术本身的重大突破或者管理模式的创新，而体验创新关注的是用户的感受。比起炫技，好用适合才是产品最有价值的部分，创新的目标是使人忘掉技术。体验创新很容易与产品剥离，是最自由的创新形态，自由而没有疆界。

最后，是对人性的洞悉。消费化的时代，许多时候使用价值并不关键，心理和时尚的感受往往更重要。特别是年青的消费者想要的不仅仅是一个有功能的用品，更是要一件时尚的、让人羡慕的作品。人性有时需要讨好有时也需要蔑视，人性往往比技术重要，想象力往往比道理重要，人文的敏感不可缺少 。

乔布斯在一次著名的演说中讲到了他对生命的感悟。

(1)生命是一场因缘际会。

乔布斯讲述因为学费太贵而选择退学，因此有机会选择自己感兴趣的美术字课程，发现"那是一种科学永远不能捕捉到的、美丽的、真实的艺术精妙"，后来的个人电脑才有了现在这么多美妙的字形。对美的敏感后来"被证明是无价之宝"。

所以"你必须要相信某些东西：你的勇气、目的、生命、因缘……这个过程从来没有令我失望，只是让我的生命更加地与众不同"。

(2)找到你所爱的东西。

乔布斯众所周知的一件倒霉事是竟然被自己创建的苹果公司开除了。当时，他以"你是给孩子们卖糖水呢，还是和我一起改变世界"这句话，打动了百事可乐的副总裁斯卡利，邀请到他做苹果的CEO，后来他们在公司未来走向上产生巨大分歧，董事会选择支持斯卡利，把乔布斯炒掉了，这当然是毁灭性的打击。

支持他从阴霾中走出的，"就是我做的事情令我无比钟爱"。"你需要去找到你所爱的东西。对于工作是如此，对于你的爱人也是如此。在你找到的时候，你的心会告诉你的。就像任何真诚的关系，随着岁月的流逝只会越来越紧密。"

跟着你的心走，一切就变得自然而然，如花开花落，卷云卷舒。

(3)死亡就是生命中最好的一个发明。

在天地造物中，只有人是可以"以死为死"的，动物只能倒毙。只有人是能够意识到人总有死，生与死划定了人生的边界，所以生命需要筹划。死亡是彻底的虚无，在彻底虚无面前，一切现世的得失、成败、荣辱都算得了什么？只有真正的热爱，才能给内心带来宁静和幸福，才能超越死亡和虚无。

"几乎所有的事情，包括所有的荣誉、所有的骄傲、所有对难堪和失败的恐惧，这些在死亡面前都会消失。留下的真正重要的东西。你已经赤身裸体了，你没有理由不去跟随自己内心的声音。"那是心心念念的人，倾尽心血的事。

乔布斯和卡梅隆的作品，科学理性和人文关怀交相辉映，在科学技术化工具化的今天，展现出科学与艺术相互交融的一种可能，即让技术成为艺术。

第4章　科学与宗教

源于古希腊的理性科学可区分为五个层面，即作为世界图景的知识、科学化的技术、社会建制、社会运行结果以及科学精神。科学作为有生命的整体有自己的内在结构以及历史进程。

宗教类似地可区分为作为信仰的思想、社会组织结构、社会运行后果和宗教精神。宗教与信仰分不开。信仰的最高价值，是对精神性、超越性存在的肯定和追求。不同的宗教所信仰的那个超越性的存在有着不同的名字，诸如上帝、真主、佛。

论及科学与宗教的关系，我们所关注的是作为知识的理性科学与作为信仰的基督教之间的逻辑关系，以及这种逻辑关系在历史与现实中所呈现的样貌。

1. 古希腊：科学与宗教同源

如前所述，科学与哲学同源。科学和哲学都是追根溯源的事业，都是追问变化中不变的普遍性和确定性。不同的是，科学所追问的普遍法则只涉及能在时空中呈现的有限事物，哲学却要更进一步，要追问根据的根据、原因的原因，直到终极原因、最后根据，要回答世界整体，包括自然与精神都要遵循的最普遍法则、最高原则以及创始的力量，最后根据最高原则使自然与精神成为可能。

最普遍原则、终极原因、创始的力量是毕达哥拉斯的“数的和谐”，柏拉图善的理念(idea)①，亚里士多德的纯粹形式(form)……都显现为纯粹思想，是纯粹思想的系统化、深入化，思想又必须呈现为语言。真理之路是可思的，可说的，因为“语言是思想的直接现实”。

这里，我们看到了神奇的颠倒，千变万化的感性世界要由不变的、抽象的、看不见的世界来说明，所谓“眼见为虚、思想为实”。看不见的理念、形式、数的和谐反过来却要规定看得见的天地万物，不但是万物要遵循的普遍法则，也是世界创始的力量。

呈现为纯粹思想的理念、形式、数的和谐太容易替换为基督教的上帝了。基督教的上帝是超越性的存在本身，是使一切存在成为可能的可能性。上帝创造世界不需要质料，只需要说出智慧的话语，“上帝说要有光，于是一切都成为光明”。这里显明了古希腊哲学与基督教纯粹精神的信仰之间深刻的精神关联。

古希腊人自己所信奉的神明却是感性的、现世的，神人同形同性。奥林匹斯山上的诸神与人没有质的不同，只不过身心更加完美，更加纵情恣意。希腊人的宗教是多神

---

① 柏拉图被称为 idealism，通常译为唯心主义，究其本意，译做“观念主义”更契合。

教，崇拜神化的自然力量和精神力量，人与神结合就会诞生“英雄”，英雄是理想人格和理想人性的典范，以战神阿基里斯最为著名。

希腊人信仰的不是超越的彼岸的世界，而是人间与天国、现世与彼岸、现实与理想、身与心、自然与精神、感性与理性相互交融尚未分离的同一状态，呈现出天真质朴的和谐之美。希腊人爱美成性，希腊宗教是美的宗教。

古希腊哲学形而上学却是追问天地万物产生的原则、第一原因(作为存在的存在)和自然作为整体的属性及与精神的关系。作为存在的存在，或说存在本身(如亚里士多德的“形式”，柏拉图“善”的理念)属于纯粹思想或纯粹语言，是超越性的彼岸的，这就为纯粹精神的信仰在逻辑上、思想上做好了准备。

正如赵林所说，基督教的精神实质是唯灵主义，来源于毕达哥拉斯-苏格拉底-柏拉图-新柏拉图主义的思想传统；基督教神学强调用理性来论证信仰，用逻辑论证教义，则源于亚里士多德的理性主义传统。所以说，希腊哲学是基督教神学精神上真正的“父亲”。①

如前所述，古希腊哲学是理性科学的母体，它塑造了理性科学的反思和自由精神；古希腊哲学也是“作为宗教的宗教”——基督教的精神之父，为纯粹精神性的彼岸的信仰敞开了可能。

2. 中世纪：宗教对科学从压制到吸收

不能不承认，中世纪最初的数百年是黑暗而蒙昧的。希腊科学与艺术被当成信仰的对立面抛弃遗忘，理性受到信仰的贬抑，“理性如狭小的容器，上帝是无限的海洋”，拥有真理性的知识，那是上帝的特权。

著名的基督教“教父哲学家”圣·奥古斯丁(Augustine of Hippo)，依据柏拉图和新柏拉图主义哲学系统论述基督教教义，倡导通过非理性的信仰接近上帝，得到灵魂救赎。包括如下方面②：

其一，上帝是唯一的神。上帝全知、全能、全在，从虚无中创造世界，上帝说要有光，一切都成为光明，上帝用逻格斯为世界赋形。

其二，“三位一体”学说。上帝是同一个人格，三个位格，圣父-上帝自身，圣言-上帝的道说，圣子-耶稣基督，道成肉身。

其三，是唯独信仰。每个人都可以通过信仰站在上帝面前，只要斩断与现世的联系。这不是少数人的“迷狂”“灵异”，这取决于意志而非能力。

信仰不需要理性论证，也不是失去理智的“迷狂”，而是在清明理智下对信仰的坚持，是“有意识的蒙昧”。因此当有人试图运用逻辑追问，“创世之前，上帝在哪，在干什么?”奥古斯丁的回答是，上帝正在造地狱，好把提这样问题的人关进去。

进入 11 世纪，古希腊的科学和哲学典籍经过阿拉伯文明重新传入西方，伴随着大

① 参见赵林. 在天国与尘世之间[M]. 北京：东方出版社，2007：16.

② 参见邓晓芒. 西方美学史纲[M]. 武汉：武汉大学出版社，2008：51.

翻译的大学的兴起和学术复兴，亚里士多德的学说重新得到了知识阶层的青睐，催生出重视理性论证的经院哲学。

第一个试图用逻辑证明上帝存在的是安瑟伦（Anselmus）。他认为有了信仰，再进一步去理解岂不更好？不尝试去理解是因为懒惰，而懒惰是有罪的。他对上帝存在的"本体论证明"如下：上帝最完满，完满必然包括存在，所以上帝存在。就逻辑推理的形式而言似乎没错，但推理的大前提是首先在思维中肯定上帝存在并且完满，接着从思维推导出存在，显然是在用信仰来论证信仰。

13世纪出现了一个杰出的经院神学家托马斯·阿奎那，他提出神学也是一门科学的主张："我们必须牢记，科学有两种。其中有些是基于那些因理智的自然之光而了解的原理，比如算数与几何之类。还有一些是基于更高级的科学所得出的法则，就如同光学基于几何学所构建的法律，音乐基于算数所构建的法则。所以，神圣学说也是一门科学，因为作为它的基础的原理，来自一门更高级的科学，上帝与圣人们的科学。"①

他的《神学大全》模仿欧氏几何的推理形式，总结对上帝存在的五种"宇宙论证明"②：上帝是，(1)受动-推动系列的第一推动；(2)因果系列的终极原因；(3)完满系列的最完满；(4)偶然-必然系列的绝对必然；(5)目的系列的最高目的。

从感性世界推演到超验世界，用理性论证信仰，正如康德所指出的，是纯粹理性用错了对象，必然导致理性自身的二律背反。可是即便是荒谬的论证也给思想带来了积极的可能。首先，是对感性世界的肯定，"让尘世沾上神圣的意味，是灵魂长期离家远游后对自然、感性故乡的怀念"。其次，是培养了理性精神。既然信仰需要理性论证，理性就有权利在人的精神生活中占有一席之地。

经院哲学长久的理性思维训练，以及为服务上帝而吸收了许多古希腊科学成就，成为近代科学兴起的重要推动力量。

3. 近代：否定性放大③

近代，风云际会。大航海第一次将整个地球上的陆地、海洋、人种、物种连接在一起，是自然的重新发现；文艺复兴是人的发现，感性的解放；宗教改革使得对思想、信仰和言说的宽容成为普遍共识，虽然历经曲折；启蒙运动则标志着理性的觉醒。这里的理性不再从属于上帝，而是属于每一个人，每一个人类主体。

虽然经院哲学训练了理性精神，为理性的觉醒做了准备。可是当理性真的觉醒了，理性与信仰，科学与宗教的关系就开始逆转，理性与信仰的地位发生了改变，在理性与信仰的对抗中，科学理性飞速成长占据了主导地位，现在轮到宗教信仰为自己存在的权利辩护了。

---

① 转引自格兰特. 科学与宗教——从亚里士多德到哥白尼[M]. 常春兰，等，译. 济南：山东人民出版社，2009：155.

② 参见赵林. 在天国与尘世之间[M]. 北京：东方出版社，2007：17-21.

③ 参见刘青峰. 让科学的光芒照亮自己[M]. 成都：四川人民出版社，1984：145.

启蒙理性的主要倡导者，是古典经验主义者培根和古典理性主义者笛卡儿。他们教导说，我们每个人都拥有认识真理的能力，理性或感性，可以拒绝上帝的或者亚里士多德的权威，凭借自身的理性和感性获得真理。当然认识真理的能力是上帝赋予的。

基于神赐真理性（veracitas dei）的笛卡儿认为，我们的理智直观“清晰而确定地看到是真的那些东西实际上必定是真的；因为不然的话，上帝便是在欺骗我们。因此，上帝的诚实必定使真理显现出来”。① 笛卡儿以系统怀疑方法找到理智直观，理智直观是内心的眼睛、理性的眼睛，可以直观到真理，真理在理智直观中呈现。

基于大自然真理性（veracitas naturae）的培根认为，“自然是一本打开的书。心灵纯洁的读者不可能误读它，只是当他的心灵为偏见所毒害时，他才可能陷入错误”。② 培根在他的《新工具》中区分真方法与假方法。真方法为“interoretatio naturae”，意为仔细阅读自然这本大书；假方法为“anticipation mentis”，意为心灵的偏见和预期。认识自然真理的途径不是“神学大全”或亚里士多德，而是不带成见地仔细考察自然，才能窥见自然女神的容颜。

虽然借上帝之名，实则鼓励人们抛弃一切信仰，相信我们每一个有理性的人运用自己的理性能力就可以认识真理，无需亚里士多德或上帝。

众所周知，近代科学革命由哥白尼日心说拉开序幕，经由伽利略到牛顿“自然哲学之数学原理”得以完成。其间，伽利略因传播哥白尼日心说被教会审判有罪，终身监禁，著作被禁。近来有学者认为，这只是孤立的案例，不足以说明宗教迫害了科学。但是这个事件又的确能够揭示教会与伽利略对待科学理论不同的立场。

只要承认哥白尼的“世界体系”仅仅是简洁而有效的数学模型，教会不会拒绝，反而会欣然接受。较之托勒密的本轮均轮说，哥白尼体系在天文计算和预言时更简洁方便，事实是教皇格列高利改革历法时还充分利用了它。

只要伽利略承认，哥白尼学说仅只是运算工具，仅仅是数学假说或数学技巧，只要他认同“这些假说不必是真的，甚或根本无需像是真的；倒不如说它们只需求一点就足够了：它们应使计算同观测一致”。③ 就不会遇到任何来自教会的非议。可是伽利略坚持：哥白尼体系是对世界的真实描述，是关于世界的真理。“地球的确在转动。”

教会认为，哥白尼学说只是说明和预见自然现象的工具，不是对世界的真实描写，只有上帝才能揭示世界的真理。

伽利略却相信，哥白尼学说是真理。伽利略用自制的望远镜观测到了太阳黑子、月球上的环形山、木星卫星，甚至金星的盈亏，这些都是对哥白尼体系的支持。

教会对伽利略的有罪判定，不仅在于科学理论的世界体系与圣经描写的世界不同，甚至也不仅仅是工具与真理的对立，约一百年以后贝克莱主教道出了一个更深刻的原因。

---

① ［英］卡尔·波普尔．猜想与反驳［M］．傅季重，等，译．上海：上海译文出版社，2005：9．

② ［英］卡尔·波普尔．猜想与反驳［M］．傅季重，等，译．上海：上海译文出版社，2005：9．

③ ［英］卡尔·波普尔．猜想与反驳［M］．傅季重，等，译．上海：上海译文出版社，2005：138．

“在贝克莱时代，‘哥白尼世界体系’已发展为‘牛顿重力理论’，贝克莱从中看到了对宗教的严重挑战。他相信，如果‘自由思想家’对这门新科学的解释是正确的，那将势必导致宗教信仰和宗教权威的衰落；因为自由思想家们在它的成功中看到了证据，证明无需天启的帮助，人类理智就有力量揭开我们这个世界的奥秘——隐藏在现象后面的实在。”①

自然科学的成功启发人们懂得，无需上帝的帮助，每一个有理性的人都可以凭借自身的理智获得真理性知识、脱离蒙昧、获得自由，这便是理性启蒙。

贝克莱敏感地觉察到，牛顿学说的巨大成功是理性对信仰的颠覆，他以哲学家的睿智仔细分析牛顿理论的概念和基本法则，进而确信，牛顿学说仅仅是“数学假设”或“形而上学假设”。例如，“万有引力”是一个源于新柏拉图主义的哲学形而上学概念，看不见摸不着，却是号称严密科学体系的牛顿学说的核心概念；再如牛顿第一定律是说，力是运动改变的原因，并不是运动的原因，这在现实世界根本观测不到；又如，牛顿为求瞬时速度创建微分方法，最初对无穷小量没有严格定义，导致在运算取值时，有时取0，有时取有限值，贝克莱揭示出其中的悖谬，提出了数学史上著名的“贝克莱悖论”，直接导致第二次数学基础危机。

不过，17世纪的伟大科学家们，无论伽利略还是牛顿都是虔诚的基督徒，主观上都不认为自己的科学工作是在用理性对抗信仰。正如丹皮尔所说：“十七世纪中叶所有的合格的科学家与差不多所有的哲学家，都从基督教的观点去观察世界。宗教与科学相互敌对的观念是后来才有的。”②那个时代的科学家们(scientist这个概念要到1833年才出现)并不怀疑上帝的存在，而是尽可能去协调理性与信仰的关系。

例如牛顿，虽然常自称是经验主义者，不制造假说，意思是不依据形而上学或权威来建构理论，从不发表不能用观测或实验证明的学说，但“这不是因为他缺乏哲学的或神学的兴趣，其实事实恰恰相反。他是一位哲学家，也有深挚的宗教信仰；但是他觉得这些问题是从人类知识的顶点才能看到的境界，而不是人类知识的基础；它们是科学的终点，而不是科学的开始”。③ 所以，牛顿最重要的科学著作(我们现在认定的)的名称是《自然哲学之数学原理》，在牛顿看来，科学工作只是哲学工作的准备，只是现象和结果，由此出发“一直推到最初的第一因，这第一因肯定不是机械的。……从现象中不是可以看出有一位神吗？他无实体，却生活着，有智慧而无所不在。他在无限空间中，正像在他的感觉中一样，看到万物的底蕴，洞察万物，而由于万物和他泯合无间，还能从整体上领会万物”。④ 可见在牛顿看来，科学工作仅仅是开始和准备，哲学和信仰才是思想真正的任务和志趣所在，因此也就不难理解，为什么牛顿一定要追问“第一推动”，并且诉诸上帝了。

---

① [英]卡尔·波普尔. 猜想与反驳[M]. 傅季重，等，译. 上海：上海译文出版社，2005：139.

② [英]W. C. 丹皮尔. 科学史[M]. 李珩，译. 北京：商务印书馆，1997：219.

③ [英]W. C. 丹皮尔. 科学史[M]. 李珩，译. 北京：商务印书馆，1997：251.

④ [英]W. C. 丹皮尔. 科学史[M]. 李珩，译. 北京：商务印书馆，1997：252.

在这样的文化背景下，科学发展最快的英国产生了一种对信仰的新诠释——“自然神论”，受到具有自由思想的科学家和哲学家推崇。

“自然神论”的核心思想是说，上帝依据理性法则创造世界，让世界遵照自然规律(理性法则)运行，然后就不再干预世界了，甚至上帝自己也不能背离自然规律。“自然神论”还提出了上帝存在的设计论证明，认为上帝如同一个最高明的钟表匠，“他所制造的钟表即大自然越是精美和谐，就越能说明这位创造者的智慧和大能”。① 给了上帝完美创造者的荣耀，又禁止上帝随意干预他自己的创造物(因为已经足够完美了，否则上帝就不称职)，就给科学留出了地盘。科学研究自然规律“是怎样”，至于“为什么”就交给上帝好了。

在“自然神论”之后又出现了“泛神论”，类似万物有灵，认为万物都显现着上帝的精神。之后出现的是“无神论”，如法国启蒙运动的精神领袖伏尔泰就宣称，上帝是第一个傻子遇见的第一个骗子。

理性与信仰之间此消彼长，理性已经强大到企图否定信仰了。

4. 现代：共生与互补

黑格尔在批评伏尔泰激进的无神论时说，“基督教这种千百年来无数人为之生、无数人为之死的宗教信仰，岂是欺骗二字所能概括的”。②

其实在黑格尔之前，启蒙思想家们就已经意识到，理性力量的无限扩张会破坏人类精神的完整性。如法国启蒙思想家中的黑马卢梭就认为不应该从认知的维度，而是要从道德维度理解上帝，上帝不是天主教的也不是新教的，上帝是道德良知，“一颗真诚的心，才是上帝真正的殿堂”。

德国思想家施莱尔马赫则提出，上帝无关知识和道德，而相关情感。上帝是人的情感归依，是痛苦中的慰藉，绝望中的希望。

而真正从学理上建构起人类精神的完整结构，使得理性与信仰、科学与宗教和谐共在、共生互补的是伟大的德国古典哲学大师康德。

康德既爱科学也爱上帝，所谓灿烂星空与道德律令，对上帝和科学的真理性都坚信不疑。康德也是理性主义者，他相信一个真正的理性主义者首先要做的是对理想原则本身进行反思和批判，明确理性的限度——有所能与有所不能。

如前所述，康德明确表达了他的理性批判哲学主题：

我能认识什么？我应当做什么？我可以期望什么？人是什么？

康德认为我们的理性能够认识的是现象界，或说可能经验。我们的理性只能获得关于自然现象的知识，只可能认识可以在时空中呈现的有限事物。牛顿学说是真理，但只有当它“放弃声称它已经发现了现象世界后面的实在世界，它的真理性才能得到承认。牛顿科学是一门真正的关于自然的科学，但自然恰恰只不过是现象的世界、呈现在我们

① 赵林. 在上帝与牛顿之间[M]. 北京：东方出版社，2007：123.

② 赵林. 在上帝与牛顿之间[M]. 北京：东方出版社，2007：123.

同化的心灵面前的世界”。①

而我们的纯粹理性(知性)不能获得关于上帝的理论知识。上帝属于自在之物，自在之物是超验的无限性存在，如上帝、灵魂、宇宙整体。企图运用纯粹理性论证上帝是否存在，必然导致理性自身的悖谬，因为同样的推演过程既可以证明上帝存在也可证明上帝不存在。理性有限度，知识有边界，理性并非万能，有着自己不可超越的边界，用理性论证来否定信仰是对理性的误用。

我们应当做什么？康德的回答是我们应当遵从道德律令，凭借自由意志在善恶间做出选择并承担责任。而只有当我们的选择符合道德律令，我们才是自由的。

道德律令是自由的法则，自由意志的法则。与自然规律不同，没有强制力，不能要求你必须遵守，而是体现为一种应当的原则。自由意志制定法则，告诉人在实践中“应该”如何选择。当然，你可能因为种种现实利害的考量不遵从自由的法则，但是你内心知道，原本你可以不做你做过的事，你是应当遵守道德法则的，而只有当你依据道德律令作出选择，你才是自由人。

道德律令总是显现为善的法则，也只有善的法则可以通行无阻而不会自我消解，好像有一个更高的意志，颁布了善的律令。

康德以《纯粹理性批判》划定了纯粹理性的边界，限定了知识的范围，把宗教信仰排斥在知识论的范围之外，上帝被赶出了现实世界。但在《实践理性批判》中，康德又把信仰建立在道德基础上，上帝成为道德良知的化身，在超验世界中拥有了立足之地，“恺撒的归恺撒，上帝的归上帝”。

诗人海涅在《论德国的宗教和历史》中评价说②，康德在《纯粹理性批判》中，以他的先天直观形式、先验范畴、先验原理杀死了现象界的上帝，可他的仆人老兰培得知上帝没了，惊慌失措地直掉眼泪。康德意识到，普通人需要一个上帝，否则就失去了善有善报的希望。于是康德在《实践理性批判》里，又让上帝复活了。对人的道德实践来说，有一个最高的善的意志(上帝)比没有好。

海涅对康德先杀死上帝又让上帝“复活”的做法评价道：“难道他毁灭了上帝存在的一切证明正是为了向我们指明，如果我们关于上帝的存在一无所知，就会有多么大的不便吗？他做的几乎像住在威斯特伐利亚的我的一位朋友那么聪明，这人打碎了哥廷根城格隆德街上所有的路灯，并站在黑暗里，向我们举行了一次有关路灯实际必要性的长篇演说，他说，他在理论上打碎这些路灯只是为了向我们指明，如果没有这些路灯，我们便什么也看不见。”③

这样，康德建构起人类精神的完整结构：理性有三个维度——认知(知性)、情感(判断力)、意志(狭义理性)；其先验法则分别为合规律性、合目的性和最终目的；适用的对象为自然、艺术和自由；趋向的目标是真、美和善，而美是真与善的“拱心石”。

① [英]卡尔·波普尔. 猜想与反驳[M]. 傅季重，等，译. 上海：上海译文出版社，2005：140.

② 赵林. 在上帝与牛顿之间[M]. 北京：东方出版社，2007：100.

③ [德]亨利希·海涅. 论德国宗教和哲学的历史[M]. 北京：商务印书馆，1974：112.

5. 真信仰与真科学

什么是真正的科学？

我们一直在讨论什么是科学：科学的五个层面；科学作为整体的内在结构及循环拉动机制；科学作为生命整体的生长及在不同时代、不同文化背景下的命运。这里，我们把“真正”的概念规定为必要而不充分的要素，追问什么是“真正的科学”，是在追问科学作为人类活动及精神成果区别与其他人类活动和智慧的独特规定性，而一旦丧失这种规定就不能称之为“科学”的特质。

在这个意义上，我们认为真科学不可或缺的特质是理性和自由精神，类似于邓晓芒先生的逻格斯与努斯精神。理性与自由源于古希腊哲学并传承至今。

科学理性精神在思想上有两个维度：一是反思，是追根溯源，即追溯万千世界那变化中不变的普遍性和确定性，表达成纯粹思想的体系。理性化的科学理论是用数学语言表达的假说演绎体系；二是批判。科学形式体系总是尽可能清晰明确，有可检验性，愿意并且可以接受经验、逻辑、自己或者他人依据理性原则的批判和证伪。

科学又是自由的、自足的学问。从事科学是为了追求真理，是为探索世界和理解生命自身，哪怕真理在遥远的彼岸永远不能达至。失去自由精神，科学就会沦为资本或权力的工具。

在西方，科学曾是古希腊依附于哲学母体的幼弱种子，是中世纪服务于上帝的奴仆，是近代征服自然改造自然的工具。现代，随着资本的侵入和扩张，科学强势渗透到人类生活的各个领域，规定着人类的存在方式，近乎于新的上帝。

在中国，古老而又从未断绝的华夏文明孕育出独特的关于自然和生命的知识，高超的技艺、天文、算学、水利、通讯都曾独步天下。我们最初把这些技艺和知识看成奇技淫巧，近代以来理解成船坚炮利，改革开放又理解成第一生产力，大国崛起的利器，国家最重要的战略资源，这其实是近代才开始的对科学技术化、工具化的理解。源于古希腊的理性科学自由科学，我们不曾有过。

什么是真信仰？一句话，纯粹精神性的对最高原则的确信。

信仰是对超越性最高价值的确信，通常与宗教信仰相关联。宗教自身区分为：

(1) 自然宗教，源于人们对未知世界或命运不确定性的畏惧，如迷信或巫术。

(2) 实用宗教，让信仰为了某种实用目的服务。如孔子说“子不语怪力乱神”，可是又要“敬神如神在”。有一个神让大家信，老百姓就会有所敬畏，有利于社会和谐安定。中国普通老百姓的信仰介于自然宗教与实用宗教之间，信奉的神明很多，诸如观音菩萨、关公、灶王爷，近年来信耶稣基督的也多了起来，关键是要灵验，保佑自己和家人健康平安、升官发财，至于神明叫什么，来自于东方还是西方都没关系。

(3) 自由宗教，是纯粹精神性的，对超越性彼岸的追求。黑格尔认为只有基督教才是纯粹精神性的自由的宗教，是唯灵主义的。马克思也赞同黑格尔对基督教的理解，称基督教为“作为宗教的宗教”，即宗教本身，或说宗教的本质体现在基督教里。基督教清除了现世的一切诉求，只是以纯粹精神的信仰本身为目的，信仰上帝不是为了现世的好处，而只为了灵魂在超越的彼岸与上帝同在。

基督教首先在教义上承认，每个人的精神是同等的，不论你在现实中的政治经济地位，是王者或乞丐，妓女或圣徒，都会经过坟墓，同样地站在上帝前。基督教承认劳作的价值，认为劳作是精神生活的一部分，是接近上帝的方式。上帝不会应许现世的天国。十字架上的耶稣说“我的国不在这”，在彼岸。信仰所能给予的只是希望、勇气、决心，是在苦难和绝境中依然活出神的尊严模样。

马丁·路德宗教改革确立了“唯独信仰，唯独圣经”的原则，进一步肯定信仰自身的价值。马克思称赞宗教改革“破除了对权威的信仰”，教会阶层、教士们对圣经的解读并非绝对真理；“恢复了信仰的权威”，信仰本身才能让上帝显现；“把人从外在的宗教笃诚解放出来”，忏悔，告解，礼拜，宗教仪式，购买赎罪券都不是信仰的必要方式；“变成人内心的世界”，信仰是纯粹个人内心的事情。

我们传统知识阶层的信仰介于实用宗教与自由宗教之间。仁人志士为了信念可以牺牲一切现实的利益甚至生命，这里的信念不能说没有超越的精神层次，可最终都要落在现世，都要和“爱国主义”“家国情怀”“大国崛起”等诉求结合在一起。如宋明理学的代表人物张载的名言——“为天地立心，为生民立命，为往圣继绝学，为万世开太平”。志存高远，但也是落在国泰民安，老百姓丰衣足食这样的实处。近现代以来，革命者的信仰是救亡图存，为人民谋幸福。电影《风声》中那个就要牺牲的抗日志士对自己的同志说：“我们有着共同的名字叫‘信仰’，在民族危难时刻，我们只能奋不顾身。”

全球互联的当代，仅用了短短40年，中国从前现代的农业文明飞跃到数字化的后现代，救亡的任务完成了，人民也衣食无忧了，可以说我们曾经有过的信仰都实现了。可接下来呢？人们普遍的感受是信仰失落。邓晓芒先生认为，这是因为我们曾经有过的信仰总是指向现世，总是在拯救肉体，而没有拯救精神，哪种指向彼岸的纯粹精神性的信仰我们不曾有过。邓晓芒先生认为①，超越性、纯粹精神性的信仰不一定是宗教，也可以是全人类共通的精神追求，如真、善、美。

① 参见邓晓芒. 中西文化比较十一讲[M]. 重庆：重庆大学出版社，2008：37.

第5章　科学技术的憧憬

西方哲学在近现代分裂为科学主义与人本主义、理性主义与非理性主义、英美逻辑与欧陆思辨、语言分析与诗化哲学的多元对立。后现代则是解构，解构逻格斯中心主义、语言中心主义、语音中心主义，解构一切的规定性。上帝死了，理性也完成了他所有的可能，再也说不出智慧的话语。可是一旦解构了一切规定性，人就失去了精神家园，如荒原中流浪的野兽，无家可归，所以才有了后现代哲学的主题，怀着乡愁，寻找家园，解构之后是精神家园的重建。

1. 西方哲学的憧憬

面对非理性和解构的滥觞，胡塞尔认为，这是理性生病了，理性堕落了，其实一切的非理性都是理性，都可以在健全理性那儿找到根据，具体的方法是回到文明的开端古希腊时代。古希腊时代的理性是健全的，逻格斯精神规定着努斯精神，阿波罗的清明理性照亮着酒神的迷狂，现象学就是要找到非理性背后的理性根据。

现代之前的西方哲学追根溯源，那最后的根据叫做理念、上帝、理性、经验等，并且追问这最后的根据属于思维还是属于存在，思维与存在谁是规定性的。胡塞尔创造性的现象学方法不再把哲学的最后根据理解为一个名词，而是理解为一种关系、结构或是行动。现象学的“关系”相互关联的部分之间可区分但不可分离；现象学的“行动”也要放在“结构”中去理解，包括主体、客体及作用方式。

现象学有独特的理解“关系”和“结构”的方式，如“部分与整体”“多样性与统一性”“在场与缺席”。

(1)部分与整体。

讨论“部分与整体”的关系，通常会区分出各个部分，分别考察后再加以整合。这里往往会产生错觉，好像那个部分真的可以独立于整体而存在。这对于实体性部分或具体物说来可以成立。如，果实之于果树，果实与果树分离后可以独立作为整体而存在。可是如果区分出的部分是要素，是抽象物，那么要素与整体间或要素之间就只可区分而不可分离。要素原本是属于整体，分离后就再也回不去了。如，在“人与自然”的关系上，现象学认为人与自然是互为要素、相互规定、自由游戏的整体，可以区分但不可分离。近代西方以人为价值中心，征服和改造自然，或如中国传统道家单纯顺应自然，否定人的精神生活，这两种态度都是把自然与人割裂开来，既伤害自然也伤害了人本身。诸如身与心、理性与感性、科学与人文、时空与物质运动等都是应当如此理解，都是可区分但不可分离的整体，相互依存，相互规定。

(2)多样性与统一性。

关于“多样性与统一性”，是说事物可以以多种方式表达，但事物本身不同于它的任何表达；事物总能以多于我们已知的方式显现，但其同一性持续不变；同一性区别于多样性之和，同一性不是多样性的一个成员，同一性超出显现之维。如我们对“自然”的理解：“自然”自身区分，可以有不同维度的理解和表达，在常识，是日月星辰、植物动物的总和；对信仰者来说是上帝的杰作，体现了上帝的意志；对艺术家而言是美的显现，是艺术创造不竭的源泉；自然也是科学眼中可以用数学语言表达的有规律的世界图景。但这些一定不是自然所有可能的呈现方式，自然一定有我们未知的面貌，一定也可能呈现出我们未知的样貌，而自然本身的同一性持续不变。再者，“自然”本身作为同一性不是这些表达的总和，也不能等同于这些表达或显现，“自然”本身超越了显现的维度。

(3)现象学也有独特的方法分析“在场与缺席”。

事物都是在缺席与在场的混合中被给予。存在不同的缺席：太遥远、被遗忘、被遮蔽、超出理解被给予……也存在不同的在场：时间流逝让未来在场、遥远克服距离在场、复杂的数学证明通过思考在场、危险通过冒险面对、上帝通过信仰在场……例如技术，原本和人类文明一样古老，标记着文明的形态，可技术却没有资格进入哲学的庙堂，造物的伟大传统被看成是认识的低级阶段，被高贵的思想遗忘。造物的主题被遮蔽在思想背后，这就使得思想如何通达存在成为神秘而难以言说的事情。如果我们把技术看成造物的形式，理解成感性生命活动的形式，那么在造物的活动中，思想着的心灵与运动的身体就不可分离，思维与存在也在相互规定和相互牵引中不断展开和生成。

当然，胡塞尔所憧憬的依旧是在思想的传统中、在理性传统中弥合理性与非理性、人与自然、身与心、知性与情感、意志的分离与对抗，未曾揭示人性分裂的根源。

依据马克思，这种人性分裂的根源是资本主义生产方式所带来的劳动异化。在造物的传统中，人是制造和使用工具的动物，是通过劳动造物的存在，劳动是人的本质。本质劳动不仅仅是身体的运动，更是一切精神力量，即情感、意志、知识能力的基础。可是现代资本主义生产方式使得普通劳动者成为机器生产线上随时可替换的工具，劳动成为机械化的、数字化的、傻瓜化的，因此是非人的，在数字化生存的今天，甚至会产生一些连被异化的资格都没有的多余的人。

资本主义生产方式与科学技术化进程相辅相成。某种意义上，科学技术也被资本异化了，异化为资本全球扩张的手段，沦落为实现资本欲望的工具。数字时代，移动互联、大数据、人工智能正在把原本属人的一切，包括知识、情感、意志，甚至感性知觉都剥离出来数字化，人被异化为数字的工具。

如果说科学技术有所憧憬，就是憧憬扬弃异化劳动，那么真正的属人的，能够让技术成为艺术，让科学回归人性的劳动如何规定？马克思给予的规定是：自由而自觉的感性生命活动。

2. 生命活动的意向结构

什么是劳动？赚钱养家，买房买车，直白些就是想办法把自己卖个好价钱，换取住房、医疗、教育、养老这些基本的生存需要，对普通中国人来说，这是最具“明见性”的现实，是必须遵从的“铁的必然性”。在资本和权力强势的当下，普通劳动者要把自己变现为一般等价物很不易，工作很辛劳，背井离乡，没日没夜，流血流汗，甚至要忍受屈辱，付出生命。

> “劳动对工人来说是外在的东西，也就是说，不属于他的本质；因此，他在自己的劳动中不是肯定自己，而是否定自己，不是感到幸福，而是感到不幸，不是自由地发挥自己的体力和智力，而是使自己的肉体受折磨、精神遭摧残。因此，劳动者只是在劳动之外才感到自由自在，而在劳动之内则感到爽然若失。劳动者在他不劳动时如释重负，而当他劳动时则如坐针毡。”“结果，人(劳动者)只是在执行自己的动物机能时，亦即在饮食男女时，至多还在居家打扮时，才觉得自己是自由地活动的；而在执行自己的人类机能时，却觉得自己不过是动物。”①

这是马克思在《1844 年经济学哲学手稿》中对 19 世纪资本主义大工业劳动异化的阐述，用来描写 21 世纪现代化进程中中国劳动者的生存境遇竟然丝丝入扣，分毫不爽。刚刚过去的 30 年，中国被誉为制造大国、世界工厂。在这个大工厂里最典型的劳动场景是：机器生产线开动起来，在固定的位置上，劳动者重复一个或简单或复杂的动作数小时，甚至更长。这时候，劳动者已不再是一个能思想、有情感、会创造、有血有肉的活人，他的身体与精神一同被物化、被抽象化，物化为机器生产线上标准化可置换的零部件；抽象为一般等价物，称作生产成本。这正是马克思所说的异化劳动。异化劳动对人的伤害从根本上说并不在于劳动强度，而在于这种劳动的外在性和非人性，在于它对劳动者的身体力量和精神力量的分离、外化和否定。

那么，内在于人本身，属于人的本质的劳动是怎样的？

马克思说，是自由自觉的感性的生命活动，是在我们运用身体机能的同时展现出智慧、情感、意志和创造力等精神力量的生命活动。

如何知道？如何证明？这样的劳动真的存在吗？在生存如此艰难的今天，哲学家不能站着说话不腰痛。

真正的劳动是自由的、有意识的、感性的生命活动。② 这是对“劳动”的本质还原。

如何知道？通过“理智直观”或说“本质直观”，是哲学家用能够穿透历史和现实的内心的眼睛、意志的眼睛直观到的“事情本身”。在马克思之前，哲学是理性的事业，

---

① 马克思. 1844 年经济学哲学手稿[M]. 中共中央编译局，译. 北京：人民出版社，2000：54.

② “而自由的有意识的活动恰恰就是人的类特性。”(马克思. 1844 年经济学哲学手稿[M]. 中共中央编译局，译. 北京：人民出版社，2000：57.)

哲学家关心的只是高贵的理性——人的神性，劳动仅仅被看成是身体活动，只相关人的动物性，无缘进入哲学的庙堂。哲学家们只是在解释世界，问题是改造世界。是马克思洞察到了真正属人的劳动是自由自觉的感性生命活动，并且将其作为"实践唯物主义"哲学的开端和归宿。

"劳动是自由自觉的感性生命活动"是显现的真理，是被给予的，自明的真理，他不以对象是否真实存在、是否能证明来决定自己的真理性，而是以是否显现、是否有意义、是否是自明的决定自己的真理性。① 现实的劳动是机械的，既不自由也非自觉，它的非人性给劳动者带来的身体和心灵的伤害却以否定的形式让真正的属人的劳动显现出来：劳动应当是自由自觉的感性生命活动。

本源的劳动是哲学家运用主观的自由想象力创造出来的，但一旦建立起来我们就把他看成是客观的，有其客观的结构。② 这种客观的结构较之现实的劳动具有更高的普遍性，它显现出的是可能世界的结构，是使可能的可能性，是一切现实性的可能条件。我们所说的物质生产、艺术创造、精神生活都是从本源的劳动中生成的。

"实践唯物主义"以自由自觉的感性生命活动作为哲学的开端，带来了对人和自然的全新理解。人的生命活动是意向性的、对象化的活动，是人的本质力量的对象化——对象的人化，也即是自然的人化——人的自然化的过程。

"正是在改造对象世界中，人才真正地证明自己是类存在物。这种生产是人的能动的类生活。通过这种生产，自然界才表现为他的作品和他的现实性。因此，劳动的对象是人的类生活的对象化：人不仅像在意识中那样在精神上使自己二重化，而且能动地、现实地使自己二重化，从而在他所创造的世界中直观自身。"③

类存在物意指真正的人，在马克思，真正的人是劳动的动物，是自由自觉地从事感性活动的感性主体；而作为劳动对象的真正的自然界，是人的类生活的对象化，表现为人的作品和人的现实性。"人的作品"是人依照自己的"内在的尺度"创造的对象，"人的现实性"就是人的感性，是"感性的意识和感性的需要这两种形式的感性"。因此，劳动的过程就主体而言是人的自然化，从客体来说是自然的人化，这其实是一个过程的两个环节，是一回事。

感性活动的主体才是人，"感性的意识和感性的需要"才是自然界，自然与人相互规定，自由游戏，相互确证，互为要素，这个过程展现在劳动中，或者说这个过程本身就是劳动。

"实践唯物主义"从劳动开端也就是以人与自然、人与人的关系开端④，这使其与其他唯物主义，如自然主义、抽象自然科学唯物主义、朴素唯物主义相区别。其他唯物主义通常是从抽象的人、抽象的物出发。例如，对朴素的意识来说，人首先有身体，是爹妈给的，身体需要有饭吃，有衣穿，有房住，当然还要加上有思想、情感、信仰等精

① 参见邓晓芒. 哲学史方法论十四讲[M]. 重庆：重庆大学出版社，2008：210-212.

② 参见邓晓芒. 哲学史方法论十四讲[M]. 重庆：重庆大学出版社，2008：226.

③ 马克思. 1844 年经济学哲学手稿[M]. 中共中央编译局，译. 北京：人民出版社，2000：58.

④ 参见邓晓芒. 哲学史方法论十四讲[M]. 重庆：重庆大学出版社，2008：238-239.

神性的东西。可是如果没饭吃饿得要死，精神也就没法存在，物质决定精神，生存是第一位的，所以赚钱最要紧，今天的中国人对此深有体会。可是“实践唯物主义”却认为，人是感性活动的主体，感性活动是“在先”的，其他的一切活动，包括工作赚钱都是从本源的感性活动中分化出来的。再比如我们的教科书开篇就断言：世界是物质的，世界的物质性是一切科学的基础。可是在“实践唯物主义”看来，这是独断论，不能够“自我确证”，更不能成为科学的基础。

“感性必须是一切科学的基础。科学只有从感性的意识和感性的需要这两种形式的感性出发，因而，只有从自然界出发，它才是真正的科学。”①

3. 真正的人是类存在物

真正的人是类存在物，这里类的概念不是生物学意义上的种类，而是哲学意义上的人的社会性。人的生命活动与动物的生命活动不一样。“动物和自己的生命活动是直接同一的。动物不把自己同自己的生命活动区别开来。它就是自己的生命活动。”②人的生命活动是有意识的，“人则使自己的生命活动本身变成自己意志的和自己意识的对象”。③ 生命活动自身区分，区分为生命活动本身和作为意识对象的生命活动，这已经是一种关系了，是人自身的关系，类似于现象学中先验自我与经验自我的关系。人的生命活动总是在人自身、人与自然、人与人的关系中展开，这便是人的社会性。

现象学将人自身区分为先验自我与经验自我。④ 首先，人是“经验”的，是个自然的存在，是物质的、生命的、心理的事物，是世界万物中的一员，同时，人又是“先验”的，人通过自由自觉的感性生命活动展开世界，拥有世界，先验自我能够进入真理的游戏，建构理性的世界；在伸展自己意志的时候，将他人看成和自己同等的拥有自由意志的个体，进而依据“道德律令”在善恶间做出抉择；能够领悟到另一个个体的真情挚爱并用爱去回报。理性、道德和情感生活是公开的，主体间的，社会的。先验自我的活动与经验的活动相“区分”但不能“分离”，真理、情感、道德律令都需要也能够在感性中确证。

马克思“人的本质在其现实性上是一切社会关系的总和”，通常我们是从时空的角度理解“现实性”，从社会学的维度理解“社会关系”，进而把马克思人的本质“中国化”为人是由社会利益关系的网络所规定，这也许是中国的社会现状，但在马克思看来这恰恰是对人本质的异化和背离。⑤ 马克思的人能够自由自觉地生活劳作，现实性意思是感性、感性活动，社会关系是人在追求真、善、美的过程中所结成的人与人、人与自然

① 马克思. 1844 年经济学哲学手稿[M]. 中共中央编译局，译. 北京：人民出版社，2000：89-90.

② 马克思. 1844 年经济学哲学手稿[M]. 中共中央编译局，译. 北京：人民出版社，2000：57.

③ 马克思. 1844 年经济学哲学手稿[M]. 中共中央编译局，译. 北京：人民出版社，2000：57.

④ [美]罗伯特·索卡拉夫斯基. 现象学导论[M]. 高秉江，译. 武汉：武汉大学出版社，2009：110.

⑤ 参见邓晓芒. 哲学史方法论十四讲[M]. 重庆：重庆大学出版社，2008：251.

(人化的)的关系，这是真正的属人的关系，具有主体间性、永恒性，比如说，爱人关系，朋友关系。有谚语说“少女可以歌唱失去的爱情，守财奴却不能歌唱失去的财产”。财产虽然是在社会中产生的，但却不是社会性的，而是抽象的、片面的，就算歌唱了也没人同情，只会幸灾乐祸，认为守财奴活该倒霉。同样，权力与金钱的交易，虽然发生在人与人之间，也不是社会关系，只好说是狼狈为奸。我们的楚霸王英雄末路时也歌唱了，“力拔山兮气盖世，时不利兮骓不逝，骓不逝兮可奈何，虞兮虞兮奈若何”，他歌唱的不是财产而是他的战马和他的爱人。战马是英雄出生入死的伙伴，也是霸王精神的象征，战马与英雄之间是人的情感关系。情感是社会性的，主体间的，能够普遍传达得到共鸣，真情挚爱显现的瞬间刹那永恒。

人的社会性在人与自然关系中显现为，人不是片面地把自然看成是榨取征服的异类，而是把自然界“变成人的无机的身体”，“是人精神的无机界”，是“人的作品和人的现实性”，所以，感性的自然界对人来说是另一个人，人与自然的关系实质上是人与人的关系。或者说，“自然界的人的本质只有对社会的人来说才是存在的；因为只有在社会中，自然界对人来说才是人与人联系的纽带，才是他为别人的存在和别人为他的存在，只有在社会中，自然界才是人自己的人的存在的基础，才是人的现实的生活要素。只有在社会中，人的自然的存在对他来说才是自己的人的存在，并且自然界对他来说才成为人。因此，社会是人同自然界的完成了的本质的统一，是自然界的真正复活，是人实现了的自然主义和自然界的实现了的人道主义”。①

4. 本源的劳动展开世界也确证人性

真正的人的劳动，自由自觉的感性生命活动，本源的劳动是“在先”的，是作为劳动的劳动，是真正的本体，真正的存在。本源的劳动展开了世界，也确证了人性。什么是这个“展开的世界”？是人的作品和人的感性意识与感性需要，什么是这个人性？是“感觉的人性”，也即是“感性的意识和感性的需要这两种形式的感性”，是人的感性。劳动让自然的本性、人的本性显现，让本性的自然、本性的人在场，所以劳动给出了自然与人本身的本体论证明，劳动创造人本身。

除了上述建构自然和人的意思，“劳动创造人本身”更深层的意思是：人通过自己的劳动从自然界中产生出来，其实也是自然界通过人的劳动生长起来完成自身的过程。人的劳动证明了自然界就是人，人就是自然界，证明了人的诞生也就是自然界的完成。换言之，自然与人是同一个主体，自然是人感性的身体，是人的潜在，人是自然的自我意识，是自然最高的花朵，最高的目的。下面是马克思的原话：

> “全部所谓世界史不外是人通过人的劳动的诞生，是自然界对人说来的生成，所以，在他那里有着关于自己依靠自己本身的诞生，关于自己的产生过程的显而易见的、无可辩驳的证明。既然人和自然界的实在性，亦即人对人说来作为自然界的

① 马克思. 1844年经济学哲学手稿[M]. 中共中央编译局，译. 北京：人民出版社，2000：83.

存在和自然界对人说来作为人的存在，已经具有实践的、感性的、直观的性质，所以，关于某种异己的存在物、关于凌驾于自然界和人之上的存在物的问题，实际上已经成为不可能的了。"①

对此邓晓芒先生是这样诠释的：虽然，"从时间上说，自然界先于人而存在，从空间上说，人是自然的一部分，但从逻辑上和本质上看，只有人才是全部自然"，因为"只有产生了人，整个自然界才显示了'历史性'(不仅是时间上的延续)，才有了进步和发展的意义，有了高级和低级的标准。不论宇宙多么浩瀚无垠，多么永恒持久，它们只对于这一'瞬间'的人才有意义，因为只有人，才是意识到自身并趋向于自身的自然，也才是展示自然的一切潜在属性，因而真正展示了自然的本质属性的，作为自然的自然"。②

人是自身区分的。首先，人是"经验"的，是个自然的存在，是物质的、生命的、心理的事物，是世界万物中的一员，人的存在不过是浩瀚时空中的"孤岛""瞬间"。同时，人又是"先验"的，人通过自由自觉的感性生命活动展开世界，拥有世界，如此理解的人就不再是世界的一部分，而是与世界相互规定。

5. 真理在感性生命活动中显现

本源的劳动确立为作为本体的本体，作为存在的存在，这意味着感性活动本体论的确立，而这同时也是感性认识论的确立。认识论的主题只有一个，"真理何以可能?"真理何以可能？在感性生命活动中显现。本源的劳动是"光"，就如哲学传统中的"上帝""理性""语言"一样，"光"在黑暗中开辟出"澄明之境"或说"林中空地"，让身与心、自然与人、主体与客体相互规定、自由游戏，让真理显现、在场、确证。所以说，实践是检验真理的标准，实践不是外在的连接自然与人、主体与客体的桥梁，而是以自然与人、主体与客体、身与心为内在环节的全体，实践让真理显现、生成。

现象学区分两种真理，"正确性的真理"和"显露的真理"。③"正确性的真理"是符合意义上的真理，需要证明；"显露的真理"是显现意义上的真理，不需要论证，也不能够证明，它直接呈现，显现的真理知道自己是真理，而且知道自己如何是真理。我们知道，任何论证都需要前提，而这个前提却是不证自明的，任何论证的结果都需要赋予意义才可以理解，而这个前提和意义只有显现的真理才能给予，因此，符合意义上的真理依赖于显现的真理。

实践唯物主义的基本原理只有在显现真理的维度才能得到理解。例如，"劳动创造人本身"如果仅仅看成是自然科学的论断就是可质疑的，劳动怎能创造人，难道使用得

---

① 马克思. 1844 年经济学哲学手稿[M]. 中共中央编译局，译. 北京：人民出版社，2000：92.

② 邓晓芒. 思辨的张力[M]. 长沙：湖南教育出版社，1998：378.

③ [美]罗伯特·索卡拉夫斯基. 现象学导论[M]. 高秉江，等，译. 武汉：武汉大学出版社，2009：156.

多了，猿的爪子就能变成人的手吗？这与现代生命演化理论相背离，因为获得性不能遗传。那么是“谁生出了第一个人和整个自然界”或者“第一个人和整个自然界是如何形成的”这样的提问方式是自然科学式的，是将人看成是经验的、自然的存在，与世界相互外在，处在自然的因果巨链中，可是，如前所述，从现象学的、哲学的维度看，“经验”的人同时也是“先验”的，“先验”的人展开世界，拥有世界，与世界相互规定。所以，马克思说：

> “既然你提出自然界和人的创造问题，你也就把人和自然界抽象掉了。你设定它们是不存在的，你却希望我向你证明它们是存在的。……不要那样想，也不要那样向我提问，因为一旦你那样想，那样提问，你把自然界的和人的存在抽象掉，这就没有任何意义了。”①

其实，在人与自然的诞生问题上，自然科学和上帝很容易达成和解。自然科学认为人是经过生存斗争自然选择从动物演化而来，上帝说，好吧，人的身体是自然给的，灵魂却是上帝赋予的；自然科学认为我们今天看到的宇宙是在150亿年前的大爆炸中诞生，上帝说，好吧，大爆炸以后的事你们尽管研究，大爆炸是如何开始的，就不劳科学费心了。

6. 自由的逻辑

我们知道，实践唯物主义通常也被称作辩证唯物主义和历史唯物主义，而感性生命活动的逻辑不是别的，正是“作为推动原则和创造原则的否定性”的辩证法，是自否定的辩证法。②

黑格尔和恩格斯都曾用种子作喻象来说明什么是“自否定”。种子可能被碾碎，也可能腐败掉，这些都是被否定，种子也可能发芽，成长，开花，结果，实现自己潜在的可能，展现生命的所有风华，这个过程就是自否定。自否定是自我成长、自我完成的过程，所以自否定是生命的逻辑。

自否定最直接、最深刻的显现，或者说自否定的“明见性”是人的生命、人的自由、人的感性生命活动。③ 世界万物中只有人能够有指向自己的自由自觉的行为，能够把自己的生命作为对象加以筹划，自否定正是这种成就自己生命的活动，它以对苦难的担当蔑视命运，以对生命的持守否定死亡，以对真善美不懈的追求拒绝物欲横流、娱乐至死的虚妄④，自否定是自我规定、自我发展、自我完成的过程，因此也是“自律”过程，是追求自由的过程。马克思这样称赞自否定的伟大：

---

① 马克思. 1844年经济学哲学手稿[M]. 中共中央编译局，译. 北京：人民出版社，2000：92.

② 参见邓晓芒. 思辨的张力[M]. 长沙：湖南教育出版社，1998.

③ 邓晓芒. 实践唯物论新解：开出现象学之维[M]. 武汉：武汉大学出版社，2007：83.

④ 邓晓芒. 实践唯物论新解：开出现象学之维[M]. 武汉：武汉大学出版社，2007：28.

“辩证法，作为推动原则和创造原则的否定性——的伟大之处首先在于，黑格尔把人的自我产生看作一个过程，把对象化看作非对象化，看作外化和这种外化的扬弃；可见，他抓住了劳动的本质，把对象性的人、现实的因而是真正的人理解为他自己劳动的结果。”①

真正的人是他自己劳动的结果，也就是说真正的人是他通过自由自觉的生命活动完成的作品，是自否定的结果。所以自否定是人的逻辑、自由的逻辑。

自否定也是历史的逻辑。

什么是历史？通常我们会说历史是从史书中读到的那些逝去的人与事，我们读到了什么？鲁迅说，中国五千年的文明史，满篇写着仁义道德，可是从字缝里却读出吃人二字。毛泽东“读史”发出的是一声浩叹，“一篇读罢头飞雪”，“人世难得开口笑，到疆场，彼此弯弓月”。他读到的是中国人的屈辱史。中国史如此，外国史、世界史又将如何呢？波普认为，充当人类史的通常是政治权利的历史，可是“这是对一切得体的人类概念的冒犯。再也没有比把贪污史、抢劫史或放毒史当做人类史更糟糕的事。因为权力政治学的历史不是别的，而是国际犯罪和集体屠杀的历史”。真正的人类史应当“必然是全体人类希望、斗争和受苦的历史。因为没有一个人比他人更重要”。“那些被遗忘的、不知名的个人，他们的忧伤和快乐、痛苦和死亡，这才是迄今为止人类体验的真实内容。”②这样的人类史是没有的，也不可能写出来。马克思决心完成这不可能的工作，理由却和波普一样，即认为人类历史的真实内容的确应当是全体人类通过自己的感性生命活动追求自由的历程，而正是人类生命活动方式的演变显现出了“历史的线索”，历史的内在逻辑。恩格斯说，

“黑格尔的思维方式不同于所有其他哲学家的地方，就是他的思维方式有巨大的历史感作基础 …… 他是第一个想证明历史中有一种发展、有一种内在联系的人 …… 这个划时代的历史观是新的唯物主义观点的直接的理论前提。”

黑格尔的思维方式就是辩证法，辩证法以“历史感”为基础，意味着辩证法能够在历史中显现，并且显现为历史的“内在联系”，显现为历史“发展”的根据，否定的辩证法就是历史的内在逻辑，所以说，以这个“划时代的历史观”为“直接理论前提”的实践唯物主义也称作历史唯物主义、辩证唯物主义，它们是一回事。

历史唯物主义所说的“历史”是包括自然和人类社会演进在内的“全部历史”，感性生命活动不能失去它的意向对象——自然界。历史通过自否定或者说通过亿万人追求幸福自由的生命活动自我发展，自我完成，怎样才算是完成了？或者说历史发展的目的在

① 马克思. 1844 年经济学哲学手稿[M]. 中共中央编译局，译. 北京：人民出版社，2000：101.

② [英]卡尔 · 波普尔. 开放社会及其敌人[M]. 郑一明，等，译. 北京：中国社会科学出版，1999：408.

哪？马克思说是“共产主义”，是“自由王国”，是“人之为人”的存在。

“全部历史都是为了‘人’成为感性意识的对象和使‘作为人的人’的需要成为(自然的、感性的)需要所做的准备。”①

“共产主义，作为完成了的自然主义=人道主义，而作为完成了的人道主义=自然主义，它是人和自然界之间、人和人之间的矛盾的真正解决，是存在和本质、对象化和自我确证、自由和必然、个体和类之间的斗争的真正解决。他是历史之谜解答，而且知道自己就是这种解答。”②

对在大工业时代疲于奔命的中国人来说，共产主义几乎是乌托邦的代名词，可是，我们看看历史唯物主义的著名批评家波普如何说。“历史没有目的，但我们能够把我们的目的赋予其上；尽管历史没有意义，但我们能够给予它以意义。”③“进步就是朝着某种目的，朝着人之为人的存在的目的。但历史不可能做到这点，只有我们人类个体能够。”④这正是马克思的意思，因为历史的真实内容正是每一个人，是每一个生命追求自由的创造活动以及与之相伴的“体验”，离开在历史中生存并创造着历史的生命个体奢谈历史的规律、意义、目的，只能使“目的”异化为高高在上非人的异在，“规律”演变为束缚人精神的“牢笼”。波普又说，“马克思热爱自由，热爱真正的自由”，真正的自由不仅仅是思想的，更是感性的、现实的，比如说每个人能够自由支配自己的部分生命，在理想的自由王国里，每个人都可以自由支配全部时间，早晨打渔，下午狩猎，晚上从事批判的批判。自由王国也许是乌托邦，但“对自由的热爱必然继续存在”。

7. 自由感

马克思热爱自由，热爱真正的自由，真正的自由是真切的，在感性中显现，在作品中确证。人不仅通过思维，而且以全部感觉——有音乐感的耳朵、能感受形式美的眼睛、精神感觉、实践感觉(意志、爱)，一句话，确证自己是人的本质力量的感觉，人的感觉，感觉的人性，在对象世界中肯定自己，“感性在自己的实践中直接成为理论家”⑤。感性在自己的生命活动中确证了自己的自由本性。

理论家也热爱自由。在思的传统中，自由作为人的本性，是根据的创造，意义的生成。自由和意识一样有多种维度，认识的自由——追求真理；意志自由——选择并承担；自由感——情感得到共鸣。自由在人的思想中显现。康德的自由是理性的自我规定，人为自由立法，遵从内心的道德律令。黑格尔的自由是绝对精神的自我完成，绝对

① 马克思. 1844年经济学哲学手稿[M]. 中共中央编译局，译. 北京：人民出版社，2000：90.

② 马克思. 1844年经济学哲学手稿[M]. 中共中央编译局，译. 北京：人民出版社，2000：81.

③ [英]卡尔·波普尔. 开放社会及其敌人[M]. 郑一明，等，译. 北京：中国社会科学出版，1999：417.

④ [英]卡尔·波普尔. 开放社会及其敌人[M]. 郑一明，等，译. 北京：中国社会科学出版，1999：420.

⑤ 马克思. 1844年经济学哲学手稿[M]. 中共中央编译局，译. 北京：人民出版社，2000：86.

精神如同生命的种子(逻辑学)，外化为自然(自然哲学)，复归于精神(精神哲学)。胡塞尔的自由是先验自我意识的能动性，先验自我意识如同上帝的眼光，能够直接“看”到真理，但又不是彼岸的，是此岸的，每一个有理性的人，只要运用“想象力的自由变更”就能够拥有，胡塞尔说出了理性深处的秘密——自由的想象力。海德格尔的自由是语言的自由，纯粹语言诗意语言开辟的林中空地，是光明与黑暗的自由游戏所敞开的自由领域，人立于此“地方”得其本性。海德格尔离马克思最近，因为诗意语言是情感的语言，感性的语言。

可是，“理论是灰色的，生命之树常青”，在思想中显现的自由，只是看上去是自由的，其实是在“牢笼”之中，思想的自由如燧石击打出的光亮，瞬间划破黑暗，但如果不能化作照亮世界的火炬，顷刻间就会熄灭。瞬间期待永恒。只有冲破牢笼，化作烧向世界的火焰，思想的自由才能超越自己。在实践的传统中，自由在人的劳作中显现并确证，感性的生命活动使人能够在自己所创造的对象世界那儿直观到自身的自由本性。

“主体的自由感是一切自由最完整、最直接、最丰富的意义上对人的呈现，是衡量一切自由的最终标尺。”①失去自由感，认识自由会下降为征服的工具，意志自由会堕落为占有的欲望，人就被异化为物。自由感是情感的自由、自由的情感，情感的传达和共鸣通过艺术作品来实现。情感是人性最深的秘密，认识和道德都是派生的。波普认为科学起源于神话，神话离开“移情”和“拟人”就不能产生，“移情”“拟人”就是把自然看成是和自己一样有喜怒哀乐的另一个人，包括古希腊理性科学、自由的科学起源于“惊异”，也是一种感性，一种情感。

道德同样有情感基础，没有同情、悲悯、恻隐之心，所谓道德金规则“己所不欲勿施于人”也不可能产生。可以说，第一个人是第一个艺术家，第一个艺术家是第一个真正的人，人创造的第一个作品是艺术作品，自由感就是创造的陶醉感。②

在中国传统语境中，自由感常常被误解，或者是想干什么就干什么、自由化；或者是放弃责任后的一身轻松、任自然。中国人真正的自由感是由诗守护着。

真正的自由感不总是愉悦的，常常与孤独、痛苦、绝望相伴。像是“海的女儿”刀尖上的舞蹈，在痛苦的间隙才有片刻的销魂，那是她唯一的语言，爱的语言，自由的语言。

真正自由感又是对自由永不满足的渴望和追求，像是浮士德对“永不满足的追求本身”③的满足感，在幽灵为他掘墓时还在呼唤心中的理想王国，“你真美呀，请停留一下！”

“你真美呀，请停留一下！”

科学的最高形态是追求真理，是逻格斯的自我完成和实现，是理性精神，自由精神，而理性的自由、自由的理性属于理想人性、理想人格最核心的部分。因此，自由感

① 邓晓芒. 实践唯物论新解：开出现象学之维[M]. 武汉：武汉大学出版社，2007：83.
② 邓晓芒. 灵之舞[M]. 北京：东方出版社，1995：258.
③ 邓晓芒. 灵之舞[M]. 北京：东方出版社，1995：193.

是科学向人性的回归；技术的最高形态是艺术创造，造物最伟大的创造是艺术品。当技术炉火纯青，技近乎道，达到身心合一的自由境界，便成为艺术了。

科学与技术可以用来创造财富，但这不是目的，人性的完满实现才是目的，换言之，科学技术的憧憬是人性的完满实现，是让技术成为艺术，让科学回归人性。

参考书目

1. 马克思. 1844 年经济学哲学手稿[M]. 中共中央编译局，译. 北京：人民出版社，2008.
2. 恩格斯. 自然辩证法[M]. 曹葆华，等，译. 北京：人民出版社，1961.
3. [古希腊]亚里士多德. 形而上学[M]. 李真，译. 上海：上海人民出版社，2005.
4. [德]黑格尔. 小逻辑[M]. 贺麟，译. 北京：商务印书馆，1997.
5. [德]黑格尔. 哲学史演讲录(第二卷)[M]. 贺麟，等，译. 北京：商务印书馆，1997.
6. [德]黑格尔. 自然哲学[M]. 梁志学，等，译. 北京：商务印书馆，1997.
7. 邓晓芒. 中西文化比较十一讲[M]. 重庆：重庆大学出版社，2008.
8. 邓晓芒. 人之镜[M]. 上海：上海文艺出版社，2009.
9. 邓晓芒. 西方美学史纲[M]. 武汉：武汉大学出版社，2008.
10. 邓晓芒. 哲学史方法论十四讲[M]. 重庆：重庆大学出版社，2008.
11. 邓哓芒. 思辨的张力[M]. 长沙：湖南教育出版社，1992.
12. 邓哓芒. 灵之舞[M]. 北京：东方出版社，1995.
13. 邓晓芒. 实践唯物论新解：开出现象学之维[M]. 武汉：武汉大学出版社，2007.
14. 邓晓芒. 思辨的张力[M]. 长沙：湖南教育出版社，1998.
15. 邓晓芒. 黑格尔辩证法讲演录[M]. 北京：北京大学出版社，2005.
16. 彭富春. 哲学美学导论[M]. 北京：人民出版社，2006.
17. 韩毓海. 一篇读罢头飞雪，重读马克思[M]. 北京：中信出版社，2014.
18. 韩毓海. 五百年来谁著史[M]. 北京：九州出版社，2009.
19. [英]卡尔·波普尔. 猜想与反驳[M]. 傅季重，等，译. 上海：上海译文出版社，2007.
20. [英]卡尔·波普尔. 实在论与科学的目标[M]. 刘国柱，译. 杭州：中国美术学院出版社，2008.
21. [英]卡尔·波普尔. 开放社会及其敌人[M]. 郑一明，等，译. 北京：中国社会科学出版社，1999.
22. [美] R. K. 默顿. 科学社会学[M]. 鲁旭东，林聚任，译. 北京：商务印书馆，2003.
23. [英]W. C. 丹皮尔. 科学史——及其与哲学和宗教的关系[M]. 李珩，译. 北京：商务印书馆，1997.
24. [美]罗伯特·索科拉夫斯基. 现象学导论[M]. 高秉江，等，译. 武汉：武汉大学出版社，2008.
25. [美]亚历克斯·罗森堡. 科学哲学[M]. 刘华杰，译. 上海：上海科技教育出版社，2006.
26. 江天骥. 当代西方科学哲学[M]. 北京：社会科学出版社，1984.
27. 金观涛. 我的哲学探索[M]. 北京：人民出版社，1998.
28. 刘青峰. 让科学的光芒照亮自己[M]. 成都：四川人民出版社，1984.
29. 吴国盛. 技术哲学讲演录[M]. 北京：中国人民大学出版社，2009.
30. 吴国盛. 什么是科学[M]. 广州：广东人民出版社，2016.
31. 曾谨言. 量子力学(卷二)[M]. 北京：科学出版社，2000.
32. [英]威尔·贡培兹. 现代艺术150年[M]. 王烁，等，译. 桂林：广西师范大学出版社，2017.
33. [德]亨利希·海涅. 论德国宗教和哲学的历史[M]. 海安，译. 北京：商务印书馆，1974.
34. MIT科技评论. 科技之巅2[M]. 北京：人民邮电出版社，2017.
35. 周祝红. 思辨的宇宙——霍金量子宇宙论的哲学分析[M]. 北京：科学出版社，2007.
36. Aristotle. Metaphysics[M]. Book IV, 1003^{a}21.
37. Friedrich Engels. Dialektik der Natur[M]. Berlin, 1955: 24.
38. Isaac Newton. Mathematical Principles of Natural Philosophy[M]. trans, Motte A, New York: Prometheus Books, 1995.
39. Einstein A. Relativity: The Special and General Theory(a popular exposition)[M]. trans, Robert W L, London: London Methuen, 2000.
40. Sokolowski R. Introduction to Phenomenology[M]. Cambridge: Cambridge University Press, 2000.
41. Hawking S. The Grand design[M]. New York: Bantam Books, 2010.
42. Hawking S W, Penrose R. The Nature of Space and Time[M]. Princeton: Princeton University Press, 1996.
43. Hawking S W. A Brief history of time[M]. New York: Bantam Books 1996.
44. Popper K R. Conjectures and Refutations: The Growth of Scientific Knowledge[M]. London and New York: Routledge Classics, 2002.
45. Popper K R. Objective Knowledge: An Evolutionary Approach[M]. New York: Oxford University Press, 1979.

